옮긴이 **구형찬**

인지종교학자. 서강대학교 K종교학술확산연구소ACKR 연구교수. 인지과학과 진화행동과학을 통해 인류의 마음과 행동을 연구한다. 진화의 과정이 만들어 낸 신체와 두뇌의 특징이 사람의 생각과 행동 그리고 종교를 비롯한 다양한 사회문화 현상에 미치는 영향을 탐구하고 있다. 서울대학교에서 박사학위를 받은 후에 같은 대학교 인지과학연구소 객원연구원을 지냈고, 종교학과와 인류학과의 강사이자 진화인류학실험실의 수석연구원으로 활동하고 있다.
주요 공저로 『십 대를 위한 다정한 미래과학』 『휴먼 디자인』 『감염병 인류』 『신과 인간이 만나는 곳, 산』 등이 있다.

신을 찾는 뇌

HOW RELIGION EVOLVED

First published as HOW RELIGION EVOLVED in 2022 by Pelican,
an imprint of Penguin Press.
Penguin Press is part of the Penguin Random House group of companies.

Korean edition is published by arrangement with
PENGUIN BOOKS LTD through EYA Co.,Ltd.

Philos 038

신을 찾는 뇌

종교는 어떻게 진화했는가

How Religion Evolved: And Why it Endures

로빈 던바 지음
구형찬 옮김

arte

차례

일러두기

- 국립국어원의 한글맞춤법과 외래어표기법을 따르되, 일부는 현실발음과 관용을 고려하여 표기했다.
- 책은 겹낫표(『 』), 시·종교 텍스트·찬가 등은 홑낫표(「 」), 영화·음악은 홑화살괄호(〈 〉)로 묶었다.
- 원주는 원문대로 후주로 두었고, 각주는 옮긴이가 추가한 것이다.
- 대괄호 사용에서 [ ] 기호로 묶은 것은 저자가, 〔 〕 기호로 묶은 것은 역자가 이해를 돕기 위해 추가한 것이다.
- 원문에서 이탤릭으로 강조한 부분은 고딕 볼드체로 옮겼다.

머리말

역사가 우리와 함께해 온 세월만큼 종교는 인간 삶의 한 특징이었다. 민족지 기록 또는 고고학 기록에서, 어떤 형태의 종교도 갖지 않은 문화는 알려진 바 없다. 심지어 지난 몇 세기 동안 일반화된 세속 사회에도 자신을 종교적이라고 느끼고 자기 종교의 의례를 실천하는 데 진심인 사람들이 있다. 이런 종교들은 카리스마적 지도자를 중심으로 하는 수백 명 정도인 소규모 컬트(cults)부터, 수천만, 심지어 수억 명에 이르는 신자를 보유하고 모든 국가에 대표단을 둔 세계적인 조직에 이르기까지, 그 형태, 스타일, 규모 면에서 다양하다.✦ 일부는 불교처럼 개인주의적 태도를 취한다(구원은 전적으로 자신에게 달려 있다). 고대 아브라함 종교[1]와 같은 일부 종교들은 적절한 의례 수행을 통한 집단적 활동을 구원으로 간주하는데, 몇몇 종교에는(가령, 유대교) 내세에 대한 공식적인 개념이 없다. 기독교〔가톨릭, 개신교, 성공회, 정교회 등 예수를 '그리스도' 즉 구원자로 따르는 종교들의 총칭〕와 이슬람교 같은 일부 종교는 전능한 유일신을 믿는다.[2] 힌두교와 신토(神道, Shinto) 같은 종교는 크고 작은 신들의 진정한 만신전(pantheon)을 가지고 있는 반면, 몇몇 종교는 적어도 공식적으로는 어떤 종류의 신도 전혀 믿지 않는다. 불교가 바로 그런 예다(그러나 불교의 대부분 종파는 준-신적 존재인 보살에 대한 신앙을 허용하여 한낱 인간의 나약함을 보듬는 것도 사실이다).[3]

많은 사람들은 동료 시민들과 돈독한 관계를 맺고 도덕적인 삶을 살아야 한다고 믿는다. 그러나 일부 힌두교 및 자이나교의 금욕주의자처럼 의복은 물론 일상생활의 장식조차 포기해야만 구원이 성취될 수 있다고 믿는 사람들도 있다. 기독교 전통에서, 후기 로마 이집트의 아담파(Adamite sect)는 완전한 나체로 예식에 참여해야 한다고 주장했다.[4] 또, 러시아의 스콥

✦ 이 책에서는 cult, sect, charisma 등의 영어 단어를 따로 번역하지 않고 소리나는 대로 쓴다. 한자어로 만든 관련 용어도 있지만 학술적 용법이 확립되지 않아 혼동하기 쉽고 불필요한 오해를 살 여지도 있어 가급적 사용하지 않을 것이다. 일반적으로, '컬트'는 기존의 종교 규범에 저항하는 새로운 신념이나 실천을 제시하는 집단을, '섹트'는 주류 종교 내부에서 파생된 집단을 가리킨다. '카리스마'는 신의 축복이나 재능을 의미하는 그리스어 단어에서 유래한 용어로, 대개 타인을 끌어당기고 영향을 미치는 힘을 묘사할 때 사용된다. 연구자에 따라 이 용어들을 다르게 사용할 수도 있다. 저자 로빈 던바는 이 책의 9장 주석 3번(372쪽)에서 자신이 컬트와 섹트를 어떻게 구분하는지에 대해 설명하고 있다.

치(Skoptsy, 문자적 의미는 '거세')[5]와 같은 섹트는 더 나아가 여성의 유방과 생식기를 절단하고 남성의 음경과 고환을 모두 제거하는 것(모두 벌겋게 달군 인두로 수행됨)을 옹호하는데, 자신들의 몸을 에덴동산의 아담과 이브가 타락하기 이전의 본래 상태로 돌려놓으려는 것이다. 종교의 다양성은 당혹스럽고 일관성이 없어 보이며, 오직 인간 상상력의 창의성에 의해서만 제한될 뿐이다. 외부 관찰자의 눈에는 통일적인 주제가 거의 없어 보일 정도다.

종교는 물론 현대적 현상이 아니다. 과거로 더 깊이 들어가면 우리 조상들이 어떤 형태로든 내세를 믿었다는 명백한 단서가 있다. 명백히 사후에 사용하도록 의도된 부장품을 동반하는 매장 풍습은 약 4만 년 전부터 점차 일반화되었다. 그중 가장 화려한 것들은 모스크바의 바로 동쪽 볼가강 상류의 숭기르(Sunghir)에 있다. 시기는 약 3만 4000년 전으로 거슬러 올라간다. 무덤 몇 개가 강둑의 작은 언덕 요새 근처에 모여 있다. 그중 두 개는 10세와 12세 정도 되는 아이들을 이중묘(double grave)에 머리를 맞대고 묻었다. 이 시기 유럽과 아프리카의 많은 사례와 마찬가지로, 그 매장지는 유난히 호화롭고 정교하다. 이는 매장 수행자들이 저승에서 아이들의 삶이 지속될 것을 믿었어야만 말이 되는 방식이다.

당시의 많은 매장지들이 그렇듯이, 아이들의 뼈는 몸 위에 뿌려진 붉은 황토로 심하게 얼룩져 있다. 그 황토는 적철광이 함유된 암석을 힘들게 갈아 만든 것이다. 이는 죽음 이후 몸에 벌어질 일에서 황토가 중요한 역할을 할 것이라 생각하지 않았다면 누구도 마음먹지 않을 만큼 고된 작업이다. 게다가, 그들은 구멍 뚫린 매머드 상아 구슬 5000개로 각각 덮여 있었다. 아이들의 수의에 달아 꿰매는 작업까지 생각하지 않더라도, 모양을 만들고 구멍을 뚫는 데만 수천 시간의 숙련된 작업이 필요했을 것이다. 각 아이들의 이마 주위에는 북극 여우 이빨 약 40개로 만든 장식고리가 있었는데, 머리띠의 일부였을 수도 있다. 상아로 만든 완장들도 있었다. 그리고 뼈로 만든 핀 하나가 목부분에 있었는데 아마도 그걸로 망토를 고정했을 것이다. 나이가 더 많은 아이(남자로 생각됨)의 허리 둘레에는 여우 이빨 250개에 구멍을 뚫어 만든 벨트가 있었다. 그 옆에는 상아를 깎아 만든 창 16개가 놓여 있는데 길이가 18인치에서 8피트까지로〔대략 45~243센티미터로〕 다양하다. 황토로 축이 채워진 인간의 허벅지 뼈, 끝에 구멍이 뚫린 사슴뿔 여러 개, 상아를 깎아 만든 원반 몇 개, 동물 한 마리가 새겨진 펜던트와 매머드 모양의 조각도 있다. 요컨대, 그 아이들은 수천 시간을 들여 만든 풍부한 부장품 꾸러미가 딸린 호화로운 옷을 입고 묻힐 정도로 깊은 애도를 받았던 것 같다. 소유물이 거의 없는 사람들에게는 터무니없어 보일 수준의 후한 대우였다. 내세에서 아이들이 그 물건들을 사용할 것으로 믿지 않았다면 말이다.

이런 매장이 내세에 대한 믿음 외에 다른 어떤 것을 반영할 수 있을지 상상하기는 매우 어렵다. 그러나 물론 그 증거는 간접적이다. 그것은 우리에게 그 공동체의 종교적 관행에 관해 아무것도 말해 주지 않는다. 그들은 신들을 믿었을까, 아니면 심지어 이 세상과 영적 세계를 다스리는 만유의 유일신을 믿었을까? 그들은 기도를 읊조리고 제단 앞에 무릎을 꿇는 사제들과 함께 예배를 했을까? 그들의 종교의례가 어떤 모습이었는지는 단지 추측만 할 수 있다. 행동은 화석이 되지 않기 때문이다.

이러한 고대 매장은 우리가 종교를 발견하더라도 어떻게 그것이 종교라는 것을 알아챌 것인가에 관해 몇 가지 심각한 질문을 제기한다. 한 가지 문제는 종교에 대한 우리의 견해가 불교, 기독교, 이슬람교, 힌두교 등 지난 수천 년 동안 세계를 점유하게 된 대여섯 개 정도인 교리종교 또는 계시종교의 영향을 크게 받는다는 것이다. 그것들은 내세에 대한 믿음과 세련된 신학적 교리, 기도와 희생 제의를 포함하기도 하는 복잡한 의례, 매우 특수한 문화 전통에 의해 정의되는 의식 행사 등을 특징으로 한다. 이런 종교들은 세계 무대에 늦게 등장했다. 지금은 그 수가 지배적이긴 하지만, 기껏해야 수천 년 정도밖에 안 된 종교들이다. 현대의 모든 세계종교 중에서 조로아스터교(현대 파르시의 종교)〔'파르시(Parsi)'는 인도 및 그 주변 국가에 사는 페르시아인을 말한다〕가 가장 오래된 것으로 기원전 1000년대(기원전 2000년대일 수도 있음)의 어느 시점에 페르시아의 예언자 조로아스터, 즉 차라투스트라가 창설했다고 여겨진다. 이는 또한 영향력이 가장 큰 종교로서, 수많은 여타 세계종교에 이런저런 식으로 영향을 끼쳐 왔다. 이런 종교들의 문제는 우리 종이 실천해 온 종교들, 그리고 일부에서 여전히 실천하고 있는 종교들의 넓은 범위를 대표할 수 없다는 점이다.

종교의 정의는 아마도 종교학에서 가장 치열하게 논의되는 주제일 것이다. 실제로 일부 학자들은 종교라는 개념 자체가 계몽주의 이후 서유럽을 특징짓는 특정한 사고방식의 산물이라고 주장하기도 했다. 그들은 계몽주의가 육체와 영혼을 분리하고 우리 인간이 살고 있는 지상의 장소와 신이 거하는 영적인 영역을 명확히 구분하는 기독교의 이원론적 관점에 의해 지배되었다고 주장한다.[6] 많은 소규모 민족지 사회(또는 부족 사회)〔민족지 사회란 전통적인 민족지 연구의 조사 대상인 소규모 인구 집단을 가리킨다〕에서 영적 세계는 별개의 세계가 아니라 현세의 일부다. 환경의 모든 측면에 정령들이 내재되어 있기 때문이다. 정령들은 벽을 통과하는 능력 혹은 우리에게 일어나는 일에 영향을 미치는 능력이 있음에도 불구하고 우리의 세계를 공유하고 우리만큼 실체적이다. 우리는 특정 문화의 신념이나 의례적 관행을 연구할 수 있지만, 거기까지가 우리의 한계라는 주장이 있다. 각 문화가 세계를 바라보는 방식이 다르기 때문에, 한 문화의 종교가 다른 문화의 종교와 어떻게 관련되는지 확실하게 말할 수 없다는 것이다. 우리는 관찰하고 논평할 수 있고 어쩌면 감탄할 수도 있지만, 결국 가벼운 여행기 이상의 것은 결코 만들어 내지 못하는 문화 관광객의 입장으로 전락하고 만다.

이는 지나치게 비관적인 견해로 보인다. 그것은 시작해 보기도 전에 그 현상을 탐구할 가능성 자체를 좌절시킨다. 그 견해는 결국 비생산적인 유아론(solipsism)[7]으로 가차 없이 이어진다. 반면에, 과학은 세계를 있는 그대로 취하게 해 준다. 해석 과정에서 실수를 범하더라도, 이는 결국 추가적인 지식을 습득함으로써 수정될 것이다. 이러한 지식은 오직 관찰과 우리의 이론 및 신념을 경험적 사실에 비추어 검증하는 과정을 통해서만 얻을 수 있다. 요컨대, 많은 학자들이 아브라함 종교의 관점으로 접근함으로써 인류 종교경험의 풍부함을 많이 간과했다는 말과, 종교적 경험의 본질에 대한 논의를 시작하는 것조차 불가능하다는 말은 완전히 다른 문제다.

사실, 많은 현실 세계의 현상들이 그렇듯이, 종교도 단지 경계가 다소 불분명한 것일 뿐이다. 철학자들은 이런 다소 모호한 종류의 정의들이 '개별적으로 그리고 공동으로 참'이라고 말한다. 달리 말하면, 정의의 몇몇 부분은 모든 사례에 적용되지만 각 사례에 반드시 동일한 부분들이 적용되는 것은 아니다. 이는 따르기에 괜찮은 모델이다. 정의의 자질구레한 세부 사항에 관한 길고 지루한 논쟁에 빠지지 않게 해 주기 때문이다. 우리는 정의(우리 마음속에만 존재하는 것)가 아니라 현실 세계의 현상을 이해하고자 한다는 점을 기억하는 것도 좋다. 따라서 무엇이 종교를 구성하는지에 대해서는 관대하게 넓은 관점을 취하고, 그 관점이 우리를 어디까지 끌고 가는지 보자.

종교가 어떻게 정의되어 왔는지를 보면, 일반적으로 두 가지 견해가 있다고 말하는 것이 아마도 공정할 것이다. 하나는 19세기 사회학의 위대한 창시자인 에밀 뒤르켐(Émile Durkheim)에게서 나온 것으로, 종교는 도덕공동체, 즉 세상에 대한 일련의 신념을 공유하는 사람들의 집단이 수용하는 통합된 관행 시스템이라고 주장한다. 이 견해는 인류학의 관점을 취하며, 대다수 종교에서 의례를 비롯한 기타 관행이 수행하는 중요한 실제 역할을 강조한다. 즉 종교란 사람들이 **행하는** 어떤 것이다. 다른 견해는 좀 더 철학적인 혹은 심리학적인 접근을 취한다. 종교는 한 공동체가 증거의 요구 없이 참이라고 받아들이는 포괄적인 세계관, 즉 신념의 집합이다. 즉 종교란 한 집단의 사람들이 **믿는** 어떤 것이다.

이들은 극과 극인 것처럼 보이지만, 보다 실용적인 관점에서는 두 가지 접근방식이 모두 옳다고 보고 믿음과 의례가 종교의 상이한 차원들을 나타낸다고 가정한다. 개별 종교는 두 가지 차원이 모두 높거나, 하나는 높지만 다른 하나는 낮거나, 둘 모두 낮을 수 있다. 한 정의가 맞고 다른 정의는 틀렸다는 식의 문제가 아니다. 이는 단지 두 정의가 다차원적 현상의 서로 다른 측면에 초점을 맞추고 있다는 것이다.

어떤 면에서 이 두 가지 정의는 이전에 종교사학자들

(historians of religion)이 끌어낸 구분을 반영한다. '애니미즘적' 종교(그 기원이 깊은 시간의 안개 속으로 사라진 최초의 보편적 종교 형태)라고 불리던 것과 지난 몇천 년 동안 출현한 교리종교 또는 세계종교 사이의 구분이다. 사실상 그것은 의례와 믿음의 구분, 즉 행위와 생각의 구분이다. 19세기 미국의 위대한 심리학자 윌리엄 제임스(William James)는 이것을 '개인 종교(personal religion)'와 '제도 종교(institutional religion)'라고 불렀다. 그러나 두 견해를 하나로 묶는 것은 다음과 같은 사실이다. 즉, 전부는 아닐지라도 종교 대부분은 우리가 살고 있는 세상에 영향을 미치는, 그리고 우리 삶을 변화시킬 수 있는 방식으로 그렇게 하는, 보이지 않는 생명력에 대한 어떤 개념을 갖고 있다.

이에 비추어 볼 때, 종교에 대한 최소한의 정의는 영적 존재들(우리가 사는 물리적 세계에 관심을 갖고 영향을 미칠 수도 있고 그렇지 않을 수도 있음)이 거주하는 일종의 초월적 세계(관찰 가능한 물리적 세계와 일치할 수도 있고 그렇지 않을 수도 있음)에 대한 믿음일 수도 있겠다. 그 정의는 공식적으로 신을 믿지 않는 불교 같은 종교를 포함해 모든 세계종교를 포괄할 만큼 충분히 광범위하다. 그것은 우주의 보이지 않는 중심에 있으면서 우리 삶에 영향을 미치는 어떤 신비한 힘을 믿는 뉴에이지운동과 같은 비주류 신앙 체계(pseudo-religions)[✦]에도 똑같이 잘 맞는다. 만약 이 정의가 훗날 실제 종교가 아니라고 판정할 수 있는 모호한 활동을 포함한다고 해도, 현재 시점에서는 그다지 큰 문제가 아니다. 우리는 일단 실체를 파악하고서 이 문제를 살펴볼 것이다.

아무튼 종교는 하나의 퍼즐이다. 그리고 이것은 이 책의 초점이 되는 두 가지 근본적인 질문을 제기한다.

첫째, 외견상의 보편성이라는 문제가 있다. 인식 가능한 어떤 형태의 종교도 없는, 즉 초월에 대한 어떤 감각도 없는 문화는 극히 드물다. 우리가 사는 세계는 점점 더 세속화되고 있지만 종교적 믿음은 여전히 존재한다. 그리고 많은 억압의 시도에도 불구하고 종교적 믿음은 지속한다. [박식가 피에르 시몽 드 라플라스(Pierre-Simon de Laplace)와 철학자 오귀스트 콩트(Auguste Comte)의 영향을 받은] 19세기 프랑스의 실증주의 철학자들은 종교가 대체로 미신이며 교육 부족의 결과라고 주장했다. 그래서 그들은 결국 종교가 사라질 것이라는 기대를 갖고 특히 과학 분야의 보편 교육을 주창했다. 러시아에서는 혁명 이후에 종교를 억압하고 국가 무신론으로 종교를 대체하려는 보다 과감한 시도가 있었다. 교회의 재산이 몰수되었고,

✦ pseudo-religions는 한국어로 대개 '사이비종교' 혹은 '유사종교'로 번역되지만 이런 용어에는 주류 신앙 체계를 '진정한 종교'로 보는 선입견이 전제되어 있기 때문에 현재 글의 맥락상 적절하지 않다. 참고로, 보통 종교학계에서는 뉴에이지운동 역시 현대 종교운동의 하나로 간주한다.

신자들은 괴롭힘을 당했으며, 종교는 조롱을 받았다. 나중에는 공산주의 중국에서 종교가 불법화되었고, 종교 문헌의 소지는 범죄가 되었으며, 모스크와 역사적인 불교 사원은 불도저로 파괴되었고, 종교적 소수자들은 괴롭힘을 당하거나 '재교육' 센터로 강제수용되었으며, 성직자들은 수감되었다. 그러나 이처럼 강한 핍박에도 불구하고 종교적 믿음과 종교 기관들은 종종 음지에서 살아남았다. 규제가 풀리자마자 종교는 다시 일어났다. 사람들은 왜 이토록 종교적 성향이 강한 것일까?

종교에 관한 둘째 퍼즐은 하나만 있어도 될 종교가 너무나 많이 존재한다는 사실과 관련이 있다. 시간이 지남에 따라 종교들이 나뉘는 이런 경향은 특히 현대 신종교 운동의 발흥에서 뚜렷하게 나타나지만, 기존의 모든 세계종교들도 같은 분열 과정에 직면했으며 여전히 계속되고 있다. 때때로 그 종교들이 낳은 섹트(sects)는 그 기세를 키워 자체의 권리를 지닌 기성종교가 된다. 유대교의 후예인 기독교와 이슬람교가 분명한 두 사례지만, 시크교(기라성 같은 북인도 종교들에서 15세기경 발전됨)와 바하이 신앙(시아파 이슬람에서 19세기에 발전됨) 역시 다른 두 사례다. 종교가 왜 이렇게 쉽게 갈라지는지를 아무도 묻지 않는다는 것은 이상한 일이다. 종교들이 분열하는 것을 보고, 이를 당연하게 여길 뿐이다. 그러나 많은 세계종교가 믿듯이 만약 참된 종교가 계시되었다면 왜 사람들은 계시된 것에 계속해서 동의하지 못하는 것일까? 그것도 근본적으로 의

견이 갈려, 그 불일치로 인해 결국 서로 다른 종교들이 생겨날 만큼 말이다.

바로 이것이 내가 이 책에서 답하고자 하는 두 가지 주요 질문이다. 하나는 믿음에 관한 것이고 다른 하나는 역사에 관한 것이라서 매우 다른 질문처럼 보일 수 있다. 하지만 더 자세히 살펴보면 두 질문이 매우 밀접하게 연관되어 있음이 드러난다고 나는 주장할 것이다. 두 질문은 모두 선사시대 사회에서 종교가 담당한 역할이나 기능과 관련이 있는데, 이는 오늘날의 인구 집단에서도 여전히 여러 방식으로 유지되고 있다. 따라서 내가 이 두 가지 큰 질문에 어떻게 접근할지를 간략히 설명하겠다. 편의를 위해, 특정한 연구 또는 주장의 출처는 주석과 참고 문헌에서 제공하겠다. 이는 특수한 이슈들에 관련된 참고 문헌 외에 몇 가지 일반적인 자료들을 포함한다.

첫 번째 장은 종교에 대한 보다 역사적인 관점을 제공하는데, 종교들의 광범위한 역사적 발전과 종교 연구에 사용된 접근법이라는 두 가지 측면을 모두 고려할 것이다. 다음 두 장에서는 내가 본질적인 기초로 간주하는 것에 대해 설명할 것이다. 즉 왜 인간은 종교적 믿음을 갖는 성향이 있는 것처럼 보이는지, 그리고 매우 실질적인 측면에서, 왜 그런 믿음이 실제로 유익할 수 있는지를 논의한다. 나는 이 두 가지 모두에 대해 다소 정통적이지 않은 입장을 취할 것이다. 첫째로는 내가 '신비주의적 입장(mystical stance)'✦이라고 부르는 것, 즉 초월 세계를 믿도록 하는 인간 심리의 한 측면을 다룰 것이다. 나의 주장은 여기에 우리가 알고 있는 종교의 기원이 있다는 것이다. 둘째로, 진화론적 관점을 지닌 대다수 논평자들과는 달리, 나는 종교적 믿음이 개인에게 유익한 결과를 가져온다고 주장할 것이다. 그러나 나의 주장은 종교가 개인에게 직접적인 건강상의 이익을 발생시킬 수 있고 실제로도 발생시키지만 진정으로 실질적인 이득은 사회적 수준, 즉 개인 구성원의 이익을 위해 더 효과적으로 기능하도록 공동체를 결속시키는 능력의 측면에 있다는 것이다.

이는 우리로 하여금 4장에서 인간 공동체의 본질을, 또 그 공동체들이 실제로는 매우 작은 규모라는 사실을 더 자세히 검토하게 해 줄 것이다. 우리가 유지할 수 있는 사회집단의 규모에는 자연적인 한계가 있으며, 이 한계가 종교적 회합과 공동체의 규모에 영향을 미친다. 5장에서는 이에 대한 심리학적 설명을 제공하고, 사회적 결속을 뒷받침하는 신경생물학적 메커니즘들을 소개한다. 6장에서는 이러한 신경심리학적 메커니즘들이 공동체 결속의 과정에서 종교의례가 수행하는 역할을 어떻게 뒷받침하는지 탐구할 것이다.

✦ 이 용어는 특정 종교의 정교한 신비주의 전통과 구별해 '신비적 태도'나 '신비적 자세'로 번역하는 것이 관행이다. 그러나 이 책의 2장에서 로빈 던바는 종교사의 신비주의 전통과 직접적으로 연결지어 이 용어를 설명하고 있다. 따라서 이 책에서는 신비주의적 입장으로 옮기는 것이 더 자연스럽다.

이것이 종교적 성향과 그 기능을 이해하는 틀을 제공하는 가운데, 7장은 더 역사적인 질문으로 되돌아간다. 즉, 우리의 진화사에서 종교적 성향은 언제 진화했는가 하는 문제다. 신비주의적 입장의 신경심리학에 관해 알게 된 것을 고려할 때, 나는 우리가 이제까지 가능했던 것보다 훨씬 더 정교하게 이 문제를 논의할 수 있다고 제안한다. 8장은 이러한 본질적으로 샤머니즘적인 종교들이 수십만 년 동안 존재했지만 약 1만 년 전 신석기시대의 도래가 일련의 인구 통계학적 충격을 일으켜 교리종교의 발전을 초래했다고 주장한다. 사람들이 공간적으로 밀집된 대규모 공동체에서 함께 살아갈 수 있게 하는 데 이러한 형태의 종교들이 필수적이었다고 나는 주장할 것이다. 9장에서는 컬트와 섹트라는 보다 일반적인 현상을 탐구하고, 또 종교사에서 그리고 섹트의 기원에서 카리스마적 지도자들이 수행한 역할을 탐구한다. 마지막으로 10장에서는 왜 그렇게 많은 종교들이 존재하는지에 대한 질문으로 돌아가게 된다. 나는 그 답변이 사회결속의 과정에서 종교가 담당한 역할과 카리스마적 지도자의 본성에 관해 이전 장들에서 알게 된 것에 제시되어 있다고 주장할 것이다.

여기서 내가 채택한 접근방식은 여러 가지 중요한 점에서 종교라는 주제에 대한 전통적인 접근들과는 매우 다를 것이다. 전통적인 접근들은 전형적으로 신학적 초점(특정 종교는 무엇을 믿는가?) 또는 역사적 초점(특정 종교는 어떻게 생겨났나?

어떤 초기 종교들이 그 견해에 영향을 미쳤나?)을 채택했다. 그러나 최근에는 종교적 행동을 다루는 인지과학과 신경심리학에 대한 관심이 증가하고 있다. 나는 때때로 이러한 분야들에 대해 알아보겠지만 그것이 나의 주된 초점은 아닐 것이다. 나는 종교에 대한 토론에서 일부 학자들이 핵심적이라고 볼 가능성이 있는 분야 전체를 무시할 생각이다. 나의 의도는 무엇보다도 종교 연구에서 대체로 간과되어 온 문제를 탐구하는 것이다. 나는 이런 차원들 중 일부가 인간이 왜 그리고 어떻게 종교적인지에 관한 포괄적 이론의 기초를 제공할 수 있고, 현재 이 분야를 채우고 있는 무수한 논의의 가닥을 통합하는 데 도움이 될 수 있음을 주장하고 싶다.

1장

종교를 어떻게 연구할 것인가?

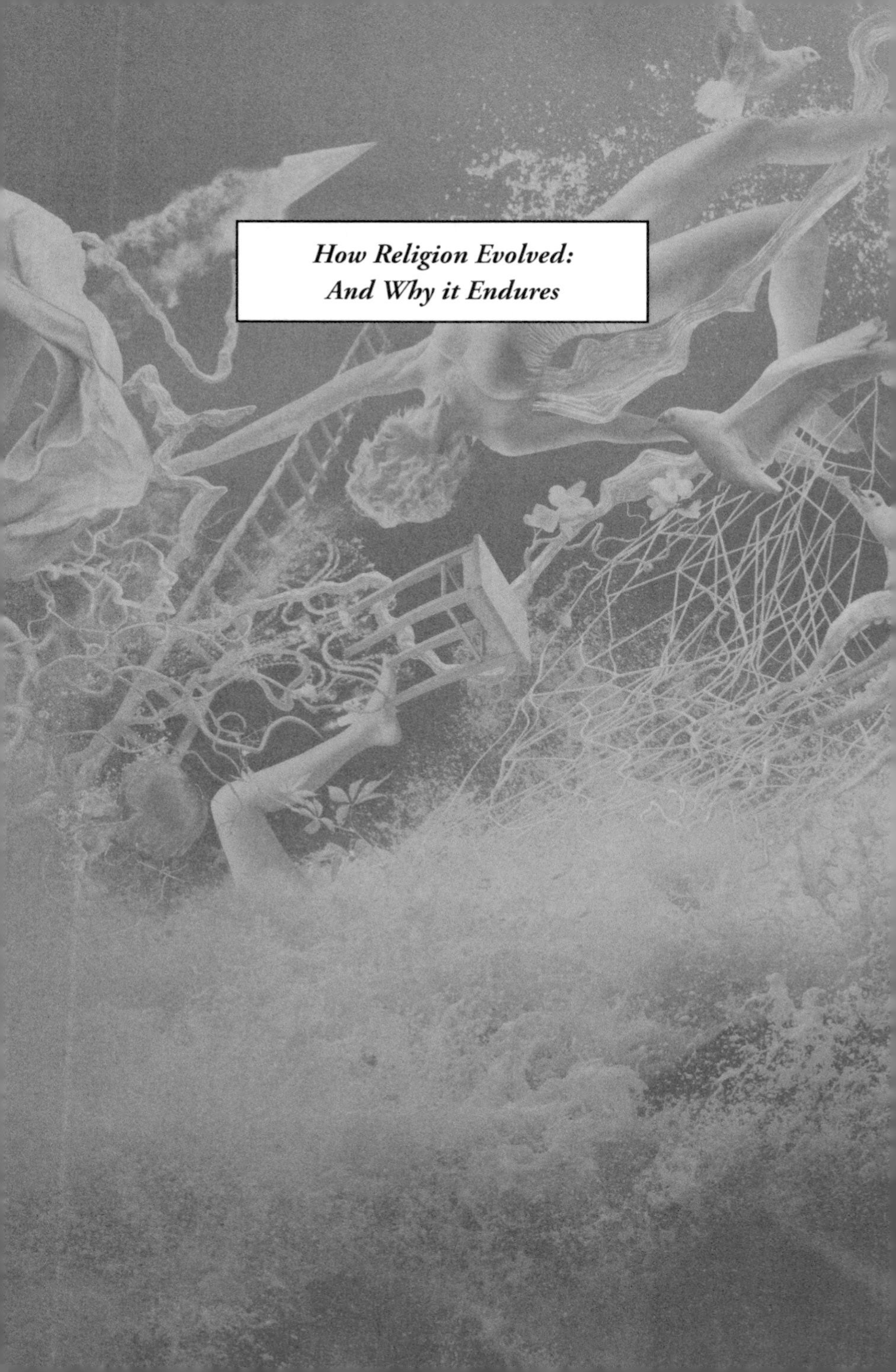
How Religion Evolved:
And Why it Endures

더 세밀한 종교 탐사에 나서기 전에 두 가지 중요한 측면에서 경관을 설정하는 것이 도움이 될 것이다. 첫 번째는 종교의 역사에 대해 우리가 알고 있는 것을 간결하게나마 요약하는 것이다. 이것은 우리가 가진 종교들이 어떻게 생겨났는지에 대해 어떤 설명이 필요한가를 큰 흐름의 관점에서 보게 해 줄 것이다. 두 번째는, 또 다시 간결하게, 종교 연구의 주요 접근방식들을 그리고 그 접근방식들이 우리에게 무엇을 제공할 것인지를 요약하는 것이다. 이것은 특히 중요하다. 내가 취할 관점은 종교학자 대다수가 채택한 관점과 매우 다르기 때문이다. 나의 접근은 진화론적 접근이고, 우리가 현재 이해하고 있는 진화 이론에 확고하게 기초할 것이다. 따라서 나는 진화론적 접근이 무엇을 포함하는지에 대한 매우 짧은 요약으로 갈무리할 것이다.

매우 간략한 종교사

19세기 말에 시작해 오래 유지되고 있는 견해가 있다. 종교사는 크게 두 단계로 구성된다는 것이다. 초기의 애니미즘적 단계와 후기의 교리적 단계다. '애니미즘'이라는 용어는 19세기 중반에 만들어졌지만, 종교의 초기 단계를 서술하는 데 사용된 것은 사실상 1871년에 『원시문화(Primitive Culture)』라는 책을 쓴 영국의 인류학자 에드워드 타일러(Edward Tylor)에서 기인한다. 그 용어는 18세기와 19세기 유럽인의 탐험 중에 마주쳤던 많은 부족 사람들이 샘, 강, 산, 숲은 물론 여타의 살아 있는 유기체 모두에 정령[고대 그리스어와 라틴어로 **아니마**(*anima*)]이 깃들어 있다고 믿었다는 인식에서 유래했다.

이런 '원시종교(primitive religion)' 개념은 20세기에 인류학자들에 의해 많은 비판을 받았는데, 그들 중 다수는 그 표지가 제국주의적이고 인종주의적인 것으로 보았다. 사실 이런 비판은 두 가지 이유에서 약간의 착오다. 첫째, 이 비판은 통속 심리학(folk psychology)과 대학 교육을 받은 학자들이 사고하는 방식의 구분을 혼동했다. 통속 심리학은 사람들이 자연스럽게 세계에 관해 생각하는 방식인데, 부분적으로 세계에 대한 일상적 경험의 결과이기도 하고(물론 일부는 조상으로부터 문화적으로 상속됨), 또 부분적으로 인간의 마음이 설계된 방식 때문이기도 하다. 둘째, 우리는 모두 이러한 종류의 '원시적' 믿음을 갖기 쉽다. 많은 원시적 믿음들이 인간의 마음, 혹은 '통속 심리학'이 진화한 방식에서 자연적인 디폴트값을 형성하는 것으로 보이기 때문이다. 이것은 '원시' 대 '진보'의 문제가 아니다. 오히려 이것은 자연스러운 통속 심리학의 기초 플랫폼 위에 교육이 덧씌워진다는 것을 반영한다.

실제로, 그 구분은 서구에 사는 사람과 다른 곳에 사는 사람의 차이가 아니라 단지 탄탄한 과학 기반 교육에 많이 노출된 사람과 그렇지 않은 사람의 차이다. 역설적으로 19세기 학자들은 후기 비평가들보다 해당 주제에 대해 더 잘 알고 있었을 수도 있다. 그들은 민족지적 연구를 통해 이런 종류의 '애니미즘적' 견해들이 역사적 유럽에서 켈트족과 게르만족 사이에 만연했을 뿐만 아니라 20세기까지 동시대의 자기네 국민들 사이에서도 계속해서 널리 믿어졌다는 것을 완벽하게 잘 알고 있었다. 실제로, 이러한 믿음 중 많은 것들이 여전히 우리에게 남아 있는 것으로 보인다. 한 가지 친숙한 예로는 소원을 비는 우물이 있다.

북유럽 전통에서는 성스러운 샘과 우물이 켈트와 게르만의 부족 시대로 거슬러 가는 오랜 역사를 가지고 있다. 일부 샘이나 우물에 치유력이 있다고 생각되었고, 다른 일부는 어떤 소원이든 들어줄 수 있는 속성을 가지고 있다고 여겨졌다. 동전이나 귀중한 물건을 우물이나 웅덩이에 던지는 (그리고 소원을 비는) 관습은 여전히 우리에게 있다. 항상 그런 것은 아니지만 때때로 이 관습의 효험에 대한 믿음은 어느 정도의 의심으로 누그러지기도 한다. 소원을 비는 나무는 또 다른 예다. 특별한 나무의 줄기나 가지에 봉헌물이나 메시지를 부착하는 행위는 브리튼 제도와 여타 북유럽 지역에 널리 퍼져 있었고 지금도 많이 있다. 이 관습은 유럽에만 국한된 것이 아니다. 인도에서 거의 모든 마을의 중앙에 들어앉은 바니안나무(뽕나뭇과에 속하는 나무)는 **칼파브릭샤**(*kalpavriksha*, 소원 성취 나무)로도 알려져 있다. 이러한 종류의 현상은 우리 모두의 마음에 깊이 새겨져 있는 오컬트 세계(occult world)에 대한 믿음을 드러낸다.✦

20세기에 꽤 일반적이었던 마을 의례의 또 다른 예는 "와세일링(wassailing)"이라는 오래된 잉글랜드 지역 전통으로서, 와세일 퀸(Wassail Queen, 보통 사춘기 이전의 소녀)이 사과나무 가지에 올라 나무의 정령에게 술을 바쳐 풍작을 기원한다. 제니퍼 웨스트우드(Jennifer Westwood)와 소피아 킹스힐(Sophia Kingshill)의 『스코틀랜드의 전설(Lore of Scotland)』은 브리튼 제도 작은 구석의 이런 지역 신앙에 대한 긴 요약을 제공하며, 그 대부분은 19세기 동안 열정적인 민속학자들에 의해 수집되었다. 정령이나 요정이 언덕 꼭대기, 동굴, 샘, 강, 나무와 같은 특정 장소들을 점유한다는 믿음은 마치 무엇이든 될 수 있을 것처럼 북유럽에서 거의 보편적이며, 현대 교육에도 불구하고

✦ 오컬트 또는 오컬티즘은 겉으로 보이지 않는 세계에 대한 지식, 혹은 그런 지식을 추구하는 것을 의미한다.

완전히 사라진 적이 없다.

실제로, 우리가 보는 세상에 정령이 살고 있다는 관념은 후대의 교리종교와 결합된 더 통상적인 종교적 실천 및 믿음과 문제없이 계속 공존해 왔다. 이러한 관념의 다수는 정령과 영적 세계에 접근할 수 있는 사람들 또는 그러한 접근에 대한 은밀한 지식을 가진 사람들[마법사(witches), 요술사(sorcerers), 마법 의사(witchdoctors), 샤먼(shamans)]이 우리 세계에 선하고 악한 영향을 모두 미칠 수 있다는 믿음에 집중한다. 인류학자 존 덜린(John Dulin)이 2010년대에 남부 가나의 현지 조사 중에 관찰한 내용을 보자.

> …… 전통주의 사제는 나를 대신해 신과 상의했다. [그리고] 그 신은 낯선 사람이 제공하는 음식을 피하라고 나에게 지시했다. 독을 마시지 않으려면, 또는 돈을 줘 버리는 것처럼 내 의지에 반하는 일을 하도록 강요하는 주술의 위험에 고통받지 않으려면 말이다. 나이 든 전통주의 여사제가 자기 집에서 식사를 하자고 나를 초대했을 때, 카리스마적 기독교인 친구들은 내가 그 여사제와 사랑에 빠질까 염려하면서 그가 주는 음식을 거절하라고 다그쳤다. 그들은 내 마음이 너무 흐려져 아내를 알아보지 못할 것이라고 말했다. 내가 잘못된 것을 먹어서 아내를 잊고 80세 여성과 사랑에 빠질지도 모른다는 전망은 자기 마음이 잠재적으로 자신의 것이 아니라고 보는 경우,

즉 그 마음이 외부 힘의 적대적인 침입에 취약하다고 보는 경우에 그럴듯하게 여겨진다.[1]

세계의 거의 모든 곳에서 비슷한 이야기를 들을 수 있다. 그 이야기들은 20세기까지 지중해 유럽의 많은 지역에 만연했던 '악한 눈(evil eye, 어떤 사람들이 갖고 있을 거라 추정되는 능력으로, 눈을 쳐다보는 것만으로도 당신을 병들게 함)'에 대한 두려움을 연상시킨다.

우리의 관점에서 그러한 믿음들은 미신으로 간주될 수 있다. 그러나 그것들은 깊게 자리 잡은 신념에 기반해 사람들의 행위에 영향을 미쳤으며, 여전히 은밀하게 영향을 미친다. 21세기까지 지속된 잘 알려진 미신으로 (악마를 물리치기 위해) 엎질러진 소금 한 꼬집을 어깨에 던지는 미신이 있다. 소금 미신은 여러 모습으로 나타난다. 다소 특이한 것 중 하나는 '죄 먹는 사람(sin-eater)'으로서, 1900년대 초반까지 웨일스와 웨일스 국경 지역의 카운티들에서 흔했던 관습이다.[2] 사람이 죽으면, 시신을 앞방에 안치하고 소금 한 접시와 빵 몇 개를 그 무릎 위에 올려놓는다. 소금이 빵에 흡수되면서 시신의 죄도 빵에 흡수된다고 믿었다. 장례를 위해 시신을 옮기기 직전에 그 지역의 '죄 먹는 사람'이 와 그 빵을 먹음으로써 망자의 죄를 흡수한다. 망자들이 '깨끗한' 영혼을 갖고 심판을 받으러 갈 수 있도록 하는 것이다. 그 후 접시와 소금은 시체와 함께 묻는다.[3] 죄 먹는 사람은 대개 늙고 가난한 남자와 여자였는데, 보통 빵 외에도 맥주와 수수료를 받을 수 있었기에 그 역할을 수행했다. 마법 및 악마와 연관되어 보였기 때문에 그들은 공동체의 다른 사람들에게 종종 배척을 당했다. 비슷한 관행들은 유럽의 다른 지역에서도 나타났다. 때때로 이러한 관행은 본래의 목적을 상실했지만 형태는 유지되었고, 20세기까지 장례 의식으로 지속되었다. 가령, 바바리아(Bavaria)〔독일의 바이에른〕에서는 전통적으로 '시체 케이크(corpse cake)'를 망자의 가슴에 올려놓고 나서, 가장 가까운 친척이 그것을 먹었다. 네덜란드 사람들은 전통적으로 장례식에 참석한 사람들에게 **두트쿡스**(*doed-koecks*, '죽음 케이크')를 준비해 제공했다. 발칸반도에서는 가족들이 모여 고인의 모습을 한 작은 빵을 먹었다.

진실은 바로 이러한 미신들을 우리가 다 믿지 않을 수는 있지만, 동시에 완전히 버릴 생각도 없다는 것이다. 그 미신들이 정말로 사실일 경우를 대비하는 것이다. 자기의 별자리 운세를 늘 참조하는 사람들이 얼마나 많은가 보라. 통속 신화(folk myths)를 계속해서 믿는 이런 경향은 삶의 수많은 다른 영역에서도 발생한다. 물리학자들이 우주에 대해 복잡한 수학적 설명을 발전시켜 왔다는 사실에도 불구하고, 우리 대부분은 '통속 물리학(folk physics)'이라는 훨씬 더 단순한 버전을 실제로 운용한다. 그것은 당신과 내가 의존해 살아가는 일상 경험의 물리학으로서, 그 많은 부분은 수천 년 된 통속적 믿음(folk beliefs)과 일상 세계에 대한 각자의 개인적 경험에서 파생된다. 물리학은 문짝과 같은 물체가 실제로는 원자가 간헐적으로 점유하는 수많은 빈 공간으로 이루어져 있다고 말하지만, 문짝에 부딪히는 일상의 경험은 그 문짝이 매우 견고하다고 말한다. 과학의 세계와 일상 경험의 세계가 언제나 특별히 잘 연결되는 것은 아니다.[4]

전통적인 견해는 종교의 가장 초기 형태가 정령들에 대한, 또는 때때로 우리가 사는 물리적 세계에 평행하는 초월적 세계를 점유하지만 동일한 물리적 공간도 우리처럼 점유할 수 있는 어떤 존재 형식에 대한 다소 일반화된 믿음의 모습을 취했다는 것이다. 이러한 정령들은 우리 세계에 특별한 관심이 없는 경우도 있었지만, 우리를 집어삼키는 질병의 발생이나 치유를 담당하는 경우도 있었다. 이러한 믿음은 (물론 항상 그런 것은 아니지만) 종종 마법과 연관되어, 결국 행운, 사냥, 다산 및 로맨스 등을 위한 주문으로 일반화될 수 있었다.

이러한 더 오랜 종교들은 몰입 체험의 종교이지, 일반인을 대표해 탄원하는 전문가가 있는 공식적 의례의 종교가 아니다. 그 종교들은 (항상 그런 것은 아니지만) 종종 음악과 춤에 의해 유도되는 트랜스 상태〔비일상적인 의식 상태로서 대개 몰입이나 해리의 경험을 포함한다〕와 관련이 있다. 이런 점에서 그 종교들은 모든 교리종교에서 발견되는 신비주의(mysticism)와 근원적인 특성을 많이 공유한다. 일반적 합의에 따르면, 신비주의는 신성에 대한 직접적인 엑스터시 경험(ecstatic experience)

을 포함한다. 그것은 '체험 종교'의 매우 개인적인 형태로서, 형언할 수 없는 것에 대한 몰입의 감각, 즉 중세 기독교 신비가들이 묘사한 대로 하면 '존재의 합일(oneness of being)'이다. 현대적 형태에서 이러한 특성들은 신비가가 속한 종교의 특정 신념을 반영하는 경향이 있다. 기독교, 수피 이슬람교, 시크교 전통의 신비가들은 신과의 합일에 몰입하는 것으로 경험하는가 하면, 불자들은 빛나는 우주적 마음[**타타가타가르바**(*tathāgatagarbha*) 또는 '붓다의 태']〔여래장(如來藏), 즉 모든 중생에 내재된 불성〕에 몰입하는 것으로 경험한다. 때때로 이러한 트랜스(trance) 상태[종종 '환시(visions)'로 묘사됨]는 저절로 발생한다[아빌라의 성 테레사(St. Teresa of Ávila) 또는 독일 도미니크회 수도사 마이스터 에크하르트(Meister Eckhart)와 같은 역사 속의 많은 기독교 신비가의 경우처럼]. 다른 경우에 트랜스는 집단 의례에 의해 유발될 수 있는데, 대개 음악을 수반하고(산 부시먼✦의 트랜스 댄스처럼) 때로는 식물 기반 향정신성(또는 환각성) 약물의 도움을 받는다(많은 남미 부족들). 또는 트랜스는 개별적으로 명상 수행에 의해 유발될 수도 있다(요가 전통처럼).

일부 애니미즘적 종교에서 이 현상은 트랜스 상태로 들어가

✦ 아프리카 남부에 널리 퍼져 사는 다양한 수렵채집인 부족들에게 서양 사람들이 붙인 명칭으로, 간단히 산족(San peoples) 또는 부시먼(Bushmen)이라고도 한다.

는 능력을 지닌 전문가인 샤먼과 결부된다. '샤먼'이라는 용어는 동부 몽골 문화에서 파생된 것이다. 거기서 그 용어는 다른 사람들을 대신해 인간세계에 영향을 미치는 정령들과 관계를 맺는 데 필수적인 지식과 기술을 얻고자 오랜 견습 기간을 보내는 개인들과 관련되어 있다. 전통적인 몽골 문화와 시베리아 문화에서 샤먼들의 주요 기능은 점술, 질병 치료 그리고 사냥 성공 및 재난 방지의 보장 등을 조합한 것이었다. 치유 의식에서 샤먼은 환자와 질병을 일으키는 정령(들) 사이의 중재자 역할을 한다. 우리는 이 정의를 '**엄격한** 또는 **좁은 의미의**(*sensu stricto*) 샤머니즘'으로 생각할 수 있다. 그러나 그 용어의 더 느슨한 의미는 개인이 특별한 의술이나 점술의 목적 없이 정령 세계로 여행하기 위해 트랜스 상태에 들어가는 더 일반적인 현상을 가리킨다. 이것은 종종 특별한 훈련을 필요로 하지 않으며, 관찰과 실천으로 학습되는 집단 의례의 일부일 수 있다. 이런 형태는 널리 퍼져 있으며, 우리는 이것을 '**광의의**(*sensu lato*) 샤머니즘'으로 생각할 수 있다. 이런저런 형태의 트랜스 사용법이 이런 애니미즘적 형태의 종교들에 매우 널리 퍼져 있기 때문에, 나는 그 종교들을 집합적으로 "샤먼종교" 또는 "몰입종교"라고 부른다.

어느 시점에서, 일정한 예배 장소, (때때로 인간사에 적극적으로 개입하는) 신들, (때때로 공동체와 신들 사이에 개입하고, 어떤 경우에는 트랜스 기반의 의례를 통해 개입하는) 종교 전문가 또는 사제, 더 공식적인 신학, 그리고 신성한 기원을 지닌 도덕규범[모세는 시나이산에서 신으로부터 직접 십계명이 적힌 석판을 받고, 예언자 무함마드는 신으로부터 코란의 말씀을 받고, 조지프 스미스(Joseph Smith)는 모르몬경의 금판을 받음] 등에 의해 특징지어지는 더 공식적인 종류의 종교로의 전환이 있었다. 이러한 교리종교들의 대부분은 기원 설화도 가지고 있는데, 종종 창시자인 특정 개인(고대 페르시아 조로아스터교의 조로아스터, 불교의 고타마 싯다르타, 기독교의 예수그리스도, 이슬람의 예언자 무함마드, 시크교의 구루 나나크)의 계시 경험과 결부된다. 이러한 종교들은 전형적으로 꽤 명시적인 신학적 교리를 가지고 있기 때문에 종종 교리종교로 알려져 있다. 그들은 또한 세계종교로도 알려져 있는데, 그 이유는 그 종교들 대부분이 현재 지구 대부분 지역에 널리 퍼져 있는 매우 많은 추종자들을 가지고 있기 때문이다(실제로는 이것이 매우 최근의 현상이라는 사실에도 불구하고).

대다수 교리종교들은 공식적인 방식으로 조직되며, 모스크나 교구의 활동을 감독할 책임이 있는 사제직이나 위원회(예를 들면 장로회)를 갖는다. 몇몇 경우에, 그 종교들은 지역 수준을 넘어서는 계층구조를 갖는데, 신학적 완전성을 유지하거나 적어도 어떤 권위자로부터 내려오는 신학적 정당화의 경로를 제공할 책임이 있다(기독교 분파인 가톨릭, 루터교, 성공회 등의 주교와 대주교). 여기에는 때때로 비공식적인 충성 서약만이 포함되기도 한다(이슬람교와 불교의 경우처럼).

샤먼종교(또는 '원시'종교)와 교리종교의 구분은 물론 아주 엄밀한 것이 아니다. 어느 쪽에도 완전히 잘 들어맞지 않는 수많은 부족종교들이 있으며, 심지어 몇몇 현대의 컬트들도 그렇다. 그러나 그것은 어느 진화 과정에서나 볼 수 있는 것이다. 생물학적 세계에서도 진화적 전환은 거의 절대적이지 않다. 문제는 인간이 복잡성을 특히 잘 다루지 못한다는 데 있다. 그래서 우리는 종종 편의를 위해 현상들을 단순한 이분법으로 나눈다. 심지어 단신과 장신, 흑인 대 백인, 동양 대 서양처럼 엄격하게 양분되지 않는 경우도 그렇게 한다. 그러나 단순한 이분법은 우리가 설명하려는 현상을 간소화하는 장점이 있다. 그리고 적어도 이 경우에는 긴 역사적 과정의 시작과 끝의 대비를 선명하게 하는 데 도움이 된다.

강조할 중요한 포인트는 이 순서가 필연적으로 한 종교를 다른 종교로 대체하는 과정은 아니라는 것이다. 오히려 그것은 종교의 한 형태(교리적 단계)가 이전 형태(샤머니즘 또는 애니미즘) 위에 장착되는 일종의 유착 과정(accretion)이다. 이에 대한 증거는 현대 기독교의 일부로서 중심을 형성하는 수많은 대축일에 있다. 로마교회(그리스정교회와 대립되는) 전통에서 사용되는 부활절(Easter)이라는 단어는 고대 영어 **에오스트레**(*Ēostre*)에서 파생되었다. 이는 해당 이름을 지닌 게르만의 여신에게 헌정된 달이다. 에오스트레는 고대 인도-유럽의 새벽의 여신으로, 봄날이 연관되어 있음을 볼 때 다산의 여신이었을 수도 있다. 크리스마스로 선택된 날짜(12월 25일)는 편리하게도 동짓날과 맞아떨어졌고, 매년 이 시점은 토성(Saturn) 신을 기념하면서 다소 술에 취하는 로마 축제 사투르날리아(Saturnalia)와도 일치했다.[5] 초기 기독교 교회는 수많은 기존의 이교도 축제들을 주요 기념일로 채택한 것으로 보이는데, 아마도 이는 새로운 개종자들이 이전의 종교적 신념으로부터 벗어나게 하기 위한 것이다. 요점은 바로 이것이다 — 그리고 이것은 내가 나중에 다시 돌아갈 문제다 — 즉, 새로운 종교 형태는 보통 더 오랜 형태를 쓸어내 버리기보다는 오히려 그 위에 정교하게 접목된다. 왜냐하면 더 오랜 형태는 사람들의 심리에 너무 깊이 새겨져 있어서 지우기가 어렵기 때문이다.

달리 말하면, 교리의 단단한 표면적 외피 아래에는 토속적 신비주의 종교의 고대적 토대가 도사리고 있다. 이것이 이 책의 핵심 메시지다. 이어지는 장들에서 나는 이것을 제대로 인식하는 것이 종교들과 그 진화에 대한 우리의 이해에 중요한 결과를 가져온다고 주장할 것이다.

종교 연구의 몇 가지 접근법

적어도 학문 분과로 존재한 첫 100년 동안 인류학은 종교에, 특히 그 사회적 기능에 지속적인 관심을 가졌다. 사실, 종교가 친족 다음으로 가장 중요한 초점이었다고 말할 수 있을 정도다. 앞서 살폈듯, 이는 유럽의 민속과 전통적인 소규모 사회의 민족지에 대한 관심이 증가하던 19세기 동안 시작된 일이다. 초기 영향 중 중요한 것은 제임스 프레이저(James Frazer)의 『황금가지(The Golden Bough: A Study in Comparative Religion, 1890)』와 에드워드 타일러의 1871년 책 『원시문화』였다. 프레이저의 접근은 (주로 유럽의) 민속과 전통 신앙에 대한 연구로부터 원시종교의 공통 원칙과 개념을 결합하려는 것이었다. 타일러의 접근은 세계 곳곳의 부족사회들의 비교 민족지를 기반으로 했으며, 다윈 진화론의 새로운 아이디어를 문화에 명백히 적용하고자 했다. 그는 인간의 마음이 보편적이라고 보고(모든 인간은 동일한 마음과 정신 능력을 가지고 있다), 종교는 역사적으로 소규모 전통사회에서 세계를 지역 신앙 — 다윈주의적 의미로는 지역의 조건과 경험에 적응된 신앙 — 의 맥락 속에서 설명하고 통제하려는 시도로 진화했다고 보았다.

이후로 중대한 영향을 미친 두 저작은 윌리엄 제임스의 1902년 책 『종교적 경험의 다양성(The Varieties of Religious Experience)』과 에밀 뒤르켐의 『종교 생활의 원초적 형태(Elementary Forms of Religious Life, 1912)』이다. 두 학자 중 누구도 부족사회를 연구한 적은 없다. 제임스가 심리학적 입장을 확고하게 취했다면, 뒤르켐의 관점은 사회학적이었다. 제임스는 종교의 기원과 가치 사이에 중요한 구분을 두고, 이 둘에 관한 질문들 중 하나에 대한 답변이 반드시 다른 질문에 대한 답변을 결정하는 것은 아님을 상기시킨다. (이 포인트가 얼마나 중요한지 다음 절에서 보게 될 것이다.) 또 그는 '건강한 마음'의 종교와 '병든 영혼'의 종교의 차이를 중시했는데, 하나는 종교로부터 만족과 행복을 얻는 사람들의 특징이고, 다른 하나는 깊게 고민하며 종교를 경험하는 사람들의 특징인데 이는 지금 우리가 '위기 회심(crisis conversion)'이라고 부르는 형태다. 그는 신비주의를 종교적 경험의 중심으로 보았다. 뒤르켐 관점의 핵심은 그가 '집단 감격(collective effervescence)'이라고 불렀던 것, 즉 종교의례에 의해 만들어지는 정서적 흥분과 경외감이다. 뒤르켐은 종교가 사회 구축의 기초라고 보았지만, 후대의 인류학자들은 그의 인과 논리를 뒤집어 전통 종교의 의례와 믿음은 한 사회의 사회정치적 구조를 단지 복제하거나 강화할 뿐이라고 주장했다. 즉 사실상 정치적 목적을 위한 교회와 국가의 결혼이라는 것이다. 어느 정도까지는 사실이지만, 이는 뒤르켐 관점의 핵심 통찰을 놓치고 있다.

더 나중에는 인지인류학(cognitive anthropology, 인간이 세계에 관해 생각하는 방식 기저의 심리학을 이해하려는 시도)의 부상과 결부된 1980년대의 발전이 이후 인지종교학(cognitive science of religion)이라는 것을 등장시켰다. 인지종교학을 옹호하는 몇몇 학자들은 (전부는 아님) 진화심리학(evolutionary psychology)에 강력하게 기초하고 있다.[6] 대체로, 인지종교학은 종교에 적합도 이익(fitness benefits)이 없다는 견해에 지배되어 왔다. 이 견해는 종교가 종종 개인으로 하여금 사적 이익을 희생하도록 강요하는 사회적 수준의 현상이라는 가정에서 비롯한다. 집단 수준의 이익은 진화생물학자들에 의해 의심스러운 것으로 여겨진다는 이유로(다음 절에서 이에 대해 더 자세히 설명함), 그들은 종교가 더 명시적으로 유용한 다른 목적을 위해 설계된 메커니즘들의 비적응적 부산물임이 틀림없다고 주장한다. 따라서 인지종교학의 초점은 자연적인 심리학적 기전들(mechanisms)에, 그리고 이 기전들이 어떻게 우연하게도 인간으로 하여금 종교적인 방식으로 행동하는 성향을 갖게 했는지에 맞춰져 왔다.

이 접근의 한 가지 예는 '과활성 행위자 탐지 장치(hyperactive agency detection device, HADD)'라는 개념이다. 이 개념은 인류학자 파스칼 보이어(Pascal Boyer)의 연구와 심리학자 저스틴 배럿(Justin Barrett)의 연구에 서로 다른 방식으로 연관되어 있다. 기본적으로, 이것은 동물의 마음이 생물학적 적합도(fitness, 성공적으로 생존하고 번식하는 능력)에 직접 영향을 미치는 중요한 현상을 감지하게 하는 단서(cues)에 민감성을 갖추고 있음을 제안한다. 예를 들어, 포식자나 적의 사냥감이 되지 않으려면, 숲에서 잔가지가 부러지는 소리를 듣고 포식자의 접근을 추리할 수 있는 게 이롭다. 그들은 이러한 기전이 위험을 피하게 할 것이라고 주장한다. 왜냐하면 포식자의 접근을 잘못 가정하는 실수가 실제로 포식자가 접근할 때 중요한 단서를 무시하는 실수보다 항상 더 낫기 때문이다(파스칼의 내기 사례).[7] 결과적으로, 우리 인간은 곧바로 설명할 수 없는 현상을 보이지 않는 어떤 신비한 존재 탓으로 돌리는 성향을 보인다. 이 효과가 인간에게 널리 퍼져 있다는 데는 의문의 여지가 없다. 이는 우리가 물리적 현상에 동기(motivations)를 부여하는 방식을 연상시킨다. 우리는 성난 바다 혹은 찌푸린 하늘에 대해 말한다. 이런 관점에서 보면, 종교는 생물학적 시스템에 내장된 오류다.

이 접근의 또 다른 고전적 예시는 신들이 대개 '최소한으로 반직관적(minimally counterintuitive)'이라는 주장이다. 즉, 신들은 일상 물리학의 정상적 법칙을 깨뜨릴 수 있어야 하지만 지나치지 않아야 한다. 지나치면 그럴듯하지 않게 된다. 기본적으로, 신들은 우리가 못 하는 일을 할 수 있어야 한다. 즉 물 위를 걷고, 벽을 통과하고, 공중 부양을 하고, 하늘을 날고, 미래를 예언하고, 병자를 치료하는 일 등이다. 만약 이런 일을 할 수 없다면, 이는 그들이 단지 인간일 뿐이며 재난을 막거나 미래를 바꾸려고 그들에게 도움을 청할 까닭이 없다는 것을 의미한다. 또한, 당연하게도 이는 그들이 우리를 해칠 수 없다는 뜻이기도 하다. 많은 정령들이 매우 악의적인 존재로 여겨진다는 점을 감안할 때 이는 중요한 문제다.

일반적으로, 진화론적 인지종교학은 종교가 어떻게 그리고 왜 진화했는지를 설명하기 위해 두 가지 견해 중 하나를 채택해 왔다. 한 견해에 따르면, 종교는 인간 마음이 진화적으로 더 중요한 다른 기능들을 지원하도록 설계된 방식의 불가피한 결과이며, 따라서 진화적으로 크게 흥미로운 주제가 아니다. 즉, 종교는 진화적 적합도를 최대화하기 위해 치러야 했던 대가일 뿐이다. 다른 견해에 따르면, 종교는 인간 마음이 설계된 방식을 이용하여 **문화적** 적합도(cultural fitness)를 최대화하는, 그러나 그 마음이 기생하고 있는 개인의 적합도에 부정적인 영향을 미칠 수도 있는, 문화 진화(cultural evolution)의 한 사례일 수도 있다. 다음 절에서 보게 되겠지만, 둘 모두 종래의 다윈주의적 관점에서 완전히 그럴듯한 설명이다.

인지종교학은 인간의 인지 체계가 종교성의 많은 측면들을 어떻게 뒷받침하는지, 그리고 이것들이 어떻게 이러한 목적을 위해 이용될 수 있었는지에 대해 설득력 있는 설명을 제공한다. 그러나 이것은 주로 믿음에 초점을 맞추고 있어서, 여러 방식으로 종교의 핵심 구조를 이루는 인간 종교경험의 중요한 특성들을 간과한다. 특히, 의례 그리고 공동체의 창출에서 종교가 수행하는 역할을 놓친다. 부분적으로 이것은 생물학적 적합도를 구성하는 것이 무엇인지에 대한 다소 협소한 이해에 기초하기 때문이다. 그 이유에 대해서는 다음 절에서 설명할 것이다.

그러나 이것은 중요한 문제를 돋보이게 한다. 의례는 우리가 세상을 경험하는 방법을 변형시켜 특정한 종교적 경험이 일어나기 쉬운 정신상태를 조성하도록 명시적으로 설계된 것일 수 있다는 주장이 제기된 바 있다.[8] 이러한 관점을 취하는 것은 종교를 '단지' 일련의 믿음으로 보는 시각(지난 반세기 동안 종교 연구를 지배한 관점)에서 물러나게 하고, 종교를 일련의 실천으로 보는 더 오래된 관점에 관심을 다시 집중시키기 때문에 바람직하다. 이것이 중요한 지점이다. 그리고 이후의 장들에서 나는 반복해서 그 지점으로 돌아갈 것이다.

진화적 배경 풀기

종교와 그 진화를 더 자세히 탐구하기 전에 진화론적 접근이 어떤 것을 포함하는지를 간략하게 요약할 필요가 있다.[9] 이렇게 하는 한 가지 이유는 이어지는 내용의 적절한 이해에 방해가 될 수 있는 오래된 **소음들**(*bêtes noires*)을 제거하기 위해서다. 이들 중 다수는 다윈주의적 접근이 정확히 어떤 것인지를 오해하는 데서 비롯한다.

다윈의 자연선택에 의한 진화 이론은 과학사에서 두 번째로(물리학의 양자 이론 다음으로) 가장 성공적인 이론으로 널리 인정받고 있다. 우리가 발견한 자연 세계를 설명하는 능력과 그 세계의 새롭고 예상하지 못한 특성을 예측하는 능력 모두의 측면에서 그렇다. 그 이론의 근본 전제는 유전이 작동하는 생물학적(즉, 유전학적) 방식 때문에 종들은 생존과 번식 문제의 해결(**적합도**라고 알려진 속성)에 가장 성공적인 형태로 진화한다는 것이다. 그 형태는 선택에 의해 진화되는 형질이나 특징을 지니는데, 이것이 곧 특정 문제의 해결에 적응된다는 점, 혹은 특정 문제의 해결에 알맞은 적응이라고 말해진다. 예컨대, 수컷 공작의 화려한 꼬리는 짝 유인에 알맞은 적응이며, 긴 다리는 빠른 달리기에 알맞은 적응이다.✦

엄밀하게 말해, 적합도란 형질 또는 유전자의 (또는 때때로, 느슨하지만 완벽하게 수용 가능한 의미에서, 개체의) 속성이라는 것을 인정하는 것이 중요하다. 그것은 집단이나 종의 속성이 아니다. 따라서 진화는 집단(또는 종)의 이익을 위해 일어날 수 없고 일어나지도 않는다. 이른바 집단선택(group selection)은 전체 집단들의 차등적 생존을 요구하며, 종종 이타주의 또는 개체군 조절의 설명으로 간주되었다. 즉, 어떤 동물들은 개체군 혹은 종이 식량을 고갈시켜 멸종하는 것을 막기 위해 번식을 중단한다는 것이다. 문제는 이를 가능하게 한다고 알려진 유전적 메커니즘이 없다는 것이다. 이렇게 행동하는 어떤 종이라도 그 이타주의는 가급적 빨리 번식하려는 이기적인 개체들

✦ 본 번역서에서는 진화적 적응에 대해 "무엇에 알맞은 적응"이라고 표현한다. 일반적으로는 "무엇을 하기 위한 적응"이라고 표현하지만, 이는 은연중에 의도나 목적을 환기시켜 불필요한 오해의 여지가 있다. 다윈주의 진화 이론에서 말하는 적응은 의도나 목적을 함축하지 않으며, 단지 오랜 세월의 자연선택 과정을 통해 결과적으로 개체군에 획득되거나 안정화된 형질을 가리킨다.

로 인해 곧 망가질 것이다. 이것은 집단선택이 불가능하다는 말이 아니다. 가능하지만, 이는 집단 절멸 비율이 매우 높고 집단 간 이동 비율이 매우 낮아야 한다. 그런데 아직까지 집단선택이 일어나게 해 줄 만큼 높은 집단(또는 심지어 문화) 절멸 비율을 발견한 연구는 하나도 없다. 이러한 이유 때문에 생물학자들은 이익이 오로지 집단에만 유리하고 개체에는 불리하게 축적될 수 있다는 어떤 제안도 깊은 의심을 갖고 본다.

부적응적 형질은, 그 형질이 개체에게 초래하는 비용이 그 개체가 다른 모든 형질에서 얻는 총 적합도를 초과하지 않는다면, 다윈주의적 진화에서 얼마든지 나타날 수 있고 또 흔한 것이기도 하다. 이것은 한 개체가 유전자를 다음 세대에 전하기 위해서 상충하는 많은 요구를 해결해야 한다는 사실의 자연스러운 결과다. 여기에는 생존에 필요한 만큼 충분히 먹기, 다른 누군가의 먹이가 되는 것을 피하기, 적절한 짝 찾기, 자식을 만들거나 잉태하기, 그리고 이 모든 것을 성공적으로 해낸 후에는 자식이 성체로 자라나 번식할 수 있게 하기 등이 포함된다. 원하는 만큼 자식을 생산할 수는 있지만, 만약 양육 능력을 훨씬 넘어서는 비용 때문에 결국 아무도 생존할 수 없게 된다면 그러지 않는 편이 진화적 관점에서 나을 것이다. 진화생물학자 존 메이너드 스미스(John Maynard Smith)가 말했듯이, 진화는 자녀들에게 관심이 없다. 손주들에게만 관심이 있을 뿐이다. 문제는 이 순서의 대부분 단계들이 서로 양립하지 못한다는 데 있다. 모두를 동시에 완벽히 해결할 수는 없다. 따라서 개체들은 알맞은 절충안을 찾아 이 다양한 요소들을 개별적으로 그리고 엮어서 충족시켜야 한다. 그리고 이는 보통 얻는 것이 있으면 잃는 것도 있는 트레이드-오프(trade off)를 포함한다. 다시 말해, 다윈주의 세계에서 유기체 대부분은 완벽하지 않게 적응해 있다. 현실 세계는 불가피한 타협으로 가득 차 있기 때문이다.

종교는 자발적 고행, 독신, 심지어 자기희생을 통해 심각한 비용을 발생시킬 수 있다. 이런 사실이 일부 진화심리학자와 인지종교학자로 하여금 종교와 종교성이 적응적일 수 없다는 결론에 이르게 했다. 그 대신 종교는 완전히 존중할 만한 다른 생물학적 목적에 알맞게 진화한 형질들 또는 인지적 프로세스들의 부적응적 부산물임에 틀림없다는 것이다. 그런 경우는 일상의 생물학에서 드물지 않다. 우리 모두에게 가장 친숙한 예는 요통이다. 이는 네 발에서 두 발로 걷는 자세로 전환한 우리 조상들의 불행한, 그러나 의도하지 않은 결정에 따른 부산물로서, 요추의 관절을 불안정하게 만드는 효과가 있었다. 척추를 더 크고 단단하게 진화시켜 이 문제의 해법을 찾을 수도 있었다. 그러나 그것은 척추의 유연성을 희생한다는 것을, 즉 달리기와 창던지기가 불가능하다는 것을 의미했을 것이다. 최종적인 결과는 대체로 잘 작동하지만 가끔씩 고장 나는 트레이드-오프다. 이는 진화의 원동력인 자연선택이 근시안적이기 때문이다. 자연선택은 지금-여기의 문제를 다룰 뿐 미래를 예견하지 못한다.

그러나 원숭이나 유인원과 같은 사회적 종들의 경우, 이익이 집단의 수준에 축적될 수 있다는 느낌이 있다. 개체들이 혼자 행동할 때보다 서로 협력할 때 이득이 클 때, 그 이익은 집단의 수준에 축적된다. 집단생활이 이것의 사례다. 동물들이 무리를 지어 사는 것은 서로 좋아하기 때문이 아니다. 집단생활이 적합도의 구성 요소 중 하나 이상을 해결하는 특수한 목적에 알맞기 때문이다. 일부 종은 집단으로 살면서 더 효율적으로 먹이를 찾고(사자와 하이에나처럼), 일부 종은 자손을 더 효과적으로 양육하고(많은 일부일처 새와 포유류처럼), 다른 종들은 집단생활로 포식의 위험을 줄인다(대다수 영장류와 무리를 이루는 영양 및 사슴의 경우처럼). 이 모든 경우에, 이익이 발생하는 것은 오직 집단이 존재하기 때문이지만, 적합도에 미치는 영향은 언제나 개체 수준 또는 심지어 유전자 수준에 축적된다. 만약 집단이 개체를 위해 유익하지 않다면 개체들은 집단생활의 불가피한 비용을 감수하지 않을 것이다. 진화생물학자들은 이 과정을 집단 **수준**(또는 집단 증강) 선택, 또는 더 간단히 상호주의(mutualism)라고 부른다.

이것은 두 종이 서로 밀접하게 조화를 이루며 생활하여 서로의 생존 가능성을 높이는 공생(symbioses)에 포함된 과정과 본질적으로 동일하다. 예컨대, 지의류(lichens)란 실제로 단일 식물이 아니라 조류(algae)가 균류(fungus)와 매우 밀접히 공생하는 것으로, 단순히 보기만 해서는 둘을 구별할 수 없다. 사실, 바로 그런 의미에서 심지어 우리도 복합체다. 실제로 우리 유전자의 대다수는 진화 과정에서 우리 게놈에 삽입된 바이러스 및 여타 단세포 유기체 들이며, 그들은 우리의 번식능력을 이용해 진화의 길에 편승한다. 이들 중 일부는 현재 모든 살아 있는 세포에 필요한 에너지를 제공하는 미토콘드리아 같은 것으로, 그런 것들이 없으면 다세포생물이 살 수 없을 만큼 생명에 매우 중요한 요소가 되었다. 한마디로, 협력은 **개체**의 성공(즉 더 높은 적합도)을 허용할 뿐, 개체의 이익에 반해 집단이 성공하게 하지는 않는다.

인정해야 할 또 다른 중요한 포인트는 형질의 기능과 상속의 양상은 두 가지 별개의 무관한 문제라는 것이다. 한 개체에서 다른 개체로 형질이 전달되도록 하는 모든 메커니즘은, 생물학적으로 관련이 있는지 그리고 어떤 유전자를 공유하는지 여부와 관계없이, 다윈주의적 방식으로 작용한다. 학습이나 문화적 전달이 바로 그런 메커니즘이며, 따라서 유전학적으로 상속되는 형질의 진화를 탐구하는 데 사용되는 것과 동일한 수학을 이용해 분석할 수 있다. 문화는 다윈주의적 과정이며, 문화적 형질(또는 전체 문화)은 개체와 종처럼 선택에 따라 진화한다. 그러나 문화는 개체의 생물학적 적합도에 영향을 미치는 방식으로 진화할 수도 있고, 순전히 문화적인 세계 속에 주어진 문화적 요소[10]의 적합도에 영향을 미치는 방식으로 진화할 수도 있다. 이론상으로, 유전자들이 기생하는 신체(또는 마음)의 유전자를 절멸로 몰아가는 문화적 현상에 관해 진화적으로 그럴듯하지 않은 것은 없다. 그것들이 서식하는 각 신체를 죽게 하는 것보다 더 빠르게 한 마음에서 다른 마음으로 점프할 수 있다면(문화 전달에 의해) 말이다. 결국, 이것이 바이러스가 하는 일의 전부다. 물론, 장기적으로 볼 때, 바이러스가 그렇듯이 문화적 요소가 그 숙주를 절멸로 몰아가는 것은 결코 이익이 되지 않는다. 대부분의 경우, 숙주와 어떤 진화적 타협을 하게 될 것이다.[11] 이는 바이러스가 시간이 지나면 항상 독성을 잃는 이유다. 그렇게 하지 않으면 기생할 숙주가 남지 않기 때문에 그들은 곧 멸종할 것이다.

마지막 하나, 그러나 매우 중요한 포인트다. 다윈주의 생물학의 진화는 모든 종이 동일한 단계를 거쳐 최종 완성 상태에 도달하는 선형적 과정이 아니다. 선형 진화 이론들은 존재하며, 확실히 더 높은 최종 상태를 향한 연속적인 단계를 의미한다. 그러나 이것들은 다윈주의 이론이 아니며, 대부분은 오랫동안 불신을 받았다. 가장 유명한 이론은 19세기 초에 프랑스의 위대한 동물학자 라마르크(Jean Baptiste de Lamarck)에 의해 공식화되었다. 그것은 철학자 아리스토텔레스의 생물학에 기원을 둔 위대한 존재의 사슬(Great Chain of Being) 개념에 기반을 두고 있는데, 신과 천사를 사슬의 마지막 단계에 추가함으로써 신학적 목적에 맞게 적용한 중세 기독교 신학자-철학자의 체를 거쳐 우리에게 전해졌다. 이 관점에서는 모든 종들이 바로 이 순간에도 끊임없이 자발적으로 생성되는 미세한 형태의 생명체로 출발한다. 그들은 모두 단순한 단계에서 더 진보된 단계로 동일한 일련의 단계를 거쳐 결국에는 인간이 되고, 최소한 중세 기독교 버전에서는 아마도 최종적으로 신격(Godhead)에 연합되기 이전의 천사가 될 것이다.[12]

이 순서는 완전히 고정되어 있으며 피할 수 없다. 오늘날에 보이는 각 종은 이 보편적인 궤적을 따르다가 순간적으로 다른 한 단계에 붙잡히게 되는데, 이는 단지 얼마나 오래전에 창조되었는지에 달려 있다. 인간이 단순 유기체들과 다른 것은 오직 다음과 같은 이유 때문이다. 인간의 복잡성은 인간이 오래전에 창조되었고 따라서 더 많은 시간을 들여 위대한 사슬을 따라 올라갔다는 것을 의미한다. 결국, 모든 종들은 동일한 진화의 정점에 도달할 것이다.

1857년, 다윈의 급진적 이론은 라마르크의 이론을 완전히 뒤집었다. 다윈주의 세계에는 모든 생명을 위한 단일 기원이 있을 뿐,[13] 다중 기원은 없다. 그리고 진화의 방향이나 속도에 필연성이란 존재하지 않는다. 왜냐하면 이것은 동물들이 우연히 마주치게 되는 도전들과 이 도전들을 피하는 뜻밖의 방법에 전적으로 달려 있기 때문이다. 진화는 선형적인 것이 아니며, 그보다는 종이 특유의 새로운 환경들에 적응해 점진적으로 수정되는 분기 과정이다.

여기서는 더 자세히 설명하지 않을 것이다. 종교가 다른 생물학적 현상이나 문화적 현상처럼 다윈주의 진화 프로세스에 종속되어 있다고 말하는 것으로 충분하다. 요점은 다윈주의적 접근이 유전학적 전달 양식을 포함하는 현상에만 국한되지 않는다는 것이다. 조상과 후손(또는 스승과 제자)이 문제의 형질에서 서로 닮도록 보장하는 어떤 메커니즘이 존재하는 한, 그 상속의 메커니즘이 유전학적인지(보통의 생물학적 진화처럼) 또는 학습인지(단순 학습과 문화진화처럼) 여부는 다윈주의적 관점에서 중요하지 않다. 다윈주의적 진화 프로세스의 규칙들은 이 모든 경우에 적용된다.

마지막으로 꼭 짚고 가야 할 포인트가 있다. 사실, 앞선 문단들에서 이미 여러 번 언급했지만, 계속 진행하기 전에 분명하게 말해 둘 필요가 있다. 생물학자들은 일반적으로 우리가 물을 수 있는 네 가지 다른 종류의 질문을 구별한다. 이는 동물행동학자 니코 틴베르헌(Niko Tinbergen)이 1963년의 획기적인 논문에서 설명한 것으로 알려져 있다. 그것들은 본래 네 가지 다른 '왜(Why)' 질문들로 만들어진 것이지만(마치 어린아이가 '근데 왜?' 하고 계속 묻는 것처럼), 어쩌면 **왜**, **무엇**, **어떻게**, **언제**를 다루는 질문으로 생각하는 편이 나을 수도 있다. 한 형질의 기능 또는 목적은 무엇일까('왜' 질문), 그 효과를 일으키게 하는 메커니즘은 무엇일까, 그 형질은 개체발생(ontogeny)의 과정(수정란이 결국 성체로 발달하는 과정, 즉 상속된 유전자, 학습 그리고 발달 환경 등의 조합) 동안 어떻게 발달할까, 그리고 진화사에서 한 생물종이 그 형질을 획득한 것은 언제쯤일까?

틴베르헌이 강조한 요점은 이러한 질문들이, 그리고 그에 대한 답변들이, 논리학적으로나 생물학적으로 서로 독립적이라는 것이다. 즉, 다른 질문에 신경을 쓰지 않고, 심지어 다른 질문의 답변에 선입견을 갖지 않고, 각각의 질문에 답변할 수 있다. 물론 우리는 결과적으로 네 상자 모두를 체크할 수 있기를 원한다. 그러나 우리는 당분간 각 질문을 단편적으로 다룰 수 있다. 우리는 형질 전달의 양식(**어떻게**)에 신경을 쓰지 않고도 형질의 기능(**왜**)을 조사할 수 있다. 합리적으로 신뢰할 수 있는 **모종의** 상속 메커니즘이 존재한다는 것만 알면 된다. 생물학적 형질의 진화와 문화적 현상의 진화를 자기모순의 위험 없이 동시에 논의할 수 있게 해 주는 것은 바로 이러한 기능의 분리다.

나는 세 번째 왜(아동에게 종교는 **어떻게** 발달하는가, 또는 다른 말로 표현하자면, 종교성은 유전자에 어느 정도 내장되어 있는가, 아니면 어린 시절에 학습되는 것인가)에 관해서는 많이 논의하지 않을 것이다. 이 주제는 다른 사람들에 의해 자세히 연구되었다.[14] 대신, 나의 주된 초점은 **왜**, **무엇**, **언제**의 질문에 있을 것이다. 종교가 우리에게 제공한 (그리고 대개 여전히 제공하는) 기능, 이것을 가능하게 하는 심리학적 및 신경생물학적 메커니즘, 그리고 종교 기원의 시기 등이다.

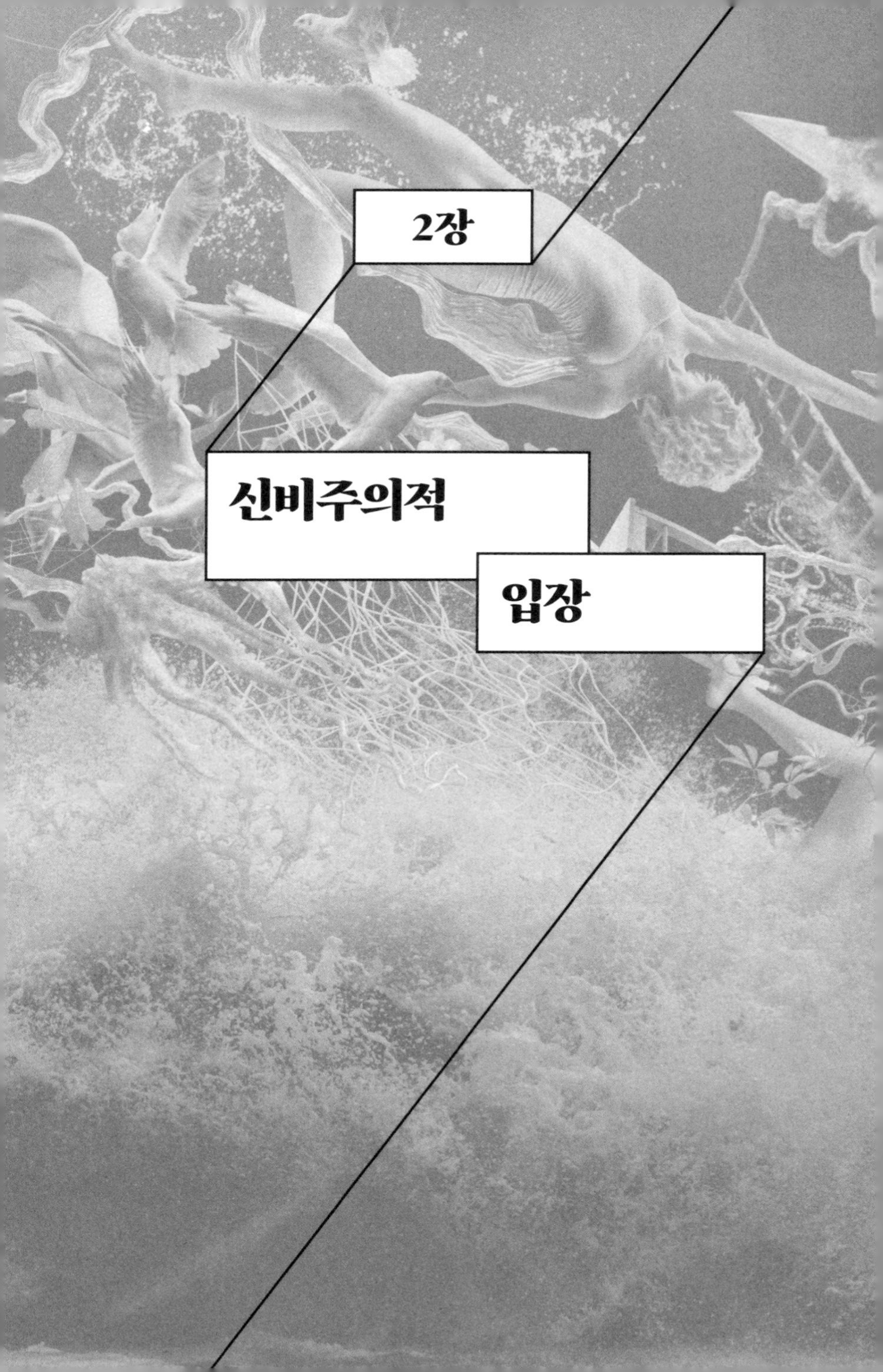

2장

신비주의적 입장

How Religion Evolved:
And Why it Endures

신비주의(mysticism)는 모든 거대 종교들의 주된 구성 요소였다. 신비주의라는 말은 때때로 개인에게 밀려오는 신성한 초월의 느낌을 의미한다. 그것은 때로는 자동적으로, 때로는 의례화된 활동에 의도적으로 참여함으로써 체험된다. 그것은 또한 엑스터시(ecstasy) 또는 열광[enthusiasm, '신들림'을 의미하는 고대 그리스 단어 **엔투시아스모스**(*enthousiasmós*)에서 유래] 등으로 다양하게 표현된다. 가장 발전된 형태에서는, 그것은 의식의 다른 차원 속으로 표류하는 느낌, 일상 경험의 세계에서 너무나도 분리되어 더 이상 물리적 세계의 광경과 소리를 알아차리지 못하고, 시간 감각을 잃어버리며, 평화로움 — 때때로 신비주의 문헌에서 '마음의 고요함'으로 묘사되는 느낌을 포함한다. 물론 모든 사람이 같은 정도로 느끼는 것은 아니다. 그런 면에서 그것은 사랑에 빠지는 것과 조금 비슷하다. 사랑에 빠지는 것은 인간의 보편성이기도 하며, 거의 모든 문화권에 이와 유사한 것이 있다. 그러나 여러 문화 속에서 모든 사람이 동등하게 그것을 경험하는 것은 아니다. 우리 중 일부는 즉각적으로 사랑에 빠지지만, 다른 사람들은 더 내성적이라서 설득이 필요하며, 또는 어쩌면 전혀 경험하지 못할 수도 있다. 트랜스도 마찬가지인 것 같다.

내가 신비주의적 입장(mystical stance)이라고 부르는 것은 트랜스 상태로 진입하는 능력에 초점을 맞추고 있지만, 실제의 종교적 맥락에서 그것은 세 가지 뚜렷한 특징을 포함한다. 트랜스 같은 상태에 진입하는 감수성, 초월적(또는 영적) 세계의 존재에 대한 믿음, 그리고 우리를 돕는 숨겨진 힘(들)을 불러낼 수 있다는 믿음 등이다. 신비주의적 입장은 이 숨겨진 본질을 우리 마음을 통해서만 직접 경험할 수 있다는 믿음이다.

신비주의적 입장을 구성하는 세 가지 요소들이 반드시 밀접하게 관련되어 있는 것은 아니며, 이에 대한 믿음의 정도가 항상 동등한 것도 아니다. 그 요소들이 정확히 어떻게 경험되는가 하는 것은 어느 정도 개인이 속해 있는 문화에 달려 있다. 그럼에도 불구하고 신비주의적 입장은 모든 종교에 광범위하게 나타나며 매우 고대적인 기원을 가지고 있다. 그것은 인간이 된다는 것의 일부다. 진화심리학 최고의 전통에서, 트랜스 상태에 진입하는 능력은 인간 마음이 설계된 방식의 굴절적응

(exaptation),[1] 즉 부산물일 수도 있다. 이번 장에서 나는 신비주의적 입장에 무엇이 포함되는지, 그리고 그것이 우리 이야기에서 왜 그렇게 중요한지 개괄하고자 한다.

신비가의 마음속으로

대체로 모든 종교에는 이런 부류의 신비주의적 요소가 있거나 명시적으로 신비주의적인 분파(branch)나 섹트(sect)가 있다. 힌두교와 자이나교는 **사마디**(*samadhi*, 문자적 의미는 '마음의 고요함') 개념을 지닌 요가 전통을 공유한다. 불교는 분명히 실천의 많은 부분을 형식적인 명상에 기반을 둔다. 시크교는 **심란**[*simran*, 문자적 의미는 '기념(remembrance)', 즉 신의 이름을 구송함으로써 신을 기념함]의 실천에 기초한 신비주의 전통을 가지고 있다. 유대교는 메르카바(Merkabah)와 카발라(Kabbalah) 전통이 있고, 이슬람은 수피(Sufi) 전통이 있으며, 기독교는 개별 신비가들과 신비주의적 섹트들의 오랜 혼합체가 있다.

기독교는 처음부터 신비주의 전통이 성립되었다. 신약성서의 「사도행전」에서 말하듯이, 십자가사건 직후 유대교의 오순절을 기념하기 위해 모인 제자들에게 성령이 불의 혀처럼 강림했고, 그 결과 제자들은 '혀로 말하기(speaking in tongues)' 시작했다. 전문용어로는 방언(glossolalia)이라고 하며, 이는 종종 신비체험과 관련된 현상으로서 과거로부터 현재까지 이어지고 있다. 그러나 현실적인 자극은 예수의 죽음 이후 한 세기 만에 찾아왔다. 그때 몬타누스(Montanus)는 지금의 서부 튀르키예 지역에서(거기서 그는 아폴로의 사제였을 수 있음) 새로 개종한 사람이었는데, 발작을 경험한 후에 성령이 자신을 통해 말한다고 확신하게 되었다. 그는 두 여성 동료 프리스카(Prisca)와 막시밀라(Maximilla)와 함께 당시 '새 예언(New Prophecy)'으로 알려진 엑스터시형 기독교 신비주의를 전파했다. 그는 엑스터시가 인간으로 하여금 신에게 직접 접근할 수 있게 해 준다고 믿었다. 엑스터시 상태에서 우리는 신이 연주하는 수금이 된다는 유명한 말을 남기기도 했다. 몬타누스주의(Montanism)는 그 후 300년간 대중적인 추진력을 얻어 소아시아와 북아프리카 전역에서 번성했다. 이후 몇 세기 동안 일련의 신비주의 저작들이 등장했으며, 서기 5세기 후반 위-디오니시우스 아레오파기타(The Pseudo-Dionysius the Areopagite)[2]의 저작으로 절정을 맞았다. 그의 사상은 지중해 동부 전역에 널리 전파되었고 중세 후기의 기독교 신비가들에게 중요한 영향을 미쳤다.

이러한 기독교 신비주의 운동 다수는 영지주의적(gnostic) 특징을 지녔다. 직접 또는 간접적으로 일련의 영지주의 '복음들'과 관련이 있었는데, 그 대부분은 그리스도 이후 1세기에 기록되었다. 여기에는 성 토마스, 성 필립보, 막달라 마리아, 성 요한, 성 야고보의 외경 복음서, 그리고 개별적인 성 요한과 성 야고보의 외경이 포함되며, 이들 대부분은 1945년에 상(上)이집트에서 나그함마디(Nag Hammadi) 파피루스 보관소가 발견되었을 때 비로소 알려지게 되었다. '영지주의적'이라는 말은 '지식'을 의미하는 고대 그리스어에서 파생되었는데, 이는 생명의 의미에 대한 또는 신 자체에 대한 비밀스러운 지식, 즉 이러저러한 부류의 트랜스 상태를 유도하는 의례 실천들을 통해 직접 얻은 지식을 의미했다.[3]

이러한 초기 신비주의 운동은 특히 가톨릭교회 내부에서 오랜 신비주의 전통을 낳았다. 잘 알려진 인물들 중에는 마이스터 에크하르트, 늘 상징적인 아시시의 성 프란체스코(St. Francis of Assisi), 11세기 빙엔의 힐데가르트(Hildegard of Bingen, "나는 신의 숨결에 날리는 깃털일 뿐입니다"라는 명언을 남긴 인물로, 아름다운 성가를 많이 작곡함), 15세기 영국 여성 마저리 켐프(Margery Kempe), 네덜란드 수사인 복자(Blessed)[4] 얀 판 뤼스브룩[Jan van Ruusbroec, 엑스터시 박사(Ecstatic Doctor)로도 알려짐] 등이 포함된다. 그리고 아마도 그들 모두 중 가장 위대한 인물은 16세기 스페인 귀족 여성으로, 카르멜회(Carmelite) 수녀이자 개혁가요, 신학자이자 교회의 박사(Doctor of the Church)[5]인 아빌라의 성 테레사(St. Teresa of Ávila)일 것이다. 그 전통은 19세기 후반의 성 젬마 갈

가니(St. Gemma Galgani)와 리지외의 성 테레즈(St. Thérèse of Lisieux), 20세기의 카푸친 수사 파드레 피오(Padre Pio, 피오 신부, 2002년에 시성)로 이어졌다. 그들은 모두 하느님이나 예수그리스도 또는 성모마리아를 묵상하며 트랜스 상태에 빠진 것으로 유명했다. 모두 기적을 일으켰다고 여겨졌는데, 다수가 트랜스 상태에서 공중 부양을 했고 몇몇은 심지어 동시에 두 장소에 나타났다고 했다. 심지어 그들이 살아 있을 때에도 그들을 추앙하고 따르는 사람들이 많았는데, 그들의 조언, 치유 및 영적 인도를 빈번하게 요청했다. 마이스터 에크하르트와 아빌라의 테레사 같은 몇몇 사람들은 신학적으로 그리고 영적으로 큰 영향을 미쳤다. 그러나 이제 다른 인물들은 전문가들(cognoscenti)에 의해서만 기억된다. 피오 신부처럼 성흔(stigmata)이 나타난 사람도 많았다. 그것은 그리스도 십자가사건의 상처로 해석되는 손과 발 그리고 (드물게) 옆구리에 뚫린 상처다. 이는 그리스도가 그 사람을 만지거나 축복한 표시로 간주되었으며, 따라서 매우 특별한 사람이라는 지위를 확인시켜 주는 것으로 여겨졌다.[6]

옛 로마교회의 미신과 해이함으로부터 벗어난 보다 엄격하고 강건한 형태의 기독교임을 내세웠음에도 불구하고, 기독교의 개신교(protestant) 전통은 신비주의적 차원을 벗어난 적이 없다. 오순절 교회가 명백한 예로서, 졸도와 방언이 여전히 일부 예배의 정례적인 부분을 형성하고 있다. 감리교(Methodists), 침례교(Baptists), 퀘이커교(Quakers) 등 보다 친숙한 개신교 교회 대부분은 17세기와 18세기 유럽에 번성했던 엑스터시적 섹트에서 기원했다. 잉글랜드의 랜터파(Ranters), 자유영혼형제단(Brethren of the Free Spirit), 뮐하우젠(Mülhausen)의 **크리스테룽**(*Chriesterung*) 또는 '혈맹(Bloodfriends)' 및 뮌스터 재세례파(Munster Anabaptists)를 포함한 같은 시기의 다른 섹트들은 처음에는 상당한 지역적 인기를 얻었지만 등장한 지 한두 세대 안에 사라졌다. 이 후자 그룹의 대부분은 그들의 열정이 문란한 자유연애로 흘러가도록 내버려두는 실수를 저질렀다. 이것은 종종 다소 이색적인 신학들에 추가되었지만 지역의 종교 당국 또는 세속 당국의 사랑을 받지는 못했다. 살아남은 섹트들은 예외 없이 결국 누군가가 규율을 부과해 더 변칙적인 믿음과 실천을 누를 수 있었기 때문에 그럴 수 있었다. 가령, 감리교의 창시자인 존 웨슬리(John Wesley)는 일기에서 일부 예배 모임의 활동에 관해 상당한 불안감을 표현했으며, 과도한 활력을 어떻게 제어할 것인지에 관해 많은 고민을 했다.

그 연속체의 극단에 있는 뮌스터 재세례파는 일이 얼마나 쉽게 손에서 벗어날 수 있는지, 그리고 주류 종교 당국의 필연적인 강력 대응이 어떻게 이루어지는지를 보여 주는 고전적인 예다. 재세례파는 1534년 뮌스터시를 점령하고 천년왕국을 선포하여 시민들에게 재세례를 강요하고 엄격한 종교 규율을 부과하면서 특별한 악명을 얻었다. 지도자가 살해된 후, 그의 후임인 네덜란드인 얀 보켈손(Jan Bockelson, 라이덴의 요한)은 자신이 다윗왕의 후계자라고 선언했다. 그는 새 예루살렘의 왕이라는 칭호를 채택했고, 뮌스터의 추방된 주교가 이끄는 세속 권력에 포위되어 마을의 시민들이 굶주리는 동안에도 제왕처럼 생활했다. 그가 선포한 더 특이한 칙령 중에는 어떤 여성도 청혼을 거부할 수 없게 하는 내용이 있었는데, 이는 남성들로 하여금 가능한 한 빨리 아내를 수집하게 하는 불가피한(아마도 의도된) 결과를 낳았다. 얀은 아내를 16명(그중 한 명은 그에게 복종하지 않는다는 이유로 공개적으로 참수됨) 얻었다고 한다. 결국 반란이 진압되어 보켈손과 주모자들은 처형되었고, 그들의 시신은 현지 교회 탑의 철창에 매달렸다.[7]

이슬람은 수피(Sufis)라는 형태의 고유한 신비주의 전통을 갖고 있다. 그 명칭은 초기 이슬람에서 고행자의 표시로 입었던 흰색 양모 의복(**수프**, *suf*)에서 나왔다. 무굴 시대에 이슬람이 동쪽으로 페르시아로, 그 너머 인도로 확장하면서 수피즘은 특히 시아파 이슬람과 연관을 맺게 되었다. 거기서 연행자와 청중 모두를 황홀한 종교적 의식 상태로 끌어올리기 위해 고안된 종교적 노래 형식인 **카왈리**(*qawwali*)가 탄생했다. 튀르키예에서 수피 전통은 메블레비 교단(Mevlevi Order)의 소위 '회전하는 데르비시(whirling dervish)'와 관련이 있다. 그 교단은 **디크르**(*dhikr*, 이슬람 기도문 암송을 통해 알라를 기억함)를 하면서 빙글빙글 도는 춤(**세마젠**, *semazen*)을 이용해 댄서를 트랜스 상태로 끌어올린다. 고전 시대 페르시아에서 수피는 오마르 하이얌(Omar Khayyām)과 잘랄 아드딘 무함마드 발히[Jalāl ad-Dīn Muḥammad Balkhī, 서양에서는 시인 루미(Rumi)로 더 잘 알려짐] 같은 유명 인사를 포함하는 낭만적인 준-종교적(semi-religious) 시의 놀라운 융성과 관련이 있다.

우리의 마음을 통해 직접 접근할 수 있는 초월적 영역이 존재한다는 생각은 주요 세계종교에 국한되지도 않고 단순히 교육이 부족한 과거의 반영도 아니다. 서양에서는 동양의 믿음과 종교적 관습, 특히 오컬트적 통찰을 제공한다고 주장하는 종교에 관심을 갖는 오랜 전통이 있었다. 강신술(Spiritualism)과 신지학(Theosophy)은 19세기 후반의 가장 중요한 사례들에 속한다. 1960년대의 히피 운동은 동양 종교의 영향을 많이 받았는데, 많은 사람들이 의미와 깨달음을 찾기 위해 인도인 공동체와 아쉬람(ashram, 인도 고행자들의 수도원 혹은 구루가 제자를 교육하는 시설)에 합류했다. 이러한 운동의 대부분은 소수의 숙련자 집단에게만 알려진 어떤 형태의 숨겨진 지식이 있다는 주장에 근거했다. 신지학에서는 이들을 '마스터'라고 부르는데, 그들은 투시력, 유체 이탈 능력, 매우 긴 수명 등의 초자연적인 힘을 부여하는 도덕적·지적 발달의 수준을 성취한 신비로운 개인들의 집단으로 보았다.

신비주의적 입장은 두 가지 별개의, 그러나 연관된 심리학적 구성 요소를 포함하는 것으로 보인다. 하나는 인간 삶의 영적 차원을 믿고자 하는 욕구다. 이는 죽음은 진실로 죽음이며, 삶과 존재의 끝이라고 믿는 것을 꺼리는 뿌리 깊은 마음에서 비롯된 것일 수 있다. 다른 하나는 변성의식상태(altered states of consciousness)와 관련이 있다. 이는 트랜스에 의해 유발되는 상태와 (뇌전증 발작과 같은) 체험 사고(accidents of experience)나 향정신성 약물 사용으로 발생하는 상태를 모두 포함한다.

보편적인 것은 아닐지라도, 육체적 죽음 너머에서 계속 살아가는 어떤 부류의 생명력이나 영혼에 대한 믿음은 엄청나게 널리 퍼져 있다. 이 생명력은 물리적 세계에 존재하지 않는 것으로 보인다. 즉, 우리는 그것을 만지거나 그것과 직접 상호작용할 수 없다. 따라서 그것이 어딘가에 반드시 존재한다면 그 어딘가는 일종의 평행적인 영적 세계일 수밖에 없다. 이러한 믿음이 생겨난 한 가지 이유는 애도 과정일 수 있다. 인간은 가까운 가족과 친구에게 깊은 개인적 애착을 갖게 되어 이들의 죽음은 필연적으로 극심한 슬픔을 초래한다. 죽은 사람이 어딘가에서 살아가고 있다는 믿음은 언젠가 다시 만날 수 있을 것이라는 희망과 위안을 준다. 이렇게 수많은 사람들이 죽은 친지들과 대화를 나눈다는 사실을 달리 어떻게 설명할 수 있을까? 죽은 자의 날[10월 31일 또는 만성절 전야(All Hallows' Eve)]에 멕시코의 포무치(Pomuch) 공동체 구성원은 지역 묘지를 방문하여 조부모와 증조부모의 뼈를 그들의 거소에서 정성스럽게 꺼내어, 조심스럽게 닦고 새 옷을 입혀 다시 가져다 놓고 다음 해를 기약한다. 포무치 사람들이 말하듯, '이것이 우리가 조상과 관계를 유지하는 방식이다'. 이탈리아의 일부 지역에도 다소 비슷한 관행들이 존재한다.

트랜스 상태에 들어가는 능력 또한 인류 문화 전반에 매우 널리 퍼져 있는 것으로 보인다. 모든 대륙에서 추출한 488개 민족지 사회에 대한 한 설문에서는 적어도 90퍼센트가 변성의식상태를 신념 체계에 포함하고 있는 것으로 조사되었다.[8] 매우 현실적이지만 동시에 당신이 존재하는 물리적 세계와 똑같지는 않은 어떤 정신세계로 당신을 데려가는 것이 곧 트랜스다. 어쩌다 가끔씩 접근할 수 있게 되는 또 다른 세계가 존재한다는 난공불락의 증거가 여기에 있는 것처럼 보인다. 이는 설명이 필요한 수수께끼다. 특히, 트랜스 세계에 있을 때, 더 이상 우리와 함께 있지는 않지만 우리가 알고 사랑하는 사람들(조상들) 그리고 일상 세계에서 우리가 두려워하는 존재들(오거〔ogres, 인간 형상을 한 괴물의 한 종류〕와 악한 정령)을 모두 만난다면 말이다.

트랜스의 경험

트랜스는 종교적이라고 간주되는 현상 대부분에서 반복적

으로 나타나는 모티브다. 내가 말하는 트랜스란 수행자가 완전히 깨어 있지만 외부 자극에 반응하지 않고 기존의 물리적 세계에 관여하지 않는 비정상적인 심리적 상태에 들어가는 자발적 또는 비자발적 능력을 의미한다. 그것은 몽상(reverie)과 매우 유사한 마음의 상태이며, 로맨틱한 파트너에게 깊게 빠져버린 사람의 산만한 마음의 상태와 비슷하다. 그들의 정상적인 감각은 꺼져 있거나 최소한 심하게 약화되어 있는 것 같다.[9] 트랜스 상태에서 이것은 때때로 사지 및 신체의 격렬한 움직임과 연관될 수 있지만 반드시 그럴 필요는 없다. 일부 트랜스 상태(특히 요가의 명상 실천에 의해 생성된 상태)는 극도로 고요할 수 있다('마음의 고요함').

트랜스의 경험은 임사체험(near-death experiences) 동안에 발생하는 것과 매우 유사하다. 실제로 임사체험은 종종 '거듭남'이라는 종교적 개종으로 이어진다. 200건이 넘는 임사체험 사례의 분석은, 이러한 경험이 종종 난공불락의 감각, 특별한 중요성이나 운명에 대한 느낌, 신 또는 운명으로부터 특별한 호의를 받았다는 믿음, 죽음 후에도 계속해서 존재한다는 믿음이 강화되는 것 등을 포함하는 일련의 심리학적 상태와 관련이 있음을 발견했다.[10] 레이먼드 프린스(Raymond Prince)는 이것을 '전능감 기동(omnipotence maneuver)'이라고 불렀다.[11] 우리는 최악의 상황에도 굴하지 않고 세상을 책임질 능력이 생겼다고 느낀다. 예외 없이, 이것은 자신이 획득한 이 특별한 새로운 지식에 관해 다른 사람들을 설득해야 한다는 절실한 욕구를 동반한다.

어떤 경우에는 트랜스의 형태와 트랜스 성취에 사용되는 방법이 매우 정교하다(요가 전통 및 불교 전통처럼). 많은 샤먼적 형태에서는 고행, 격렬한 움직임(춤), 또는 심지어 향정신성 약물 등을 사용하여 트랜스 상태를 유발하는 소박하고 강제적인 방법을 포함한다. 또 다른 경우에 이는 완전히 자동적일 수도 있다(잘 알려진 수많은 중세 가톨릭 신비가들에게서 흔함). 그 다양성이 너무 커서 세부 사항에서 길을 잃기 쉽다. 이런 함정에 빠지지 않으려면 한 걸음 물러서서 넓은 그림을 볼 필요가 있다. 이것은 루마니아 출신의 저명한 종교학자 미르체아 엘리아데(Mircea Eliade)가 트랜스의 민족지적 증거를 획기적으로 개관하는 저작에서 채택한 접근방식이었다.[12]

여러 면에서, 트랜스의 전형적 형태는 보츠와나 및 나미비아의 산족(San)과 같은 수렵채집인들 사이에서 발견되는 종류다. 산족은 트랜스를 유발하기 위해 춤을 이용한다. 전통적으로 춤을 추는 것은 남자들이고 박수와 노래로 반주를 제공하는 것은 여자들이다. 대부분의 경우, 남자들은 탈진 상태가 될 때까지 원을 그리며 춤을 춤으로써 트랜스를 유발한다. 트랜스를 유발하기 위해 음악을 사용하는 것은 널리 퍼져 있으며, 이는 아프리카 수렵채집인과 아메리카 원주민뿐만 아니라 시베리아와 동아시아의 샤먼적 실천의 공통된 특징이다. 명시적인 트랜스 요소를 반드시 포함하지 않는다면[치료 주술사 남녀(medicine men or women)에 의한 치병 의례를 제외하고], 음악과 춤은 서아프리카 부족 문화에서 많은 사회적·종교적 의례의 중심적인 특성이었으며 지금도 여전히 매우 중요하다.

물론, 음악과 춤이 트랜스 같은 상태를 달성하는 유일한 방법은 아니다. 남아시아에서는 명상과 결부된 의례적 실천을 오랜 역사를 통해 실험해 왔으며, 이를 통해 트랜스를 유도하는 다양한 대안적 기법이 생겨났다. 이들 중 대부분은 호흡조절, 때로는 육체적으로 스트레스가 많은 자세(잘 알려진 연꽃 자세 등)의 채택, 거슬리는 청각 및 시각적 방해물을 차단해 마음의 내면에 주의를 집중하는 능력 등에 중점을 둔다. 이들 대부분은 규율과 연습을 필요로 하지만, 일단 습득하면 트랜스를 유발하는 데 매우 효과적이다. 트랜스 유발의 또 다른 일반적인 특징은 일종의 고행이다. 샤먼적 의식에 참여할 때는 미리 단식을 하는 것이 일반적이며, 극심한 더위나 추위에 노출되기도 한다. 단식, 고통, 과열은 아메리카 대평원과 중서부 원주민 부족의 스웨트로지〔sweat lodge, 영적 의식을 위한 공간〕와도 관련이 있다.

왜 그리고 어떻게 이러한 행동들이 트랜스를 유발하게 되는지는 5장에서 더 자세히 숙고할 것이다. 여기서는 단순히 숙련자가 경험하는 트랜스를 탐구하고 싶다. 대다수 민족지 사회에서, 트랜스에 진입하는 순간은 일반적으로 구멍이나 터널에 들어가는 느낌을 수반하며, 때로는 성스러운 나무(많은 전통에서 '세계수'로 식별됨)와 연관을 갖는다.[13] 트랜스에 들어가는 것은 종종 강렬한 밝은 빛의 폭발과 관련이 있다. 산족은 트랜스에 들어가는 것(그들이 *!kia*라고 부르는 과정)이 마치 댄서를 공중에 물리적으로 던져 올리는 폭발처럼 느껴진다고 말한다. 다른 사람들은 그것을 '익은 씨앗 꼬투리가 터지는' 느낌으로 묘사한다. 그것은 종종 강렬한 열기의 느낌을 수반하며, 그동안 은(*n*)/움(*um*)(또는 정신 에너지)은 '끓어오른다'. 이는 트랜스 마스터조차 고통스럽고 두렵게 경험하는 과정이다. 산족은 이와 관련된 심리적·육체적 압박에 대처하려면 경험이 풍부한 마스터의 지도 아래 오랜 훈련이 필요하다고 생각한다. 이는 샤먼이 있는 많은 문화권에서도 지지하는 견해다.

일단 영적 세계에 들어가면 여행자는 일반적으로 마음대로 자유롭게 돌아다닐 수 있다. 그러나 영적 세계에는 오거와 테리안트로프(therianthropes, 동물의 머리를 가진 인간) 또는 숙련자가 과거에 어떤 식으로든 끝을 맺은 조상 들이 살고 있으며, 이들은 모두 숙련자의 영혼을 방해하여 다시 자신의 세계로 돌아가는 것을 막는 데 열중하고 있을 것이다. 현실 세계로 돌아가는 길은 같은 터널을 통과하는 것인데, 트랜스 댄서들의 가장 큰 두려움은 그 입구를 찾지 못하는 것이다. 나가는 길을 찾지 못한다는 것은 사형선고와 같다. 왜냐하면 그들의 영혼 또는 정신은 현실 세계에 비활성 상태로 남겨져 있는 육체와 분리되어 있기 때문이다. 둘이 다시 결합할 수 없으면 그 육체는 죽을 것이다. 이런 믿음 뒤에는 어느 정도 현실이 있을 수 있다. 트랜스 댄스는 기진맥진하게 만드는데, 그래서 때때로 댄서가 쓰러져 죽을 수도 있다. 구경꾼에게 이는 그들이 영적 세계에 들어갔다가 돌아올 길을 찾지 못한 것처럼 보인다. 이것은 다른 세계를 여행한 후 영혼이 출구로 다시 돌아올 수 있게 도와줄 친절한 영혼 안내자를 확보하는 것을 더욱 중요하게 만든다. 대부분의 경우, 이 친절한 영혼 안내자는 좋은 조상들이다. 그들은 의심의 여지 없이 확립된 진화적 이해관계를 갖고 있다. 친지들이 현실 세계로 돌아가서 후손을 생산하는 진화적 사업을 계속할 수 있게 하려는 것이다!

모든 문화권에서, 숙련자는 고요함의 감각, 즉 세상의 걱정이 어깨에서 떨어져 나갔다는 감각을 가지고 트랜스 상태에서 나온다. 이것은 트랜스 상태를 유발하는 데 필요한 육체적 노력에 따른 탈진의 결과만은 아니다. 산족은 그 경험(*//hxabe*로 알려짐)을 짜릿하고 매우 즐거운 일로 묘사한다. '심장을 달콤하게 만든다'라고 하는데, 이 느낌은 하루 종일 지속될 수도 있다. 요가 스타일의 명상으로 유도된 트랜스를 수행하는 사람들은 고요함과 만족감으로 동일한 느낌을 묘사한다.

실제로 트랜스의 **경험**이 어느 정도로 보편적인지에 대해서는 많은 논쟁이 있었다. 일부 현대의 트랜스 권위자들은 아마도 보편적일 것이라고 생각하는데, 동일한 기저의 신경 과정을 기반으로 하기 때문에 그 경험 자체는 보편적일지라도 트랜스 동안 갖게 된 경험에 대한 **해석**은 문화에 따라 다르다고 주장한다. 그러나 다른 이들은 트랜스를 유발하는 상이한 방법들이 다른 경험을 낳는다고 주장해 왔다. 이런 차이점은 확실히 흥미롭지만, 큰 틀에서 보면 그 차이점이 그 사례가 광범위하다는 사실을 실제로 변경하지는 않는다. 트랜스는 트랜스다. 그러나 당신은 한 개체로서 당신이 바라는 대로 그것을 만든다.

트랜스는 현대 기독교의 여러 섹트들에서도 나타난다. 인류학자 존 덜린은 서아프리카 가나 해안의 오순절 교회에서 판테 카리스마(Fante charismatics)에 사로잡힌 경험을 서술한다. 그는 "방언, 통성기도 그리고 성령에 압도되어 쓰러져 떨리는 몸이 표준적인 모습이다"라고 말한다. 이것은 유럽의 많은 18세기 개신교 섹트에 대한 묘사를 거울처럼 비춘다. 퀘이커 교도가 명성을 얻은 것은 요즘처럼 조용히 앉아 있었기 때문이 아니다. 여러 면에서 이것은 트랜스와 다른 형태의 신비주의적 경험이 종교적 의식(religious consciousness) 안으로 쉽게 떠오를 수 있음을 간명하게 반영한다.

트랜스를 수반하는 혼합 종교(syncretic religions)는 신대륙에서 빈번하게 발생했다. 노예무역을 통해 유입된 전통적인 아프리카 종교의 반향이 보다 공식적인 서유럽의 종교들과 충돌했던 곳이다. 예를 들면, 브라질에서는 움반다[Umbanda, 문자적 의미는 '백주술(white magic)'] 종교가 약 한 세기 전에 나타났다. 그것은 서아프리카의 전통적 정령 종교들이 관습적인 가톨릭 및 프랑스 강신술의 측면과 혼합된 것이다. 그것은 범신론적(pantheistic)이며 서아프리카의 부족[주로 요루바족(Yoruba)]에서 기원한 많은 신격들을 인정하는데, 각 신격은 대개 기독교의 신 또는 성인들 중 한 명과 동등하게 여겨진다. 예배는 트랜스 댄스가 중심이 되며, 거기서 남녀 사제는 각 신격들의 대변자 역할을 하는 영매로 활약한다. 영적 존재는 추종자의 일상생활에 개입하기 때문에, 이 예배의 주요 기능은 다양한 신들을 달래는 것이며, 때때로 밤새 지속될 수도 있다. 예배의 일부로서, 의식이 진행되는 동안 일반적으로 먹을 것과 마실 것을 신들에게 바친다.

샤먼의 세계

소규모 수렵채집사회 대부분은 전문적인 점술사(diviners) 및 치유사(healers) 역할을 하는 샤먼들이 있다. 산족의 트랜스 댄스는 전체 공동체가 참여하는 공적 의례이지만, 이와 대조적으로, 샤먼은 보통 특정한 목적을 위해 값을 치르고 기술을 청하게 되는 전문가다. 모든 경우에 트랜스가 음악, 춤, 매캐한 증기, 이상하고 시끄러운 행동 그리고 아마도 상당한 쇼맨십과 함께 예외 없이 수반된다. 사실 많은 관찰자들은 샤먼이 사기

꾼이거나 일종의 정신병에 시달리는 사람이거나 혹은 단지 운이 좋은 의료종사자로서 플라세보효과, 즉 유효한 성분이 없음에도 암시로써 치료를 이끌어 낸다고 결론지었다. 물론 이런 사례들이 모두 존재하지만, 이러한 설명들 중 어느 것도 모든 경우를 정말로 물샐틈없이 포괄하지는 못한다.[14] 예외가 너무 많다. 특히 샤먼은 자신의 능력을 정말로 믿는다. 게다가 그들의 실천 중 일부는 트랜스를 가장하거나 고객을 속이려고 감내하기에는 너무나 고통스럽다. 어쨌든 샤먼이 무엇을 하는지, 어떻게 하는지, 무엇을 경험하는지는 문화, 언어 및 부족 기원의 엄청난 차이에도 불구하고 전 세계적으로 놀랍도록 일관된다.[15] 샤먼을 정의하는 특징은 공통된 심리적 기반에서 비롯하는 것이 틀림없다. 그것이 무엇이든 샤머니즘은 분명히 일관된 현상이다.

샤먼들 대부분은 길고 힘든 훈련을 거치는데, 적성을 가진 사람만이 지식과 기술을 습득해 제대로 인정받는 치유사나 점술사가 된다. 산족의 경우, 성인 남성의 약 절반과 여성의 10퍼센트만이 치유사가 되는 훈련을 성공적으로 완수한다고 추정된다. 이것은 거의 공식적인 과정이 아니다. 그저 개인들이 숙련자에게 달라붙어 일을 배운다. 그 행보를 견딜 수 있으면 성공하고, 그렇지 않으면 포기하고 탈락한다. 옛날의 견습생들처럼, 그들은 실력에 자신감이 생기면 자기 일을 시작한다.

샤먼은 주로 점술과 치유에 집중하지만, 그들의 조언이나 개입은 광범위하고 다양한 사회적 기능을 위해 요청될 수도 있다. 사냥 주술의 제공, 날씨에 영향 미치기[예컨대 강우술사(rainmakers)], 출생, 결혼, 죽음과 연관된 의례의 수행, 경제적·군사적 또는 기타 사회정치적 사건과 관련된 조언이나 주술 제공, 그리고 때때로 카리스마적 리더의 역할[라코타 수족(Lakota Sioux)의 앉은 황소(Sitting Bull)✦와 같은 아메리카 평원 인디언의 수많은 저명한 '치료 주술사'가 그랬듯이] 등을 포함한다.

우리는 소규모 사회에서 샤먼이 수행하는 기능을 세 가지 주요 유형으로 묶을 수 있다. 삶의 불확실성과 관련된 기능(점복, 치유, 채집 성공), 통과의례 및 기타 사회현상과 관련된 기능(출생, 사망, 결혼, 전쟁,[16] 분쟁 해결, 기우제), 그리고 공동체 문제 관리와 관련된 기능(법률 및 정치 문제, 카리스마적 리더의 역할)이다. 그림 1은 이들 중에서 첫 번째 기능(삶의 불확실성 완화)이 단연 가장 중요하다는 것을 보여 준다. 샤먼은 약 절반의 사회에서 일생 의례에 관여했지만, 사회정치적 문제에는 훨씬 덜 관여했다. 그런 직무들은 촌장이나 정치적 책임자, 또는 경우에 따라 민주적 토론과 결부되는 경향이 있었다.

역사가 기록된 이래로 점술(미래 예측)은 인간의 영원한 관심사였다. 우리는 여전히 이에 대해 염려한다. 그렇지 않다면

✦ 타탕카 이오타케(Tȟatȟáŋka Íyotake). 19세기 말 미군을 상대로 승전을 거둔 것으로 유명한 위대한 지도자.

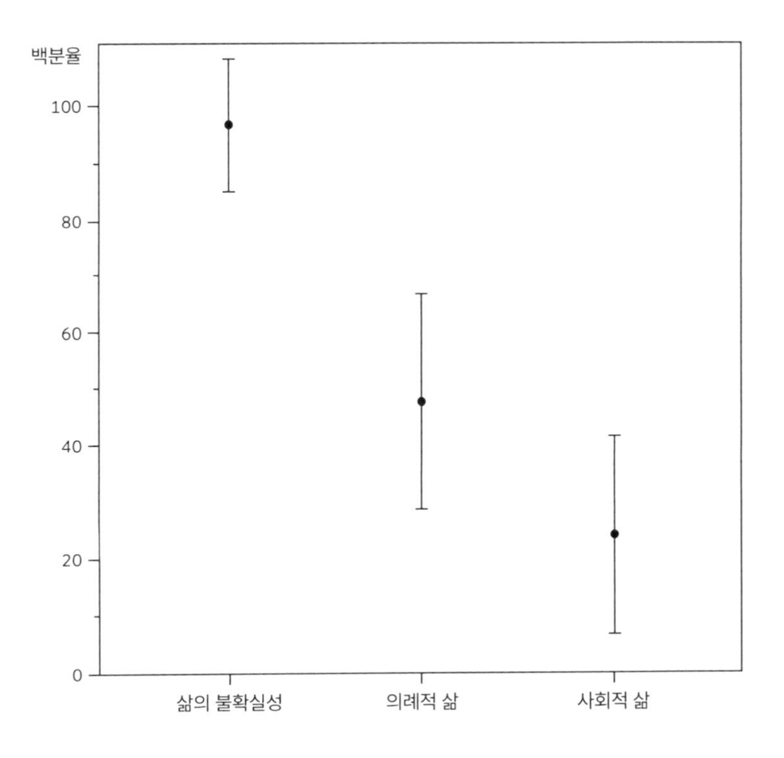

그림 1. 샤먼이 삶의 다양한 측면과 연관된 주술이나 의례의 수행을 책임지는 소규모 수렵채집사회 백분율의 평균(±2 표준편차). 데이터의 출처는 Manvir Singh(2018).

우리는 더 이상 별자리 운세에 관심을 보이지 않을 것이며, 일기예보도 신경 쓰지 않을 것이다. 미래가 종종 무작위적이고 변덕스러워 보인다는 점을 고려할 때, 미래를 예언할 수 있다고 주장하는 사람의 활동이 얼마나 가치가 있는지 이해하는 것은 어렵지 않다. 단 한 번의 재난이 공동체 전체를 휩쓸어 버릴 수 있는 소규모 부족사회의 맥락에서는 특히 그렇다. 실제로는, 샤먼이 정말로 미래를 예측하거나 질병을 치료할 수 있는지 여부는 당장의 긴박한 상황을 감내하기에 적절한 마음가짐을 갖게 만드는 것보다 훨씬 덜 중요할 수 있다.

성공한 점술사나 적어도 성공하고 있다고 소문이 난 점술사는 종종 상당한 추종자를 끌어모은다. 가장 유명한 예로는 델포이 아폴로 신전의 오라클(Oracle)이 있다. 한 달에 한 번, 오라클(항상 여성 사제)[17]은 공적인 트랜스에 들어가며, 조언을 청하는 사람들에게 비밀스러운 예언을 제공한다. 그 트랜스는 신전 아래로 흐르는 강으로부터 연기가 피어오르는 땅의 틈새 위에 앉음으로써 유도되었다. 이는 너무나 고된 일이어서 대다수 사제들이 비교적 젊은 나이에 사망한 것으로 보이는데, 아마도 연기의 독성 효과가 결부되어 있었을 것이다. 오라클은 기원전 1400년경에 존재하기 시작해 서기 390년 로마 황제 테오도시우스 대제(Theodosius the Great)가 새로운 기독교 제국에서 이교도를 근절하는 캠페인의 일환으로 신전을 파괴할 때까지 지속되었다. 그러나 오라클의 전성기에는 솔직히 이해할 수 없는 예언의 지혜로 매우 유명하여 동부 지중해 전역에서 청원자들을 끌어들였다.

불가해성(impenetrability)은 점술사에게 중요한 요건인 것 같다. 이는 각자가 예언을 자신의 상황에 맞게 해석하게 하고, 일이 예상대로 풀리지 않으면 청원자가 예언을 잘못 해석한 탓으로 몰게 해 준다. 16세기 의사이자 점성가였던 노스트라다무스(Michel de Nostradamus)의 지속적인 명성을 보라. 그의 유명하고 모호한 예언들은 사후 5세기가 지난 지금도 계속해서 관심을 끌고 있다.

샤먼이 수행하는 두 번째로 중요한 역할은 의심할 여지 없이 치유다. 인간은 어떤 일의 명백한 원인을 알 수 없을 때, 사고, 질병 및 죽음이 공동체 내의 악한 정령이나 악의적인 마법사(witches, 대개 여성이지만 늘 그렇지는 않음)의 활동 탓으로 모는 경향이 거의 보편적으로 있는 것 같다. 이것은 닥친 재난에 대해 자신이 아닌 사람이나 사물 탓을 하는 편재적이고 매우 인간적인 경향[**외재화**(*externalization*)로 알려진 심리학적 현상] 때문이다. 지금도 마법은 미국 남부를 포함한 중미 및 남미의 토착민과 히스패닉 인구와 아프리카 대부분 지역에서 — 아마도 훨씬 광범위할 것이다 — 병증에 대한 중요한 설명이 되고 있다. 17세기 북유럽의 많은 지역을 황폐화시킨 마녀사냥의 전염을 떠올려 봐도 알 수 있다. 1590년에서 1706년 사이에 스코틀랜드에서만 약 5000명이 마법 관행 때문에 재판을 받았으며 그중 약 1500명(그중 3/4이 여성)이 처형되었다. 당시 스코틀랜드의 전체 인구는 약 40만 명에 불과했다. 성인 인구의 40명 중 1명 정도가 재판에 회부된 셈이다.

치유 의례는 특히 전통사회에 널리 퍼져 있다. 샤먼의 치유는 일반적으로 샤먼이 트랜스를 이용해 질병을 일으키고 있는 정령을 '보고', 그 원인을 제거하는 적절한 의례에 임하는 것을 포함하는데, 보통 자신의 몸으로, 다른 동물로, 또는 다시 정령의 세계로 옮김으로써 이루어진다. 예를 들면, 산 부시먼의 트랜스 마스터는 희생자의 몸에서 병을 꺼내 자신 안으로 끌어내며, 종종 격렬하게 떨고 독특한 비명 또는 통곡[**코웨딜리**(*kowhedili*)]을 크게 내지르면서 병자의 몸에서 악령을 축출한다.

치유사 샤먼은 물론 전통사회에 국한되지 않는다. 기독교의 오순절파와 카리스마적 복음주의 전통에는 신유 사역자(faith healers)가 흔하다. 더 일반적으로, 지중해 지역과 근동 지역에서는 예로부터 행운, 다산, 치유를 위해 '살아 있는 성인'과 거룩한 남녀를 찾았다. 물론, 예수 자신도 많은 고통을 받고 있는 가다라인(Gadarene)에게서 여러 악마를 끄집어내 근처의 돼지 떼에 던져 넣고 그 남자의 건강을 완전히 회복시키면서, 돼지들에게는 근방의 갈릴리 바다에 스스로 빠져 죽도록 선고한 일로 유명하다. 엑소시즘(exorcism)은 주류 교회를 포함한 많은 기독교 섹트에서 여전히 공식적인, 때로는 논란이 되기도 하는 무기고의 일부다.

심지어 다른 면에서는 엄격하게 비의적인 불교 경계 내부의 티베트 라마 학파에서도 샤머니즘적 경향을 찾을 수 있다. 티베트불교는 북인도의 중세 **마하시다**(*mahasiddhas*, 위대한 숙련자 또는 요기)의 방랑에 기원을 두고 있다. 그들은 불교와 탄

트라 신앙 및 의례의 혼합을 장려했는데, 여기에는 노래, 춤, 섹스 의식, 알코올 및 다양한 향정신성 물질 섭취 등의 활용이 포함되었다. 티베트에서는 이것이 야기한 밀교(바즈라야나 불교, Vajrayana Buddhism)가 시베리아 샤머니즘에 기원을 둔 토착의 본교(Bon religion)✦와 어우러졌다.

천국과 지옥의 문들

1954년, 작가 올더스 헉슬리(Aldous Huxley)는 캘리포니아에서 행한 메스칼린(mescaline) 실험을 다룬 에세이 두 편[『지각의 문(The Doors of Perception)』과 『천국과 지옥(Heaven and Hell)』]을 출판했다. 그의 사이키델릭 경험은 메스칼린을 더 높은 수준의 의식을 달성하는 수단으로 보게 했고, 이는 얼마 지나지 않아 캘리포니아에서 발전한 1960년대 반문화(counterculture)에 발판을 제공했다. 메스칼린은 페요테선인장에서 추출한 알칼로이드(alkaloid)로, 멕시코 서부의 인디언 부족이 비전을 유도하고 치유에 영향을 미치며 '내면의 힘'을 강화하기 위해 5500년 이상 사용해 왔다. 메스칼린은 뇌의 세로토닌 수용체에 작용해 더 활성화시키고, 사고 과정의 변형,

✦ 고대 티베트에서 큰 영향력을 행사했던 전통 종교로서, 고대 페르시아, 인도, 유라시아 지역 문화와의 상관성이 연구되고 있다.

시간 및 자기 인식의 왜곡된 감각, 시각적 환상 등을 초래한다.

물론 메스칼린이 이런 효과를 일으키는 유일한 약물은 결코 아니다. 매우 유사한 효과가 LSD(맥각 균류의 파생물)와 실로시빈(psilocybin, 200종 이상 버섯에서 생산됨) 및 콜럼버스 시대 이전부터 아마존 부족들의 샤먼 의식에서 널리 사용되어 온 천연 식물 파생물 DMT에 의해 생성된다. DMT는 특정 식물의 말린 잎을 피워 흡입할 수도 있지만, 더 흔하게는 **아야와스카**(*ayahuasca*)라는 음료를 액체 형태로 섭취한다.

1962년, 유명한 마시채플실험(Marsh Chapel Experiment)은 예배당에서 성금요일 부활절 예배에 참여하는 신학생들에게 실로시빈 또는 위약(僞藥, placebo, 무해한 비타민 화합물을 사용함)을 주었다.[18] 실로시빈을 복용한 사람들은 예배 중에 심오한 종교적 경험을 했다고 보고했으며, 나중에 그들 중 일부는 그것을 이제까지의 가장 강렬한 경험으로 묘사했다. 이 연구는 그 이후로 적어도 두 번 반복되었다. 이 모든 천연 약물의 주된 장점은 효과가 상당히 빨리 나타나고 상당한 시간 지속된다는 것이다. 중독성 섬망과 같은 부작용이 발생할 수 있지만, 경험이 풍부한 가이드의 감독하에 물질을 사용하는 경우에는 유해한 장기적 부작용이 비교적 적게 발생하는 것으로 보인다.

샤먼의 실천에서 또는 환상을 유도하기 위해 향정신성 물질을 사용하는 것은 매우 오랜 역사를 가지고 있다. '신성한 허브' 한 움큼을 던져 연기를 내는 불은 샤먼 의례의 일반적인 특징이다. 그리고 물론 향은 오래전부터 기독교와 성서 유대교 예배에서 널리 사용되었다.[19] 담배는 종교의식만이 아니라 공공의식에서도 사용되었는데, 아메리카 원주민들은 그 연기를 하늘의 정령들에게 기도를 전달하는 수단으로 보았다. 마리화나[대마(hemp) 또는 대마초(cannabis) 추출물]의 흡연(또는 섭취)은 기원전 1500년의 힌두교 문헌인 **베다**(*Veda*)에도 기록되어 있는데, 거기서 마리화나는 불안으로부터 해방시켜 주는 다섯 가지 식물 중 하나로 묘사된다. 그것은 여전히 일부 힌두교 의례에서 역할을 하고 있고, 종종 **사두**(*sadhus*, 고행자)와 요가 수행자에게 선물로 주는데, 그들은 명상을 향상시키기 위해 이를 사용한다. 불교 경전에서 도취제의 사용을 금지했음에도 불구하고, 마리화나는 히말라야 지역의 일부 탄트라 섹트에서도 명상의 경험을 고양하기 위해 사용되었다. 그리고 물론, 그것은 현대 라스타파리안〔Rastafarians, 1930년대 자메이카에서 발흥한 신종교. 레게 문화 배경의 일부〕의 종교 예배에서 중요한 역할을 한다.

고대 중국의 점술사와 강령술사(주술사)도 대마초를 사용했다[신석기시대에 재배되었으며 일찍이 기원전 1800년부터 타림(Tarim) 매장지의 부장품에도 나타남]. 기원전 5세기부터 중앙아시아의 매장지와 심지어 이집트 파라오(특히 람세스 2세)와 연관된 무덤 부장품에서도 발견되며, 동부 지중해 전역의 고고학 유적에서도 보인다. 대마초는 아시리아 시대

바빌론 신전에서도 태웠고(그 향기를 신들이 좋아했다고 함), 성서의 히브리인들도 사용했다. 로마의 역사가 헤로도토스(Herodotos)는 유럽 동쪽 가장자리 유라시아 대초원의 스키타이인과 트라키아인이 사회적이고 종교적인 목적을 위해 대마초를 사용했다고 기록한다. 기원전 1000년경에는 인근의 다키아인의 샤머니즘적 컬트에서도 대마초를 사용했는데, 그리스인들에게 **카프노바타이**(*Kapnobatai*, 문자적 의미는 '연기 속을 걷는 자들')로 알려졌다. 역사적으로, 북유럽에서는 사랑의 여신 프레야(Freya)와 관련된 에로틱한 종교의례에서 대마초가 사용되었다. 일부 이슬람 수피 섹트[특히 멜라미스(Melamis)]는 이를 예배에 사용했다.

이러한 향정신성 약물 대부분은 의학적으로 유익한 속성을 가지고 있어 의료 목적으로 널리 사용되었다. 대마초는 기분을 좋게 하고 불안을 줄여 주며, 고대 중국에서는 수술할 때 마취제로 사용했고 변비 치료에도 사용했다. 중동에서는 고대부터 이슬람 시대까지 뇌전증, 염증, 발열 등을 치료하는 데에도 사용했다. 아편 또한 중동에서 의료 목적으로 사용되었으며, 서기 1000년경에 이슬람 상인들에 의해 중국과[20] 인도에 소개되었다. 아편은 많은 고대 의학 문헌에서 마취제와 치료제로 언급되었으며, 20세기 초반까지 유럽에서 신경계 질환의 치료제로 계속 추천되었다. 이러한 많은 향정신성 약물의 의학적 속성은 샤먼이 치유사로서 명성을 얻는 중요한 수단이었을 것이며, 특히 다른 모든 관습적 치료 형식을 거부하는 심리적 상태에 적합했을 것이다. 그러나 아마도 그 약물들의 본래 기능은 수행자들이 신과 직접적인 교감을 경험하는 변성의식상태를 유도하는 데 있었을 것이다.

이번 장에서 나의 의도는 샤먼들의 활동을 정당화하거나 그들의 주장이 타당한지를 검증하는 것이 아니었다. 나의 요점은 아주 오랜 역사를 가지고 있을 뿐만 아니라 여전히 현대 세계에서도 널리 확인할 수 있는 정령 세계에 대한 믿음의 저류(신비주의적 입장)가 존재함을 간략히 정리하는 데 있었다. 그것은 사람에게 미치는 영향력은 압도적일 수 있지만 말로 묘사하는 것은 매우 어려운 '날것의 느낌(raw feels)'의 요소를 인간 심리에 유도하는 것으로 보인다. 나는 향정신성 약물의 도움 유무와 관계없이, 강력한 감정적 울림을 지닌 이러한 신비주의적 요소가 모든 종교적 행동의 근간을 이룬다고 제안한다. 여기서, 그 종교가 얼마나 세련되었는지는 관계없다. 그것은 종교성의 동력이며, 이 경험에서 나오는 모든 것을 결국 종교의 형태로 채색한다. 이 주장은 이어지는 장들에서 내가 전개하려는 논의의 토대를 제공한다.

3장

믿는 것이 좋은 이유

How Religion Evolved:
And Why it Endures

1장에서 언급했듯이, 진화론적 사고를 지닌 대다수 연구자들은 종교적 믿음들, 그리고 결국 종교들이 완벽하게 좋은 여타의 진화적 이유들로 존재하는 심리적 메커니즘들의 부적응적 부산물이라고 주장해 왔다. 전적으로 부당한 주장은 아니다.[1] 우리가 지닌 수많은 생물학적 및 심리학적 측면들은 원래 완벽하게 좋은 이유로 진화했지만, 그 여파로 몇 가지 매우 부적응적인 특성도 남기게 된 어떤 것의 우연한 부산물이다. 그러나 내가 보기에, 종교처럼 시간, 감정, 돈이 많이 드는 일이 전적으로 부적응적이거나 비기능적일 수는 없다. 진화는 단순히 그렇게 비효율적이지 않다. 종교에 **어떤** 이익이 있는 것이 틀림없다.

그렇다면 종교는 우리를 위해 무엇을 할까?

지난 세기 동안 많은 학자들이 여러 제안을 해 왔다. 넓게 말하면, 이 제안들은 다섯 가지 일반적인 주제로 요약된다. 원시 과학의 한 형태로서의 종교, 의료 개입의 한 형태로서의 종교, 협력의 집행자로서의 종교, 정치적 억압 기제로서의 종교(카를 마르크스가 말한 인민의 아편), 그리고 공동체 결속 기제로서의 종교 등이다. 각 주제는 열렬한 옹호자를 가지고 있으며, 각각의 주창자가 제시한 근거들도 그럴듯해 보인다.

나는 위에 나열된 모든 이익들이 적어도 부분적으로는 사실일 수 있지만(따라서 이를 뒷받침하는 증거도 있음), 거의 모두가 그렇게 하듯, 만약 우리가 진화의 동력으로 개체 수준의 직접적인 이익에만 집중한다면 근본적인 생물학적 요점을 완전히 놓치게 된다고 주장할 것이다. 그러나 처음에는 다섯 가지 고전적 설명과 이를 뒷받침하는 몇 가지 증거를 개관하면서 시작하려고 한다. 나는 이를 세 가지 세트로 나눠서 숙고해 볼 것이다. 개체 수준의 이익(세계를 설명하는 수단으로서의 종교와 의료 개입으로서의 종교), 사회 수준의 이익(선한 행동의 집행자로서의 종교, 또는 엘리트의 이익을 위해 대중을 억압하는 종교), 그리고 공동체 결속 메커니즘으로 종교를 보는 설명 등이다.

개체 수준의 이익

종교는 우리가 사는 세계에 대한 통일된 프레임워크를 제공한다는 견해가 널리 퍼져 있다. 종교는 우리가 효과적으로 기능하는 것은 세계의 더 변덕스러운 행동을 통제할 수 있기 때문이라는 식으로 세계를 납득하게 해 준다. 자연 세계는 예측 불가능한 것으로 악명이 높다. 지구환경은 특히 기후변화에 민감하며 기후 불안정성은 태초부터 생명체 진화의 가장 중요한 동력이었다. 기후변화는 홍수, 가뭄, 해일 및 낙뢰는 말할 것도 없고 기근, 생태계 붕괴, 우리가 먹는 동식물의 멸종을 초래한다. 게다가 우리는 포식자, 전염병 및 병원체, 독성 식물, 다른 인간(침략자) 등 더 직접적으로 생명을 위협하는 것들을 언제 만나게 될지 모른다. 또는 그런 점에서, 다양한 자연의 특성들에 거주하는(또는 더 정확하게는, 그런 자연의 특성들 **자체인**) 악의적인 정령들도 마찬가지다.

전통 종교들은 이런 관점에서 자연재해에 대항하는 점술과 부적의 생산을 통해 중요한 역할을 수행한다. 어떤 사건의 이익이 아주 작을 때에 비해 그 이익이 특별히 큰 경우(가령 생사가 달린 문제) 또는 불확실한 경우(가령 강우 여부 혹은 태어날 아이의 성별)에 사람들이 샤먼, 종교 기관 또는 심지어 순수한 미신에 의지할 가능성이 더 크다는 것은 주목할 만하다. 제1차세계대전 당시 멜라네시아의 트로브리안드섬 사람들을 연구하던 인류학자 브로니슬라브 말리노프스키(Bronislaw Malinowski)는 어부들이 깊은 바다로 고기잡이를 갈 때는 항상 주술을 사용했지만, 석호 안에서 고기를 잡을 때는 주술을 전혀 사용하지 않았다고 말했다. 깊은 바다의 탐사는 생명을 위협하는 위험과 큰 불확실성으로 가득 차 있지만 근해의 낚시는 위험을 거의 수반하지 않는다.

유럽에 많은 교회가 존재하게 된 것은 중세의 기사가 십자군에서 무사히 돌아오거나 다른 위대한 모험에서 성공하면 예배당이나 종교 공동체를 세우겠다고 한 맹세 덕분이다. 655년 윈위드 전투 전날, 잉글랜드 북동부 베르니케아(베오르니체)의 기독교 앵글로색슨 왕 오스위(Oswiu)는 잉글랜드의 마지막 이교도 왕인 머시아의 펜다왕과의 전투에서 승리를 기원하면서, 자신이 승리하면 딸을 수녀로 만들고 영지 열두 곳을 기부하여 수도원을 설립하기로 약속했다. 분명 효과가 있었던 것 같다. 그는 상대를 무찌르고 잉글랜드의 마지막 개종을 위한 길을 닦았다.

그러나 종교가 이런 점에서 항상 성공적이었던 것은 아니다. 가령, 1340년대에 유럽의 많은 사람들은 흑사병을 선한 기독교적 삶을 살지 못한 사회의 집단적 실패에 대한 신의 징벌로 여겼다. 전염병을 종식시키기 위해 고행자(Flagellants)로 알려진 참회자들의 무리가 마을마다 돌아다녔다. 그들은 찬송가를 부르고 스스로를 채찍질하면서 신의 용서를 구하기 위해 조직적으로 노력했다. 실제로 그들이 한 일은 한 마을이나 도시에서 다른 곳으로 전염병을 옮기는 것뿐이었다. 그래서 사실상 결국 많은 도시들이 성문을 잠그고 그들의 진입을 거부했다.

보다 최근에는 부족사회들이 침략자나 자연재해를 물리치기 위해 주술을 사용했다. 지금까지 가장 잘 알려진 사례는 1890년 운디드 니(Wounded Knee)에서 발생한 악명 높은 라코타수족학살사건이다. 라코타족은, 부족들이 전통적인 고스트댄스(Ghost Dance)를 추면 백인 정착민들이 자신들의 땅에서 쫓겨날 것이라는 선견자 워보카(Wovoka)의 말에 설득되었다. 라코타 무용수들이 입는 유령 셔츠는 영적인 힘을 준다는 믿음이 있었는데, 이 사례에서는 그 힘이 셔츠 착용자로 하여금 총알에 해를 입지 않도록 하여 승리를 보장한다는 데까지 확장되었다. 운디드 니에서 미군 기병대와 대결할 때 이 전략은 비극적으로 실패할 수밖에 없었고, 성인 남녀와 어린이 포함 최대 300명이 학살당했다.[2]

1905~1907년에 남부 탕가니카(Tanganyika, 현대 탄자니아 본토)에서 거의 동일한 사건이 발생했다. 당시 이 지역의 부족들은 독일 식민지배자들을 대상으로 유혈 반란을 일으켰다. 이는 마지마지반란(Maji Maji Rebellion)으로 알려지게 되었는데, 그 이유는 마법 의사 킨지키틸레 응왈레(Kinjikitile Ngwale)가 독일군의 총알을 물[스와힐리어로 **마지**(*maji*)]로 바꾸는 강력한 약을 가지고 있다고 부족을 설득했기 때문이다.[3] 전투에 나갈 때 해야 할 일은 단지 그의 약(실제로는 물, 피마자유, 기장 씨앗을 섞은 것)을 먹고 '**마지 마지!**'를 외치는 것뿐이었다. 말할 필요도 없이, 그것은 독일 행정부의 잘 훈련된

토착군이 다루는 현대식 무기에 대한 방어책이 될 수 없었다.

1856년 남아프리카의 이스턴케이프(Eastern Cape)에서는 더욱 절망적인 사건이 발생했다. 유럽인들이 침입하고 가축 폐질환이 유행해 떼죽음이 발생하는 복합적인 압력하에서 코사족(Xhosa)은 농카우세(Nongqawuse)라는 16세 선견자에게 설득되어 모든 동물을 죽이고 농작물을 파괴했다.[4] 농카우세는 환상 속에 자기 조상 두 사람이 나타나서 그렇게 하면 부족의 고난이 끝날 것이라고 말했다고 주장했다. 가축의 대량 도살은 폐질환 문제를 해결하면서(결국 우리가 지금 가축 구제역 유행을 통제하는 방법과 정확히 일치함) 코사족에게 일시적으로 제한된 타격을 가했지만, 농작물의 파괴는 아무런 생계 수단도 없는 인구 집단을 남겼다. 그 결과, 스스로 초래한 기아로 코사족의 4분의 3이 사망했고, 이는 한 문화 전체를 영원히 파괴하는 결과를 가져왔다.

종교에 대한 두 번째 설명은 그것이 건강 측면에서 직접적인 이익을 제공한다는 것이다. 많은 현대 종교들은 신이 우리를 돌봐 줄 것이라고 생각한다. **인샬라**(*inshallah*, 신의 뜻)라는 이슬람의 일상 표현에 내포된 것처럼 말이다. 여타 세계종교들은 말할 것도 없고, 기독교 세계에서는 오늘날까지도 사람들이 성인들에게 기도하거나, 낯선 사람에게 자신을 위해 기도해 달라고 요청하는 메시지를 남기거나, 질병 치료부터 사업 성공까지 모든 일을 위해 제물을 바친다.

보이지 않는 힘들이 세상에서 일어나는 일, 특히 해로운 일에 책임이 있다는 믿음은 모든 문화와 시대에 널리 퍼져 있으며, 오늘날에도 여전히 만연해 있다. 많은 종교의례들은 위약 효과를 통해, 또는 마법 의사가 제공하는 약초와 식물에 실제로 의학적 가치가 있기 때문에, 특정 질병이나 상태에 대한 치료법을 제공한다. 우리는 이 마지막 점에 지나치게 놀랄 필요는 없다. 인간은 세계의 상관관계를 인식하는 데 매우 능숙하다. 실제로, 심지어 야생 침팬지도 장내기생충을 효과적으로 치료할 수 있는 특정 약초를 섭취하는 법을 익혔다.[5] 치료 효과가 있다는 것을 알기 위해 치료법에 대한 과학적 설명을 알 필요는 없으며, 그것이 종교적 설명을 위한 길을 열어 준다.

그럼에도 불구하고, 샤먼, 치료 주술사, 현명한 여성 등에 의해 선택되는 치료법은 적어도 가끔 효과가 있어야 한다. 그렇지 않으면 사람들은 그 효능을 계속 믿지 않을 것이다. 그러나 문제는 얼마나 자주라야 충분한가 하는 것이다. 적어도 한 연구는 안데스산맥의 전통적인 키추아(Quichua) 치유사들이 정신질환으로 진단받은 개인들을 약 65퍼센트 성공률로 정확하게 식별했음을 발견했다.[6] 정신 병리는 전 세계적으로 샤먼이 다루는 사례 대부분을 차지한다.[7] 이는 아마도 정신 병리가 진단하기 더 쉽고(결국 우리에게 매우 친숙함), 어떤 면에서는 종종 더 많은 전문적인 기술을 필요로 하는 대다수 신체 질병들보다 다루기가 더 쉽기 때문일 것이다. 그것들이 정신-신체적

(psycho-somatic) 기원을 가질 수 있는 한, 플라세보효과는 매우 성공적일 수 있다.

좀 더 일반적인 관점에서, 종교적인 사람들이 더 행복하고 자기 삶에 더 만족한다는 증거가 있다. 윌리엄 제임스는 한 세기 전에 이에 대한 조사를 최초로 수행했다. 나는 뒤에서 이런 주장의 증거를 더 많이 제공할 것이다. 적극적으로 종교 생활을 하는 사람들이 비종교적인 사람들에 비해 더 건강할 수 있다는 증거도 있다. 미국 성인 2만 1000명을 대상으로 한 연구는 8년간 추적연구 동안 종교 예배에 한 번도 참석한 적이 없는 사람들이 적어도 일주일에 한 번 예배를 보러 간 사람들보다 사망 위험이 19배나 높았다는 것을 발견했다.[8] 참여자 총인원이 거의 12만 6000명에 이르는 42개 연구에 대한 또 다른 메타분석에서는, 사회인구학적 변수와 당시의 건강상태를 통제했을 때에도, 종교 활동에 적극적으로 참여하는 사람들이 교회에 전혀 가지 않는 사람들에 비해 추적조사 시 생존확률이 26퍼센트 더 높은 것으로 나타났다.[9]

따라서 지금까지 살펴본 바에 따르면, 적극적인 종교 생활은 적어도 진화론 문헌에서 종종 제기된 것과는 달리 개인 수준에서 유익하다는, 즉 개체의 진화적 적합도에 직접 영향을 미칠 수도 있다는 분명한 증거가 있다. 이는 종교가 건강에 미치는 직접적인 효과를 샤먼 치유사나 성인의 개입으로 발생하는 간접적 효과보다 더 강력하게 옹호하는 증거일 것이다. 그것이 종교가 주장하는 방식대로 유효한지는 당연히 중요하지 않다. 유일한 질문은 그것이 위약효과를 통해서라도 유효한지 여부다.

사회 수준의 이익

인간 사회는 본질적으로 개인들이 생존과 번식의 비용을 분담하기 위해 함께 사는 데 동의하는 사회적 계약이다.✦ 그렇게 하면 개인들은 집단생활이 제공하는 '전체는 부분의 합보다 크다'의 효과로 이익을 얻을 수 있다. 나는 당신이 추수하는 것을 돕고, 언젠가 당신도 나를 돕는다. 당신이 호의를 되갚는다면, 진화의 방정식이 균형을 이루고 그 행동은 선택될 것이다.

문제는 다윈주의 세계에서 이타적 행동은 항상 악용될 위험이 있다는 것이다. 즉, 나는 당신을 돕기 위해 비용을 감수하지만, 당신은 나에게 보답하지 않는다. 그러면 당신은 두 배로 이득이다. 당신은 나의 이타주의에서 이득을 본다. **그리고** 보답의 비용도 지불할 필요가 없다. 반면, 나는 두 배로 손해다(당신

✦ '사회(society)'라는 용어 이전에 사회적(social)이라는 개념이 있음을 전제로 한 서술이다. '사회적'이라는 개념은 개인 간의 관계 및 상호작용 양상을 의미하며, '사회'는 이를 기반으로 형성된 집단이나 공동체를 가리킨다. '사회적 계약'이란 개인들이 함께 살면서 형성되는 규칙과 약속을 의미한다.

을 도움으로써, **그리고** 나중에 당신에게서 어떤 도움도 받지 못함으로써). 다른 조건들이 모두 같다면, 이타주의를 지탱하는 유전자들은 가차 없이 제거되고 이기주의를 위한 유전자들이 선호될 것이다. 그 개체군은 곧 이기적인 개체들로 가득 채워질 것이다. 이런 종류의 무임승차는 모든 사회적 종에게 고질적인 문제인데, 이는 사회응집력에 매우 파괴적이고, 공동체가 제공할 이익을 약화시키기 때문이다. 자신을 보호하는 유일한 방법은 정말로 신뢰할 수 있는 사람들 대여섯 명에게만 제한적으로 관대함을 보이는 것이다. 다시 말해, 소수의 무임승차자들에게 침략당한 공동체는 매우 빠르게 이기적인 개체들에 의해 지배되거나 소규모의 내향적 하위집단들로 분열될 것이다.

일부 문제는 우리가 본래 친사회적(prosocial)이지 않다는 것이다. 가족은 말할 것도 없고, 세속적 권위와 종교적 권위가 우리에게 이런 관점에서 의무를 다하라고 계속해서 훈계해야 한다는 사실에서 분명히 드러난다. 끊임없이 우리는 아이들에게 장난감을 공유하라고 말하고, 어른들에게 사회적으로 합의된 행동 규칙을 지키라고 말한다. 실제로, 사회적 권고와 종교적 권고가 없는 경우에는 친사회적 행동(이타주의, 도움의 손길 등)이 대부분 가까운 가족과 친구에게 한정된다.[10] 많은 민족지 연구에 따르면, 가족과 친구에게는 대개 보상의 기대 없이 무상으로 도움을 주지만, 몇백 명으로 구성된 이 마법 영역 외부의 사람들에게는 답례하거나 호의를 되갚겠다는 명시적

합의가 있어야만 도움을 제공한다.[11] 초대형 공동체에서의 삶은 함께 사는 이들과의 상호작용에 관대함을, 또는 적어도 중립성을 요구하도록 만들었다. 그렇지 않으면 범죄와 비행이 우리 공동체를 지탱하는 취약한 유대를 깨뜨릴 수 있기 때문이다.

이 문제는 공공재딜레마(Public Goods Dilemma)로 알려진 실험설계를 통해 꽤 자세히 연구되었다.[12] 참가자들은 자기 돈의 일부를 공동기금에 투자할 수 있는 기회를 제공받는다. 게임이 끝날 때 이 기금은 가치가 증가하고, 결국 모든 투자자들에게 균등하게 분배된다. 최적의 해법은 모든 사람이 자기 돈 전부를 기금에 넣는 것인데, 그래야 수익이 극대화되기 때문이다. 그러나 행동경제학자들과 진화생물학자들이 수행한 수많은 실험에서, 참가자들은 라운드가 거듭될 때마다 예외 없이 투자를 줄여 최소화한다. 처음 몇 라운드가 지나면 결국 사람들은 자신이 이용당하는 것을 두려워해 항상 위험회피적 태도를 취하게 되는 것이다.

그렇지만 우리는 낯선 사람들과 기꺼이 협력하고 평소에도 그들을 관대하게 대한다. 수십 년간 집중적인 실험연구에도 불구하고 경제학자나 진화생물학자 어느 쪽도 이에 관해 확실한 설명을 찾지 못했다. 그들이 할 수 있었던 최선책은 유력한 두 가지 메커니즘 중 하나를 제안하는 것이다. 평판과 처벌이 그것이다. 우리는 모두 서로의 행동을 모니터링하고, 타인이 얼마나 자주 우리를 돕지 않는지를 계속 눈여겨보다가, 이후에는 믿을 만한 사람들만 돕기로 선택한다. 이 방법은 유효하지만 결코 완벽한 해결책은 아니다. 무엇보다도 실제로 사람들의 행동을 계속해서 지켜봐야 하기 때문이다. 물론 인간은 이런 제약을 극복하기 위해 가십(gossip)을 이용한다. 즉, 내가 못 보는 곳에서 당신이 뭘 하는지 보는 사람들은 당신이 얼마나 나쁜 짓을 했는지를 나중에 나에게 알려 준다.

적어도 경제 실험의 맥락에서 더 유효해 보이는 것은 사람들로 하여금 배신자를 처벌할 수 있게 하는 것이다. 무임승차자를 처벌하기 위해 비용을 지불해야 하더라도 일부 사람들은 기꺼이 그렇게 한다. 그리고 그것은 실제로 무임승차자를 견제한다. 그러나 이것은 이타적 처벌(altruistic punishment)의 문제를 제기한다. 만약 이기적인 개체를 처벌하기 위한 비용을 기꺼이 지불할 사람이 나밖에 없다면, 다른 모든 사람들은 비용 부담 없이 개선된 행동으로부터 이익을 얻고, 나는 그 전체 비용을 떠안게 된다. 내가 왜 그래야 할까? 우리는 아무도 협력할 의사가 없는 상황으로 후퇴하는 것 말고는 다른 출구가 없는 악순환에 매우 빠르게 빠져든다.

우리가 어떻게 그 딜레마를 해결할 수 있었는지에 대한 한 가지 제안은 '모든 것을 보는 하늘의 경찰관' 역할을 하는 도덕적 고위 신(Moralizing High God)[13]을 가짐으로써 가능했다는 것이다. 신은 우리가 보지 못할 때에도 모든 것을 보기 때문에 특별히 효과적인 위협이다. 이것은 신을 갖지 않은 상태(또는 아마도 성소에서 제물을 받는 데만 관심을 두는 많은 작은 신들만 가진 상태)에서 인간의 일에 적극적인 관심을 갖고 탈선하는 자들을 처벌하는 단 하나 전지전능한 도덕적 고위 신을 가진 상태로 전환했다는 한 가지 뻔한 제안이다.

한 연구에서는 이 제안이 실제로 유효한지 검증하기 위해 변수가 1000개 이상 포함된 민족지 사회 및 역사적 사회의 표준 교차 문화 샘플(SCCS, Standard Cross-Cultural Sample)을 사용했다. 도덕적 고위 신을 가지면 사회 구성원들이 기꺼이 세금을 내고, 서로에게 돈을 빌려주고, 배신자를 제재하는 경찰력 및 여타 세속적 수단의 존재를 받아들이려 한다는 점에서 사회에 순응적일 가능성이 더 높아 보였다. 그러나 도덕적 고위 신에 대한 믿음이 부족 전체의 규모나 개인들이 전형적으로 생활하던 공동체(즉, 마을이나 사냥터)의 규모, 혹은 외부 이웃과의 갈등이나 공동체 내부의 갈등 수준과 관련이 있다는 증거는 없었다 — 다른 연구들이 제안한 것은 여기에 해당될 수도 있다.[14]

그러나 적극적으로 종교적일 때 이타적으로 행동하려는 의향이 높아진다는 증거는 많이 있다. 최근 한 연구에서는 종교적인 사람들이 비종교적인 사람들보다 더 관대하고 타인을 더 신뢰하는지를 알아보기 위해 신뢰 게임(trust game)으로 알려진 표준적인 실험경제학 게임을 사용했다. 신뢰 게임에는 두 가지 역할이 있다. 제안자(proposer) 또는 위탁자(trustor)는 일정액의 기금을 받고 얼마나 많은 돈을 다른 사람인 수탁자(trustee)와 나누어 가질지 결정할 수 있다. 그렇게 기부된 금액은 실험자가 세 배로 불려서 주는데, 그 후 수탁자는 제안자에게 얼마를 돌려줄 것인지 질문을 받게 된다. 최적의 전략은 제안자가 모든 가용 자본을 양도한 다음, 수탁자가 그 원리금을 균등하게 분배하는 것이다. 그렇게 하면 둘 다 수익을 극대화할 수 있다. 그러나 이것은 일회성 게임이기 때문에 수탁자는 항상 그 돈을 모두 차지하거나 단지 아주 적은 금액만을 돌려주기 위해 최선을 다할 것이다. 바로 여기에 게임에서의 신뢰 문제가 있다. 실제로, 자신이 종교적이라고 한 제안자들은 비종교적인 제안자들보다 돈을 더 많이 내는 경향이 있었는데, 수탁자도 종교적일 때 특히 그랬다. 종교성이 신뢰성을 보증하는 것처럼 보였다.[15]

또 다른 실험에서는 동일한 이스라엘 키부츠(kibbutz)✦에 속한 익명의 구성원 두 명에게 봉인된 봉투에서 각각 돈을 얼마나 가져갈지 말하도록 요청했다. 단, 만약 두 사람이 말한 액수의 합이 봉투 속의 금액을 초과한다면 두 사람 모두 아무것도 얻지 못할 것이라는 단서가 붙었다.[16] 종교적 키부츠의 구성원

✦ 20세기 초에 집단농장으로 시작된 공동체. 현재는 전통적인 농업에서 벗어나, 제조업, 관광업, 하이테크산업 등 다양한 분야를 아우른다. 현재 이스라엘에는 키부츠가 약 270개 있으며 규모와 성격이 다양하다. 유대교의 종교적 원칙과 전통을 따르는 종교적 키부츠 유형과 사회주의적 이념이나 공동체 정신을 중시하는 세속적 키부츠 유형으로 구분되기도 한다.

(따라서 아마도 종교적인 사람)은 세속적 키부츠의 구성원보다 봉투에서 돈을 덜 가져갔지만, 이는 주로 남성의 행동 때문이었다. 이 표본의 남성들은 여성들보다 더 종교적이었으며(적어도 시나고그〔synagogue, 유대교 회당〕 출석 빈도로 측정했을 때), 더 종교적인 남성들은 봉투에서 더 적은 돈을 가져갔다. 이와 대조적으로, 여성들이 가져간 금액은 종교성에 영향을 받지 않았다. 공동 식사와 같은 세속적 행사에 참석하는 것은 남녀 구성원에게 아주 약간의 영향만 미쳤다. 이 연구는 종교의례의 정기적 참여가 남성들을 더 친사회적으로 만든다는 것을 시사하는 것처럼 보인다(보통 남성들은 이런 종류의 경제 게임만이 아니라 실생활에서도 여성들보다 훨씬 덜 관대하다). 없는 것보다 낫다고 할 수는 있겠지만, 이상적 수준에는 한참 부족하다.

또 다른 실험연구에서는 15개 민족지 및 도시 사회를 대상으로 다음 세 종류 경제 게임 중 하나에 두 명씩 참가하도록 했다. '독재자 게임(dictator game, 참가자 1이 총액을 참가자 2와 어떻게 나눌지 결정하는 게임. 기본적인 관대함 또는 친사회성을 측정함)', '최후통첩 게임(ultimatum game, 참가자 1이 돈을 어떻게 나눌지를 결정하지만, 참가자 2가 받을 돈이 너무 적다고 생각하면 그 제안을 거절할 수 있는 옵션이 있는 게임. 관계 수준의 공정성 규제 척도)', 그리고 '처벌이 있는 최후통첩 게임(제3자인 참가자 3이 참가자 1이 너무 인색하다고 생각하면 참가자 1을 처벌하는 비용을 지불할 수 있는 게임. 사회 수준의 공정성 규제 척도)'. 그 결과는 시장경제에 더 많이 통합된 사회일수록 참가자들이 돈을 균등하게 나눌 가능성이 더 높다는 것을 보여 주었다. 동시에, 참가자들이 거주하는 공동체의 크기가 클수록 최후통첩 게임에서 적은 금액의 제안을 거부할 가능성이 더 높았고, 제3자가 처벌을 부과할 가능성도 컸다. 그러나 우리에게 더 흥미로운 것은 처벌이 있는 버전을 제외하면, 참가자 1이 교리종교(이 경우 항상 기독교 또는 불교)에 속한 경우가 무종교나 부족 샤먼 유형의 종교에 속한 경우보다 50 대 50의 공정한 분배에 가까운 제안을 할 가능성이 컸다는 사실이다.[17]

하지만 이러한 결과를 얼마나 열정적으로 해석할지에 대해서는 약간 주의를 기울일 필요가 있다. 이런 부류의 많은 실험들은 점화(priming) 설계를 사용했다. 이는 심리학자들이 참가자를 특정한 마음의 프레임(frame)에 무의식적으로 유도하기 위해 사용하는 기술이다. 참가자들에게 종교적 주제나 세속적 주제로 글 한 단락을 쓰도록 요청할 수도 있고, 또는 기도문이나 동요를 암송하게 할 수도 있는데, 이는 종교적 감정 또는 세속적 감정을 유도하기 위한 것이다. 종교적 점화와 비종교적 점화의 대비를 사용한 25개 실험연구(총 참가자 약 5000명)의 데이터를 분석했을 때 다소 양가적인 결과가 나왔다.[18] 비록 종교적 점화가 전반적으로 더 이타적인 행동을 이끌어 냈지만, 25개 연구 중 9개에서만 그 효과가 유의미했다. 5개 연구에서는 오히려 부정적인 영향이 나타났다(종교적 점화가 이타주의를 감소시켰다). 이 연구들에서 사용된 종교적 점화가 종교적인 사람을 실제로 더 이타적이게 하는지는 전혀 분명하지 않다. 게다가 그런 경우에도 그 효과는 매우 미미하다. 이러한 결론은 최근 수많은 다른 실험연구와 리뷰에 의해서도 입증되고 있다.[19]

그럼에도 불구하고 협력의 이익은 여전히 종교가 필요하게 된 이유일 수 있다. 사회적 올바름을 강제하는 것은 사회가 제공하는 다른 이익들을 위해 사회구조를 유지하는 데 도움이 될 수 있다. 87개 국가의 횡문화 데이터를 분석한 연구는 신에 대한 믿음, 또는 내세의 보상이나 처벌 가능성에 대한 믿음이 현세의 도덕적 위반에 대한 태도에 얼마나 영향을 미치는지를 조사했다.[20] 이런 맥락에서, 도덕적 위반에는 다른 사람의 차를 파손하고 알리지 않기, 자기 이익을 위한 거짓말, 결혼 중 외도, 음주 운전 등이 포함된다. 신에 대한 믿음을 고백한 사람들은 도덕적 위반들을 비난할 만한 일로 볼 가능성이 더 큰데, 심지어 문화, 종교 교파, 교육 수준을 상수로 놓더라도 마찬가지였다. 천국과 지옥에 대한 믿음을 표현한 사람들, 그리고 인격적 신을 믿는 사람들도 더 일반화된 영적 생명력(Life Force)을 믿는 사람들에 비해 도덕적 위반을 비난할 가능성이 더 컸다. 더 모호한 초자연적 힘보다는 인격화된 신이 사람들의 행동을 감시하고 있을 가능성이 더 크게 지각되는 게 분명해 보인다.

그러나 대규모의 횡문화 민족지 표본에서 추출한 데이터에 대한 또 다른 분석에서는 초자연적 처벌에 대한 두려움과 초자연적 행위자에 대한 믿음의 유행 또는 마법사와 요술사(초자연적 힘을 다루는 살아 있는 행위자)에 대한 믿음의 유행 사이에 아무런 상관관계가 발견되지 않았다. 또한 초자연적 처벌에 대한 두려움과 그 사회의 특징적인 공동체 규모 사이에도 아무런 일관된 관계가 없었다. 앞에서 제안한 내용이 이 경우에 해당될 수도 있다.[21] 이는 그 현상이 원래 설정된 가설보다 더 복잡할 수 있음을 나타낸다.

마법에 대한 고발도 유사한 치안 기능을 제공한다고 제안되어 왔다. 대부분의 경우, 마법으로 기소된 사람들은 늙었고 그들을 변호해 줄 친척도 거의 없었지만, 그들의 운명이 우리를 공포에 떨게 하여 도덕률을 따르도록 했을 수도 있다. 1692~1693년의 세일럼마녀재판(Salem Witch Trials)은 공동체가 마법의 의혹에 얼마나 취약할 수 있는지를 적나라하게 상기시킨다.[22] 미국 초기 역사에서 상징적인 이 사건에서, 매사추세츠주 작은 시골 공동체 주민 200명이 십 대 소녀들의 증언에 의해 수사 재판관 앞에 끌려갔다. 그들 중 30명은 유죄판결을 받았고, 그중 25명은 사형을 당하거나 형이 집행되기 전에 감옥에서 사망했다. (나머지 5명은 운 좋게도 마지막에 재판을 받아 이듬해 유죄판결이 파기되었다.) 많은 피고인들은 법적 절차도 혼란스럽게 느끼고 효과적으로 자기방어를 할 수도 없는 노인 여성들이었다. 그들은 마을 내부의 분쟁이 심각한 시기에 운 나쁘게 이 일에 휘말렸다. 이는 매사추세츠주의 청교도 식민지가 두 가지 외부 위협에 직면해 정착민들 간에 종교적 규율을 유지할 필요성에 의해 움직이던 때와 동일한 시기다. 지역 인디언들로부터의 위협[메타콤전쟁(Metacom War), 북미 역사상 인구 대비 사망률의 측면에서 가장 파괴적인 전쟁으로 알려져 있음] 그리고 인근 캐나다에서 반세기 동안 벌어진 프랑스와의 충돌[가장 최근에는 1689년 윌리엄왕전쟁(King William's War)에서 절정에 달함]로 인한 위협이 그것이다.

세계의 거의 모든 지역에서 비슷한 사례를 찾을 수 있다. 예를 들어, 뉴기니 게부시족(Gebusi)의 살인사건에 대한 연구에서, 피해자의 80퍼센트가 요술사(sorcerer)로 고발당한 적이 있었다.[23] 요술사들은 무척 두려운 존재였고, 설명할 수 없는 죽음, 부상, 질병 또는 사고의 원인으로 자주 비난받았다. 이러한 맥락에서, 마법을 문제 삼는 것은 종종 걸리적거리는 개인을 다루거나 오래된 원한을 푸는 방법이기도 했다.

두 번째 가능성은 종교는 인민의 아편이라는 마르크스의 유명한 주장, 즉 다루기 힘든 대중을 제압하기 위한 엘리트들의 발명품이라는 주장이다. 다시 말해, 종교는 대중들을 지배하여 엘리트에게 유리한 방식으로 행동하도록 한다. 그 주장에 따르면, '도둑질하지 말라'는 모두에게 적용되는 명령이 아니라 피지배민들이 따라야 하는 명령이며 특히 엘리트들의 재산을 존중하라는 의미다. 만약 이것이 사실이라면, 종교는 사회적 규칙을 지키지 않는 사람들에게 닥칠 운명의 과시적 위협과 연관되어 있을 것으로 예상할 수 있다. 사실, 설교에는 불과 유황이 더 많이 나올수록 더 좋다.

이 제안은 종교와 세속 권력이 서로 맞물려 있는 특정한 사례들을 설명할 수 있을 것이다. 예를 들면 파라오 이집트, 자기를 신으로 추앙하게 한 여러 로마 황제들의 시도, 아즈텍 제국, 중세 후기의 이슬람 제국 등이 그렇고, 심지어 신성로마제국과 스페인 제국까지도 포함될 것이다. 그러나 많은 거대 정치권력들(오스만제국과 대영제국을 포함)은 시민들에게 종교 선택의 자유를 허용했고, 심지어 피지배민의 문화를 보존하기 위해 이를 장려하기도 했다. 더 중요한 문제로 종교는, 특히 새로운 종교의 성장은 상향식(bottom-up) 현상으로 보인다는 것이다. 즉 이 과정을 시작하는 것은 엘리트가 아니라 가난하고 억압받는 사람들이다.

요컨대, 이 제안은 종교의 진화에 대한 일반적인 설명으로 그럴듯해 보이지 않는다. 이 제안은 사람들이 이미 종교적 성향을 지닌 경우에만 유효할 것이다. 규칙을 따르도록 강요하기 위해 사람들을 종교적으로 **만들** 수는 없다. 겉으로는 순응할 수 있겠지만, 사람들의 선한 행동은 종교적 확신보다 경찰력에 의존할 가능성이 더 크다. 조만간 반란이 일어날 수도 있다. 다시 말해서, 종교성이 국가 수립보다 선행해야 국가도 그것을 이용할 수 있다. 따라서 국가(또는 엘리트)의 이익은 종교적 성향이 진화한 원인이 될 수 없다.

그럼에도 불구하고 종교의 의례들이 나중에 국가나 엘리트의 이익을 강화하기 위해 채택될 수는 있다. 공동의 규정을 지키지 않는 사람들에게 닥쳐올 수 있는 끔찍한 일의 경고는 규정의 준수를 장려하는 메시지가 될 수 있다. 인간 희생(human sacrifice, 인신공양)이 적절한 예일 수 있다. 의례적인 인간 희생을 행한 많은 사회들은 계층화되어 있었는데, 엘리트가 대중을 지배하고 중간층이 집행력을 제공했다. 아즈텍이 원형적인 사례다. 역사적 기록에 따르면, 서기 1487년 테노치티틀란의 대피라미드(Great Pyramid of Tenochtitlan) 재봉헌식에서 무려 8만 명에 달하는 포로가 희생되었다고 한다. 비록 그 주장이 과장된 것이라고 해도, 아즈텍의 역사 기록은 크고 작은 의식에서 매우 많은 사람들이 정기적으로 희생되었음을 분명히 보여 준다. 희생자들은 종종 전쟁포로였지만, 범죄자, 노예, 첩(특히 위대한 지도자의 장례 때) 또는 심지어 어린이를 포함한 임의의 사회 구성원일 수도 있다. 표면적으로 인간 희생은 신들을 달래기 위한 것이지만, 그 드라마가 대중에게 깊은 인상을 주어 아마도 그들이 정치적 또는 사회적 선을 넘어서는 것을 막았을 것이라는 데는 의심의 여지가 없다.

신들을 달래기 위한 의례적 인간 희생은 캐나다 북극, 중남미, 오스트로네시아, 아라비아, 아프리카, 인도, 중국, 일본의 역사적 자료에 널리 보고되어 있다. 적어도 오스트로네시아 문화에서는 희생이 금기 위반에 대한 명시적 처벌로 사용되었음이 알려져 있다. 오스트로네시아의 역사적 문화 93개에 대한 한 연구는 희생이 계층화된 사회, 특히 고도로 계층화된 사회(가령, 태평양의 하와이와 타히티, 보르네오의 응가주족, 버마의 카얀족 등)와 강하게 연관되어 나타나는 반면, 평등주의 사회(자바의 온롱 또는 파푸아뉴기니의 메케오 등)에서는 거의 나타나지 않는다는 것을 밝혀냈다.[24] 이러한 결과는 두 가지 중요한 결론을 제시한다. 한 사회가 일단 희생을 채택하면 계층화될 가능성이 매우 높고, 일단 희생으로 계층화를 이루게 되면 계층화를 상실할 가능성이 낮을 것이다.

요약하면, 대중을 공포로 몰아가는 것은 아마도 지배계급에게 유리하게 작용할 것이다. 너무 불공정해 보이면 미래의 갈등을 반란의 형태로 축적할 가능성이 높겠지만 말이다. 그러나 엘리트의 존재를 정당화하기 위해 종교적 성향이 발명된 것은 아니며, 미리 존재하는 종교적 성향이 그러한 목적을 위해 이용되고 있는 것 같다. 달리 말하면, 이러한 종류의 사회적 이익들은 종교 진화의 원인이기보다는 진화적 기회의 창구(종교적 감정을 사후에 이용하는 추가적인 방법)를 구성할 가능성이 더 높다.

이 범주에 속할 가능성이 있는 또 다른 설명은 종교가 인구의 과잉 구성원, 특히 젊은 남성을 흡수하는 방법이라는 것이다. 티베트인들은 특이한 사례를 제공한다. 전통적으로 그들은 일처다부제(polyandrous)였다.✦ 즉, 한 가족의 모든 아들들이 같은 여성과 결혼하여 가족농장의 경영권을 이어받았다.[25] 그 주된 이유는 한 세대에서 다음 세대로 넘어갈 때 가족농장을 분할해야 할 필요가 없게 하려는 것이었다. 이는 토지의 비옥도가 낮고 경작할 수 있는 지역이 매우 제한된 고지대에서 중요한 경제적 문제였다. 모든 아들들이 한 아내를 공유해 단일 가족 단위를 이룸으로써 가족농장이 세대를 거쳐 그대로 유지될 수 있었다. 결혼할 때 소년들의 나이가 보통 20대 초반에서 5세까지로 다양했기 때문에 유효했던 일이다. 형제들 간의 나이 차이는 그들 사이의 성적 갈등을 최소화하는 데 도움을 주었다. 실제로 그들은 차례차례 성적으로 활발한 남편의 역할을 맡았다. 하지만 종종 나이 많은 아들 두 명이 아내와 결혼할 때 이미 그 단계에 있기도 했다. 그들 간의 불필요한 성적 갈등을 피하기 위해 보통 둘째 아들을 지역 사원에 들여보냈다. 종종 겨우 8~9세 때 보내고 결혼 시기에는 사원 생활에 잘 적응해 있게 한 것이다.[26] 아마도 그가 가족의 영적인 문제를 돌볼 수 있을 것이라는 식의 문화적 정당화가 있었을 것이다. 경제적 현실은 매우 달랐다.

✦ 단혼제(monogamy)와 대비되는 복혼제(polygamy)는 일부다처제(polygyny), 일처다부제(polyandry), 그리고 다처다부제(polygynandry) 등 여러 양상으로 구분된다.

유사한 해결책이 19세기 후반 아일랜드의 농가에서도 채택되었다. 가족농장을 분할하지 않기 위해 아들의 수가 평균보다 많은 가정에서는 어린 아들을 현지 신학교에 보내 가톨릭 사제가 되도록 했다.[27] 이 경우, 부모는 농장 상속을 둘러싼 가족 내 갈등의 위험을 최소화하려고 했던 것으로 보인다. 이 소년들은 평생 독신 생활을 할 것이기 때문이다.[28] 18세기와 19세기 영국에서는 귀족과 부유한 중산층도 비슷한 전략을 취했다. 장남은 가문의 유산을 상속받았고, 둘째 아들은 군대에 입대했으며, 셋째 아들은 교회를 위해 훈련을 받았다(그가 성직의 소명이 있든 없든 간에). 이것은 이 시대의 많은 목사관(vicarages)이 그토록 잘 지어진 이유 중 하나다. 같은 계층 출신인 아내가 자신의 사회적 지위에 상응하는 가정적 시설을 기대했기 때문이다〔영국성공회의 성직자는 결혼 생활을 할 수 있다〕.

반대의 경우는 15세기와 16세기에 포르투갈 귀족들 사이에서 발생했다. 딸이 너무 많으면 남편을 구할 수 없는 소녀들이 넘쳐 날 위험이 있었는데, 특히 소녀들은 자신보다 낮은 사회적 계층과 결혼하는 것이 허용되지 않았기 때문이다. 이 문제를 해결하기 위해 귀족들은 더 어린 딸을 지역 수녀원에 맡겼다. 그 소녀들을 달래 주기 위해 지참금을 제공하고 '그리스도의 신부'라는 칭호를 주었다. 합의 사항은 언니가 죽으면 동생이 종교적 서약에서 벗어나 죽은 언니의 결혼 자리를 대신할 수 있다는 것이었다.[29]

이 사례들은 종교가 제공할 수 있는 사회적 가치를 흥미롭게 조명한다. 그러나 다시 말하지만, 이는 종교가 이미 존재하는 경우에만 작동한다. 즉, 그것이 종교 발전의 원인일 것 같지는 않다. 그리고 이는 명백한 경제적 또는 사회적 이익을 얻을 수 있고 지역 종교가 적절한 조치(가령 수도원의 독신 제도)를 제공하는 소수의 경우에만 적용된다. 요컨대, 사회(또는 개별 가정들)가 종교를 사후적으로 어떻게 이용할 수 있는가 하는 사례에 더 가까워 보인다.

'코뮤니타스'와 헌신

하향식(top-down) 강제는 확실히 사람들로 하여금 더 나은 행동을 하도록(또는 적어도 엘리트에게 잘 맞는 방식으로 행동하도록) 강요하지만, 이런 경우 억압받는 하위계층은 할 수 있을 때마다 항상 그들에게 가해지는 제약을 피해 가려고 할 것이다. 이는 결국 그 전략을 어쩔 수 없이 불안정하게 만든다. 반면, 개인이 **자발적으로** 공동체 기풍(ethos)에 동참하는 상향식(bottom-up) 헌신은 언제나 더 성공적인 전략이 될 것인데, 이는 단지 그 동기가 타인에 의해 부과되기보다는 개인 내면에서 나오기 때문이다.

최근의 여러 연구들은 종교의 의례를 바로 이러한 의미에서 헌신의 선언으로 본다. 19세기 아메리카의 유토피아 공동체들을 분석한 결과, 새로운 회원이 가입할 때 더 많은 헌신(예를 들어 욕설, 담배, 술, 고기, 극단적인 경우에는 섹스까지도 포기하기)을 해야 하는 공동체일수록 더 오래 존속했다. 그러나 이는 종교적 공동체에만 해당하는 일이었다.[30] 이것은 입문자가 감당하고자 준비한 비용, 즉 공동체 생활의 모든 우여곡절을 무릅쓰고도 지켜 내겠다는 개인적인 헌신을 반영하는 것 같았다. 그러나 세속적 공동체의 경우에는 그러한 효과가 없었다. 결과적으로, 종교 공동체(전형적인 수명이 70년에 가까움)에 비해 세속 공동체의 수명은 훨씬 짧았다(평균적으로, 단지 10년). 이는 종교적 기풍이 중요한 요인으로 작용했음을 시사한다.

에밀 뒤르켐은 종교의례가 환희와 각성의 감각을 불러일으킨다는 사실에 깊은 인상을 받았고, 이를 **감격**(*effervescence*)이라고 불렀다. 그는 이것이 공동체에 대한 소속감을 형성하는 데 중요한 역할을 한다고 생각했다. 이 아이디어는 1970년대에 빅터 터너(Victor Turner)와 이디스 터너(Edith Turner)에 의해 **코뮤니타스**(*communitas*)라는 개념으로 정교화되었다. 이는 통과의례와 같은 의례들 — 또는, 비록 그들이 특별히 관심을 갖지는 않았지만, 종교적인 예배들 — 중에 생성되는 집단적 유대의 한 형태다. 최근 수십 년 동안 이 제안은 인류학자들과 심리학자들에 의해 간과되었다.

집단생활의 핵심은 응집력이다. 그러나 집단의 응집력을

유지하는 것은 쉬운 일이 아니다. 다른 사람들과 물리적으로 가까운 곳에 사는 것은 생태학적 비용과 사회적 스트레스 측면에서 상당한 비용을 초래한다. 식량자원을 위해 하루 이동 거리를 늘리고 경쟁을 해야 한다는 단점 외에도, 집단생활의 심리적 스트레스는 포유류 암컷의 번식력에도 극적인 영향을 미친다. 스트레스는 월경주기를 조절하는 뇌/난소 내분비 시스템을 차단하여 생식력을 감소시킨다.[31] 이러한 비용, 특히 불임의 비용을 낮출 필요가 있으며, 그렇지 않으면 집단이 분열되고 흩어질 것이다.

어느 공동체에서나, 사소한 불만의 시작은 질투, 분노, 다툼으로, 또 사냥 보상 분배 실패로, 그리고 결국 무장 충돌로 급속히 확대될 수 있다. 산 부시먼 같은 수렵채집인의 경우, 이러한 마찰이 해결되지 않고 방치되면 가차 없이 집단이 분열되고 모두의 생존이 달린 공동 연대의 상실로 이어진다. 트랜스 댄스는 이 문제를 푸는 방법의 일환이다. 공동체 또는 캠프 내의 관계가 지나치게 꼬이기 시작하면 그때마다 누군가 트랜스 댄스를 요구한다. 트랜스가 시스템을 재부팅해 공동체 구성원 간의 관계를 원래 상태로 복원하는 것처럼 보인다. 시간이 지남에 따라, 일상 관계의 스트레스와 괴로운 일들이 천천히 다시 쌓이게 되면 다시 누군가 트랜스 댄스를 요청하게 된다.

사람들의 종교 활동에 명시적으로 초점을 맞춘 최근의 온라인 설문조사에서, 나는 종교 예배(교파 무관) 참석 빈도와 개인의 종교성 정도가 삶의 만족도와 친밀한 친구의 수만이 아니라 지역공동체 참여도에 유의미한 영향을 미친다는 것을 발견했다. 더 중요한 점은, 종교 예배에 더 자주 참석할수록 개인적 친구 및 가족 집단에, **그리고** 자신이 구성원으로 있는 모임에 유대감을 더 많이 느꼈다는 것이다.

더 넓은 범위의 인구 집단에서, 사람들 대부분은 자신이 의지할 수 있다고 생각하는 사람의 수를 약 15명 꼽을 것이다. 그러나 종교 예배에 매일 참석하는 사람들의 경우 이 숫자는 사실상 수백 명으로 구성된 전체 회중을 포함하게 될 만큼 증가한다. 실제로, 정기적으로 예배에 참석하는 사람들은 같은 예배 참석자 대부분과 긴밀한 유대감을 느끼게 된다. 이는 부분적으로 정기적 만남을 통해 서로 잘 알게 되기 때문이기도 하지만(이에 관해서는 5장에서 더 많이 이야기할 것임), 또한 그들이 함께 참여하는 의례들 때문이기도 하다(6장에서 더 많이 다룰 것임).

(단순히 예배 참석만 하는 것과는 달리) 적극적으로 종교생활을 하면 더 많은 사람들과 유대감을 느끼게 되는데, 당신에게 지원을 제공할 가능성이 더 큰 사람들이다. 그 결과, 더 행복하다고 느끼고 삶에 더 만족하게 된다. 이런 관찰은 '종교는 인민의 아편'이라는 주장을 직접적으로 지지하는 것처럼 보일 수 있지만, 사실 훨씬 더 긍정적으로 해석될 수도 있다. 엘리트가 관여하든 안 하든, 종교에 적극적으로 참여하는 것은 사람

을 더 행복하게 하고 일상생활의 많은 경제적·사회적 기복에 대처하는 데 도움이 되는 수준의 지원을 제공한다. 그것은 수렵채집인 삶의 일부이며, 억압받는 소작농이나 다른 누군가의 삶에서도 마찬가지로 중요한 부분이다.

복잡성을 이해하기

이번 장의 발견에 관해 두 가지 사실이 중요해 보인다. 하나는 종교의 기능에 대한 다섯 가지 가설을 지지하는 약간의 증거가 모두 있다는 것이다. 이것은 누군가가 특정 가설을 지지하는 확증적 증거를 사용해 그것이 종교의 **유일한** 기능이라고 주장할 때 뭔가 잘못되었다는 사실을 우리에게 경고해 줄 것이다. 다른 모든 가설들을 뒷받침하는 증거도 있다는 점을 고려하면, 그 가설들 중 하나만 옳고 나머지는 모두 틀렸다고 할 수는 없다. 두 번째 관찰은 증거가 결코 압도적이지 않다는 것이다. 거의 모든 경우에 대해 지지하는 증거도 있고 반박하는 증거도 있다. 왜 그럴까? 그 대답은 사실 1장 끝부분에서 다룬 '틴베르헌의 네 가지 질문(Tinbergen's Four Whys)'에서 나왔다. 모든 이들이 서로 다른 가설들을 논리적으로 동등한 것처럼, 그래서 상호 배타적인 것처럼 취급하는 것 같다. 하나가 옳다면 다른 가설은 모두 틀려야 한다는 것이다. 그러나 그것들이 실제로 다른 '**왜**' 질문에 대한 답이라면, 그것들은 상호 배타적이지 않다. 모두 동시에 옳을 수도 있다. 우리는 가설들을 더 주의 깊게 살펴보고 그것들이 정확히 어떤 질문에 대해 답변하고 있는지 알아볼 필요가 있다.

아마도 이것을 하는 가장 쉬운 방법은 다섯 가지 가설을 다양한 구성 요소 사이의 인과관계를 지정하는 경로 또는 흐름의 다이어그램에 배치하는 것이다. 보통은 이러한 관계의 가능한 모든 조합과 순열을 고려하고 관측된 데이터를 가장 잘 설명하는 것이 무엇인지 묻는다. 그러나 다섯 가지 가설에는 이들 사이의 관계를 재정렬하는 상이한 방법이 120가지나 있다. 따라서 나는 간단히 본론으로 들어가 증거를 가장 잘 설명하는 것으로 보이는 패턴에 대한 제안을 하고자 한다. 이것은 그림 2에 요약되어 있는데, 이는 다섯 가지 가설(다섯 개 회색 상자로 표시됨)을 이야기의 일부가 될 두 가지 다른 핵심 변수, 즉 집단(또는 공동체) 규모 및 외부 위협과 관련을 지어 나타낸 것이다.

외부 위협은 모든 조류와 포유류, 특히 영장류가 집단생활을 하는 주된 이유다. 이것은 구조의 나머지 부분을 지탱하는 지렛점 역할을 한다. 종 대부분에서 이 위협은 주로 포식 위험의 형태를 취하지만 일부 원숭이와 유인원, 특히 인간의 경우 이웃 집단의 습격이나 공격으로 인한 위협도 포함될 수 있다. 그림 2에서 '외부 위협'과 '집단 규모' 상자 사이의 화살표는 포식 위험과 같은 외부 위협이 증가할 때 그 위협에 대응하기 위

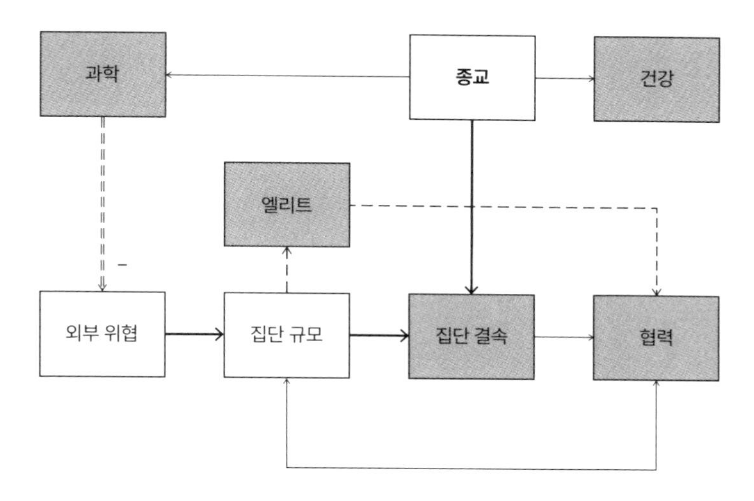

그림 2. 종교의 기능에 대한 다섯 가지 가설(회색 상자) 사이의 인과관계들 중 가장 가능성이 높은 경우를 보여 주는 흐름의 다이어그램. 굵은 실선 화살표는 전체 시스템이 존재하는 데 기반이 되는 긍정적인 인과관계들의 주요 세트를 나타낸다. 이 관계들이 없다면, 그 이익은 종교의 다른 이익을 가능하게 할 만큼 충분히 강하지 않을 것이다. 가는 실선 화살표는 일단 종교가 진화한 후에 부산물로 생겨나는 긍정적인 관계를 나타낸다. 점선은 집단이 특정 규모에 도달하면 자연스럽게 나타나는 부수적인 긍정적 인과관계를 나타낸다. 이중 점선은 부정적 인과관계를 나타내며, 이는 화살표 옆의 부호로 표시했다. 세계에 대한 지식이 향상되면 환경 위험이 감소한다는 뜻이다.

해 집단 크기도 비례적으로 증가해야 함을 말하는 것으로 해석될 것이다. 그러나 집단 규모가 커질수록 생태적 경쟁, 사회적 좌절, 불임 등 구성원에게 가해지는 스트레스도 불가피하게 증가한다. 이 문제에 대한 해결책을 유대감이 제공한다(집단이 클수록 유대감이 더 좋아야 함). '종교' 상자에서 나오는 아래쪽 화살표는 종교가 그 집단을 더 잘 결속되게 한다는 것을 나타낸다. 이 세 화살표가 더 큰 이유는 인과관계의 핵심 집합을 형성한다는 것을 나타내기 위함이다. 결국 이것은 종교의 주된 기능이 공동체 결속이라는 것을 명시적으로 보여 준다. 작은 화살표는 종교가 자리 잡은 후에 발생하는 부차적인 이익을 나타낸다. 일단 종교가 진화하면, 그것은 직접적인 건강상의 이익을 제공하고 세계에 대한 향상된 이해를 제공하여 삶의 경험이 지닌 변동성을 더 잘 예측하고 관리할 수 있게 한다('과학'이라고 쓴 상자). 세계에 대한 이해가 향상되면 외부 위협의 침입을 어느 정도 줄인다(이중 점선 화살표와 그 끝의 마이너스 부호로 표시됨). 이것은 외부 위협의 비용과 사회공동체의 규모를 서로 동적으로 균형을 유지하는 자기제한회로(self-limiting circuit)를 설정한다.

덧붙여, 추가 이익을 보태는 두 가지 루프가 있다. 하나는 종교가 아무런 역할도 하지 않는 루프(점선 화살표로 표시)고, 다른 하나는 종교가 집단 결속에 미치는 영향을 통해 역할을 하는 루프(가는 실선 화살표)다. 후자의 경우, 더 잘 결속된 집단은 더 많은 협력을 가능하게 하며, 이는 협력의 실패가 관리되지 못해 집단의 분열로 이어지지 않게 함으로써, 다시 결속집단의 규모를 강화하는 피드백을 이룬다. 다른 루프는 집단 규모의 증가로 인해 직접 발생하는 독립적 효과의 결과다. 민족지적, 고고학적, 컴퓨터 모델링의 증거는 공동체가 일정 규모 이상으로 커지면 그 공동체를 관리하는 엘리트 계층이 자연스럽게 생겨나는 경향이 있음을 시사한다(다음 장에서 자세히 설명함).[32] 계층화의 결과 중 하나는 구성원들에게 올바르게 행동하라고 권고하고 규칙을 준수하지 않는 사람들을 처벌하여 협력을 강제할 수 있는 리더십(세속적이든 종교적이든)이 나타날 수 있다는 것이다. 물론 이런 종류의 계층화 사회가 생기면, 그것은 필연적으로 엘리트가 대중을 착취할 기회를 제공한다.

물론 이러한 주요 변수 간의 인과관계를 해석하는 다른 많은 방법도 있다. 그림 2는 지금까지 알고 있는 것을 바탕으로 내가 제시하는 최선의 추측일 뿐이다. 그러나 이 접근방식의 장점은 구성 요소들이 서로 어떻게 관련될 수 있는지를 명확히 하고, 서로 다른 인과관계에 기반한 대체 모델들을 설정하여 어떤 것이 우리가 관찰한 것을 가장 잘 설명하는지 테스트할 수 있게 해 준다는 것이다. 이런 방식으로 하면, 우리는 이데올로기보다는 증거를 따라가게 된다. 그러나 이것은 거대한 과업이므로 지금 당장은 하지 않을 것이다. 그 대신, 그림 2를 우리가 알고 있는 것을 바탕으로 한 최선의 추측으로 제시하여, 다음 장들에서 전개할 논의의 틀로 사용할 수 있게 한다.

어떤 방식이든, 종교와 관련된 개인의 이익과 공동체의 이익이 있다. 그것들은 퍼즐 조각처럼 맞물려 상호작용하고 서로의 효과를 증폭하거나 약화시킨다. 그렇기 때문에 신앙(종교의 주장에 대한 믿음)이 이러한 효과에서 수행하는 역할에 대한 근본적인 질문을 제기한다. 그것은 특정 종교나 종교 일반의 진리에 관한 질문이 아니다. 그것은 완전히 별개의 문제로, 여기서 다룰 필요는 없다. 오히려 쟁점은 이러한 이익을 얻기 위해 종교의 교리를 믿을 **필요가 있는지**, 아니면 종교와 관련된 의례와 행위가 중요한 구성 요소인지 여부다. 이 질문은 6장에서 다시 다룰 것이다. 먼저, 우리는 집단 규모를 제한하는 제약들을, 그리고 이러한 제약들이 종교에 어떻게 관련되는지를 더 자세히 알아볼 필요가 있다.

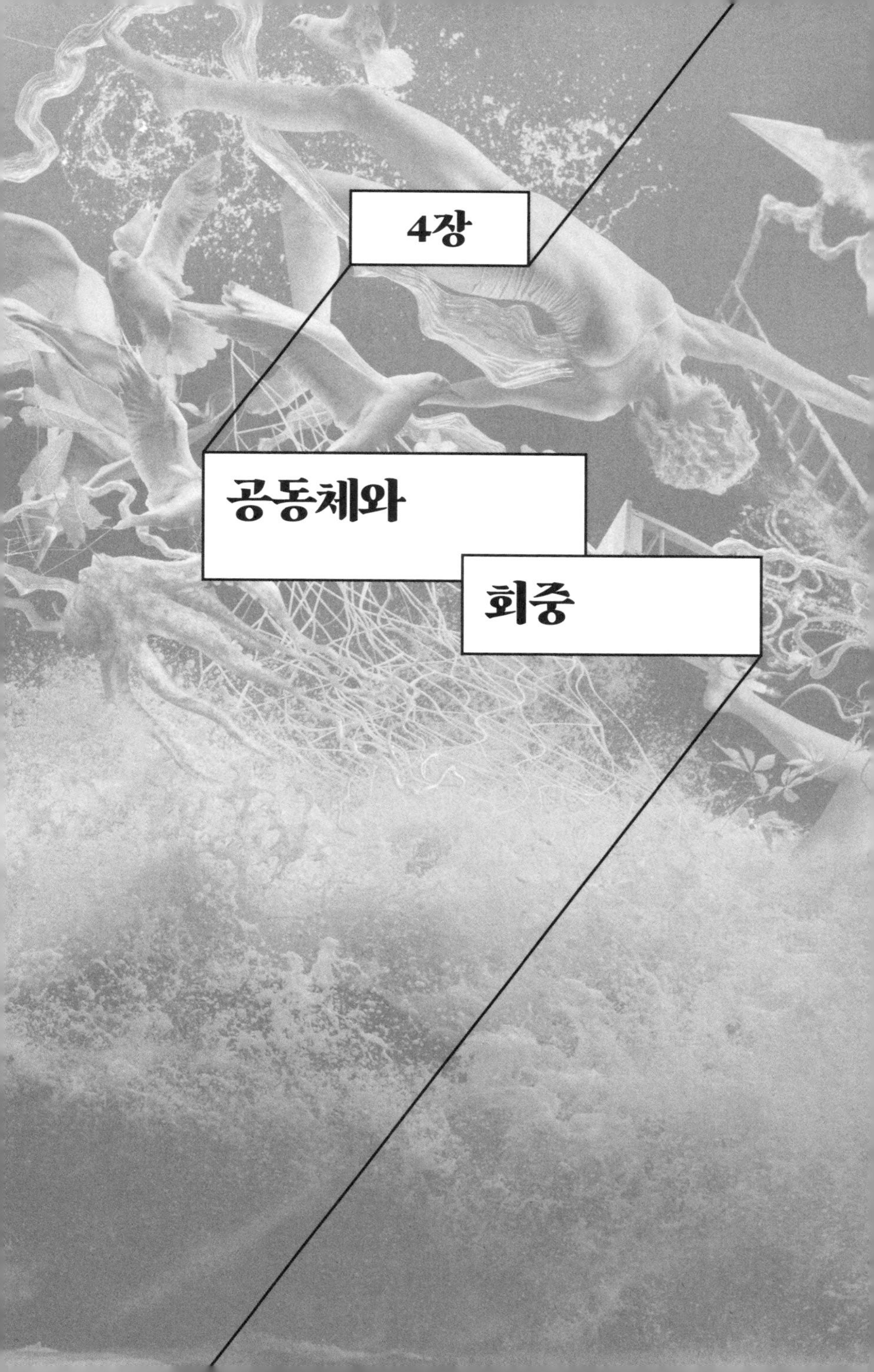

4장

공동체와 회중

How Religion Evolved:
And Why it Endures

반세기 전, 조직 심리학의 창시자 중 한 명인 앨런 위커(Allan Wicker)는 조직의 규모가 기능적 효율성에 미치는 영향에 대한 몇 가지 예측을 테스트하고자 했다. 그는 교회의 회중(congregations)✦을 이상적인 사례로 보았다. 회원이 약 340명인 감리교회와 회원이 약 1600명인 감리교회를 비교한 결과, 그는 작은 교회의 사람들이 교회 활동에 더 적극적으로 참여하고, 교회가 하는 일을 더 높게 평가하며, 일요일 예배에 더 자주 참석하고, 더 많은 소득을 교회에 기부할 뿐만 아니라 전반적으로 교회 공동체에 더 많이 참여하고 있다고 느낀다는 것을 발견했다. 의미심장하게도 신입 회원들은 더 작은 교회에 더

✦ 주로 종교적 맥락에서 신도의 모임을 지시하는 용어. 이 책에서는 원문의 맥락을 고려해 '모임'으로 번역하기도 했다.

쉽게 동화되었다.[1]

그 후 위스콘신주의 두 교구에 속한 모든 교회를 포함하는 더 큰 표본에서(회원 규모는 47명에서 2400명까지로 다양함), 그는 교회 규모가 커질수록 주간 예배 참석률과 개인이 교회에 내는 헌금이 현저히 감소한다는 것을 확인했다.[2] 이후의 다른 연구들도 교회의 규모, 회원의 만족도, 그리고 개인의 회원 유지 기간 사이에 비슷한 부정적 관계가 있다고 보고했다. 그 이유 중 하나는, 300개 루터교회를 대상으로 한 연구에서 발견한 것처럼, 대형 교회들(회원이 약 800명인 교회들)은 선교활동과 같은 외부 프로젝트에 점점 더 집중하게 되면서 내부 회원들에 대한 투자가 줄어들기 때문일 수 있다.[3]

이번 장에서는 이런 규모의 이슈를 더욱 자세히 탐구하고자 한다. 종교들이 역사적으로 적응한 공동체 규모 및 처음 진화한 시기의 맥락을 밝히려는 것이다. 그런 다음, 현대 산업화 이후의 세계에서도 이러한 사실이 여전히 유효한지 묻고자 한다. 우리가 여기서 다루고 있는 문제와 더 직접적으로 관련된 방식으로 질문하면 다음과 같다. 이상적인 회중 규모라는 게 존재할까?

공동체 규모와 사회적 뇌 가설

원숭이와 유인원(우리 인간이 속한 동물 분류군)은 거의 모든 다른 포유류나 조류와는 매우 다른 집단에서 살아간다. 사실상, 집단이란 암묵적인 사회적 계약이다. 즉, 집단은 포식자나 인근의 집단 같은 외부 위협으로부터 구성원을 보호하기 위해 존재한다. 대부분의 경우, 이 집단 방어는 능동적이기보다는 수동적이다. 집단에서의 생활은 집단적 방어 행동도 필요 없이 포식자를 억제하는데, 이는 단지 포식자 대부분(인간 포함)이 먹잇감이 큰 집단 안에 있으면 공격하는 것을 꺼리기 때문이다. 대다수 조류와 포유류도 포식자가 위협할 때 함께 뭉치지만, 그렇게 할 때 형성되는 집단은 일시적이다. 일단 위협이 지나가면 포식자가 다시 시야에 들어올 때까지 그 무리는 흩어진다. 이들 무리는 익명적이며, 동물들은 함께 집단을 형성할 **누군가**가 있기만 하면 거기에 누가 합류하는지는 대개 신경 쓰지 않는다.

반면, 영장류 집단은 특징적인 질적 결속력을 갖는다. 중요한 것은 다른 집단 구성원들의 정체성이다. 이는 집단 구성원들이 서로를 시야에서 놓치지 않기 위해 엄청나게 노력한다는 사실에도 반영된다. 그들은 자기 집단에 합류하는 낯선 이들을 대개 의심하고, 외부 위협에 직면했을 때 집단을 방어하기 위해 함께 움직인다. 이러한 유대감은 그들이 사회적 그루밍(social grooming)을 통해 서로 긴밀한 인연을 만들고 유지하기 위해 많은 시간을 투자한 결과다. 다음 장에서 우리는 이 결속의 과정이 종교가 진화할 수 있었던 이유를 설명하는 데 결정적인 부분임을 보게 될 것이다. 이러한 결속집단들은 다른 포유류 및 조류의 더 임의적인 집단과는 그 성격이 **매우** 다르다. 이들 종의 집단 중에서 영장류 집단과 동일한 사회적 강도를 지닌 유일한 경우는 많은 조류와 소형 포유류에서 특징적으로 나타나는 일부일처제 쌍이다. 차이점은 원숭이와 유인원의 경우 이런 관계를 50개체 이상의 집단으로 확장한다는 것이다.

이러한 결속집단들은 사회적 그루밍이 제공하는 '접착제'에만 의존하지 않는다. 그들을 보호 연합(protective coalition)으로 작동하게 하는 재료의 일부는 개체들이 서로를 개별적으로 친밀하게 알고 이해한다는 것이다. 동물계에서 영장류 사회성을 독특하게 만드는 것은 바로 이러한 인지적 요소다. 이 인지적 요소는 소위 사회적 뇌 가설(social brain hypothesis)에도 반영되어 있다.[4] 모든 척추동물의 뇌는 그들이 사는 환경과 더 효과적으로 상호작용할 수 있게 진화했는데, 호락호락하지 않은 세계에서도 생존과 번식 성공의 기회를 극대화하기 위해서다. 그러나 영장류의 신체 대비 뇌 사이즈는 코끼리와 고래를 포함한 다른 모든 동물들에 비해 훨씬 더 크다. 이는 결속된 사회집단의 역동적인 복잡성을 관리하기 위해 필요한 추가적인 계산 능력을 반영한다.

영장류 사회집단에 그런 계산 능력이 요구되는 한 가지 이유는 다른 집단 구성원과의 상호작용이 익명의 무리처럼 단순한 쌍방 관계(dyadic relationship)가 아니기 때문이다. 내가 당신을 위협해 길을 비키게 한다면, 그것은 더 이상 단지 둘 사이의 다툼이 아니다. 당신은 결속집단에 친구와 가족이 있으므로, 나의 공격은 그들에게도 반향을 일으킨다. 그들은 당신에게 힘을 보태어 자기 자신의 미래 지위를 지키려고 할 가능성이 크다. 때때로 그들은 심지어 치안 기능을 행사할 것인데, 이는 분쟁이 걷잡을 수 없게 되어 다른 이들이 더 조용한 삶을 찾아 집단을 떠나게 되는 상황을 막기 위한 것이다. 이러한 복잡성은 집단의 개체수에 따라 기하급수적으로 증가하기 때문에, 뇌 크기가 종의 전형적인 집단 규모에 비례하여 증가한다. 이로 인해 제기되는 것이 바로 사회적 뇌 가설이다.

사회적 뇌 가설의 핵심은 종의 전형적인 사회집단 규모와 뇌의 크기 — 또는 더 엄격히 말해 신피질(neocortex) 크기 — 사이의 단순한 선형적 관계다. 신피질(문자 그대로 '새로운 피질')은 우리가 하는 모든 영리한 사고를 지원하는 뇌의 일부다. 그것은 영장류 계통에서 나머지 뇌의 크기에 비해 비약적으로 진화했다. 포유류 전체에서 신피질은 뇌 부피의 10~40퍼센트를 차지하지만, 영장류에서는 50퍼센트에서 시작하여 인간의 경우 80퍼센트까지 올라간다. 영장류의 신피질 크기와 집단 규모 사이의 이러한 관계는 인간에 해당하는 '자연적' 집단 규모를 추정할 수 있게 해 준다. 원숭이와 유인원을 위한 방정식에 인간의 신피질 크기를 대입한 다음에 해당하는 집단 규모를 읽어 내기만 하면 된다. 이 방정식으로 예측된 인간 집단 크기에 가장 가까운 어림수는 150이다.

이것이 인간의 자연스러운 집단 규모라는 것은 20여 건 연구에서 확인되었는데, 이 연구들은 자연적 인간 공동체의 규모나 개인의 사회적 네트워크의 크기(친구와 가족의 수)를 측정한 것이었다.[5] 공동체의 규모는 수렵채집사회와 소규모 농업사회 마을 크기[둠스데이북(Domesday Book)✦에 기록된 노르만 잉글랜드(Norman England)의 마을 크기 및 중세 알프스 방목 협회의 규모 포함]로, 또한 현대의 육군 부대, 학술 연구 분야, 트위터(Twitter) 네트워크 등의 규모로 알아냈다. 개인의 사회적 네트워크는 크리스마스 카드 배포 목록, 자기중심적 사회적 네트워크(연락을 유지하려고 노력하는 모든 친구와 가족), 전화 통화 패턴(유럽과 중국), 결혼식 하객 목록, 이메일 네트워크, 페이스북 친구 수(한 연구는 6100만 명 페이스북 사용자가 열거한 친구 수를 샘플링함), 과학 분야 공동 저자 네트워크(누구와 논문을 공동 저술했는지) 등으로 측정했다. 이들 모두는 평균이 100에서 200 사이에 퍼져 있는데, 전체 평균은 거의 정확하게 150명이다. 광범위한 출처 및 기간을 고려할 때 이러한 데이터는 놀라울 정도로 일관성이 있다. 아마도 우리에게 중요한 포인트는 이것이 수렵채집 공동체, 즉 우리가 한 종으로서 존재해 온 기간의 95퍼센트 이상을 지내 온 사회형태의 전형적

✦ 영국을 정복한 윌리엄 1세가 세금 징수를 목적으로 진행한 토지 현황 조사 기록. 웨스트민스터북이라고도 한다.

인 크기라는 점일 것이다.

우리 사회집단의 크기가 뇌의 크기에 의해 결정된다는 것은 인간에 대한 10여 건 신경영상(neuroimaging) 연구에 의해 추가적인 지지를 받는다. 그 연구들은 친구와 가족의 수(이름 목록을 요청하거나 페이스북 친구의 수를 세어 정리함)가 뇌의 특정 영역의 부피와 상관성이 있다는 것을 보여 준다.[6] 이 일련의 고도로 상호 연결된 뇌 영역들은 디폴트 모드 신경 네트워크(default mode neural network)로 알려져 있으며, 전전두엽 피질, 측두엽 피질, 측두-두정엽 접합부(TPJ) 및 변연계에 있는 일련의 뇌 유닛들을 포함한다. 이 네트워크는 감각 입력 처리의 기능을 독점하는 부분들(가령, 시각 시스템은 우리 뇌의 후방 대부분을 차지함)을 제외한 신피질의 상당 비율을 구성한다. 이 영역들은 생명체를 인식하고, 타인의 믿음과 정신상태를 처리하고 이해하며, 관계를 관리하는 일을 담당한다.

이 일반적 포인트에 정교화를 추가해야 한다. 일상에서 볼 때, 우리는 모든 친구와 가족의 가치를 동등하게 느끼지 않는다. 우리는 절친, 좋은 친구, 그리고 그냥 친구라고 생각하는 사람들을 꽤 명확하게 구분한다. 사실, 사람들이 소셜네트워크 회원들과 연락하거나 통화하는 빈도와 그들에게 느끼는 정서적 친밀도를 분석한 결과, 이 150명 집단이 실제로는 매우 명확한 규모를 지닌 일련의 서클로 구성된다는 것을 보여 준다. 이 서클을 누적적으로 계산하면 5명(막역지우), 15명(최고의 친구),

50명(좋은 친구), 150명('그냥 친구') 등으로 구성되며, 그다음 층위들은 500명(일반적 지인), 1500명(얼굴과 이름을 아는 사람), 5000명(얼굴을 알아볼 수 있는 사람) 등으로 확장되는데, 그림 3처럼 그려진다.[7] 온라인 멀티플레이어 게임의 상호작용 패턴에서, 그리고 심지어 페이스북의 대화에서도 동일한 구조가 발견된다. 가장 바깥쪽에 있는 두 층위(1500명 및 5000명)에 있는 사람들의 다수는 개인적으로 아는 사람이라기보다는, 미디어에서 익숙해진 얼굴이거나 마을 주변에서 자주 본 얼굴일 것이다.

층위들 간의 규모 비율(scaling ratio)이 거의 정확히 3이라는 점을 주목하자. 각 층위는 바로 안쪽 층위의 대략 3배 크기다. 규모 비율이 왜 이렇게 일관적인지는 몰라도, 이 비율은 모든 데이터세트에서 나타나며, 심지어 침팬지, 개코원숭이, 돌고래, 코끼리 등과 같이 복잡한 사회에서 사는 동물들의 집단 층위 구조에서도 발견된다.[9]

이 층위들에 관해 주목할 중요한 특징은 이들이 다소 특수한 접촉 빈도, 지각된 정서적 친밀감 및 도움을 주려는 의지 등에 상응한다는 것이다. 우리는 150명 서클 안에 있는 사람들을 그 외부 층위에 있는 사람들보다 훨씬 더 기꺼이 도울 뿐만 아니라(보답을 기대하지 않음), 그 친구가 속한 우정의 층위에 따라 이타주의를 배분한다.[10] 뒤집어 보면, 도움이 필요할 때 우리는 가장 안쪽 층위에 있는 사람들이 즉각적으로 뛰어들어 도

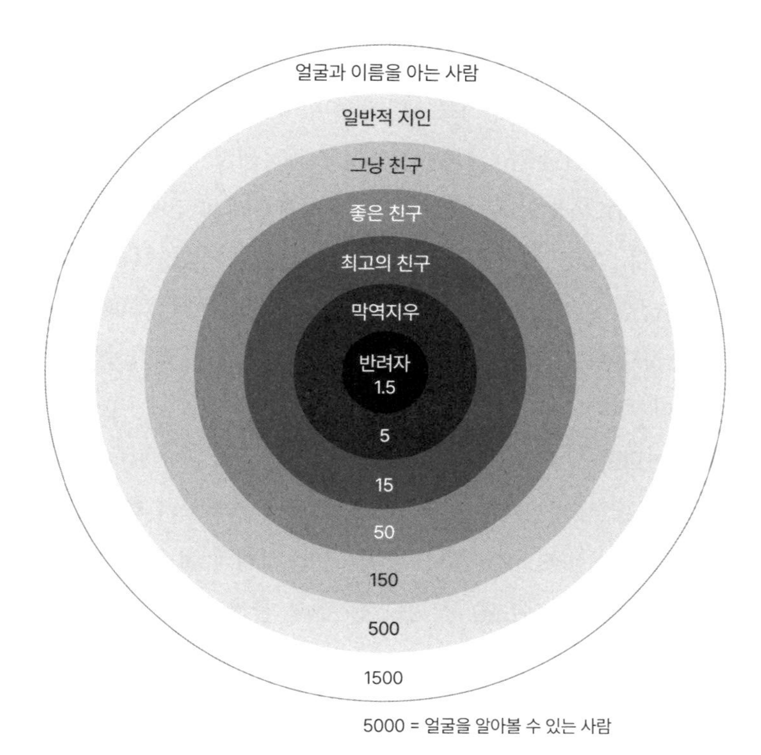

그림 3. 개인의 사회적 네트워크가 지닌 프랙탈 구조. 각 층위의 크기는 바로 안쪽의 층위를 포함해 누적적으로 계산된다.[8] 우리 사회적 서클의 정중앙에는 '반려자' 1.5명이라는 가장 안쪽 층위가 있는데, 그 크기는 우리 중 일부는 단 한 명을 갖고(보통 낭만적 파트너 한 명) 일부는 두 명을 갖는다는 사실에 기인한다.

와줄 거라고 기대하지만, 더 바깥쪽 서클에 있는 사람들이 그럴 거라고 예측하지는 않는다. 이를 보장하기 위해, 우리는 가장 안쪽 서클의 구성원들에게 더 많은 사회적 노력을 투자한다. 실제로 우리가 친구 및 가족과의 사회적 상호작용에 쓰는 하루 평균 시간 3시간 30분 중에서 약 40퍼센트는 가장 안쪽 서클의 구성원인 막역지우 5명에게 투자되고, 60퍼센트는 최고의 친구 서클을 구성하는 15명에게 투자된다.[11] 남은 시간은 사회적 네트워크의 나머지 135명 구성원들에게 점점 더 적게 분배된다. 한 명당 하루 평균 겨우 30초밖에 되지 않는다.[12]

이러한 효과는 두 가지 중요한 논점을 반영한다. 하나는 우리가 시간과 노력을 투자하지 않으면 우정은 쇠퇴하기 쉽다는 것이다. 대학교에 진학하는 18세 청소년에 대한 종단연구에서, 우리는 그들이 옛날 학교 친구들을 계속 만나려고 노력하지 않으면 몇 달 내에 이 친구들에 대한 정서적 친밀도가 감소하기 시작한다는 것을 발견했다. 12개월 동안 정서적 친밀도가 평균 15퍼센트 정도 감소했다.[13] 이것은 한때 절친이었던 누군가가 약 3년 안에 단순한 지인, 즉 언젠가 알았지만 지금은 아마도 애써서 연락하지 않을 사람이 되어 버리고 만다는 것을 의미한다. 5년 이내에, 그들은 당신의 사회적 세계 가장자리에서 완전히 떨어져 나가 버릴 것이다. 우정은 깨지기 쉬우며 지속적인 강화가 필요하다. 두 번째 논점은 우리를 돕거나 정서적 지원 또는 다른 종류의 지원을 제공하려는 사람들의 의지는 결정적으로 우리가 그들에게 얼마나 많은 시간을 투자하는지에 달려 있다는 것이다. 이것은 결국 그 층위들이 우리에게 제공하는 기능을 반영한다. 가장 안쪽 층위에 있는 사람들은 우리의 삶이 무너질 때 우리에게 필요한 정서적 지원과 기타 지원을 가장 기꺼이 해 줄 것이며, 아무 대가도 바라지 않고 그렇게 할 것이다. 우리가 '어깨에 기대어 울 수 있는' 친구들이다. 가장 바깥 층위에 있는 사람들은 우리에게 분명 작은 호의를 베풀려 하겠지만, 그러나 어깨에 기대어 울 수 있는 친구들과 달리, 그들은 자기 삶을 몇 달 동안 갈아 넣으면서까지 끝내 우리를 다독거리며 도우려 하지는 않을 것이다.

소규모 사회는 얼마나 작을까?

오랜 진화의 역사 내내 인간은 현대 수렵채집인에게서 여전히 발견되는 것과 유사한 소규모 사회에서 살아왔다. 이런 사회에서 가족은 작은 이동성 밴드(bands, 일반적으로 50명 이내의 친족으로 구성된 유연한 집단) 또는 5~10가구(성인 남녀 및 아이들 30~50명)로 이루어진 야영 집단(camp groups)에서 생활한다. 이런 야영 집단 중 일부는 일반적으로 자체 영토를 가진 별개의 공동체[일부 사회에서는 씨족(clan)으로 알려진 공동체]를 형성한다. 가족은 야영 집단들 사이를 이동할 수도 있고 실제로도 그렇게 하지만, 거의 항상 동일한 공동체 내부에서 이동한다. 그리고 그들이 공동체 사이를 옮겨 다닐 때, 그것은 일반적으로 동일한 부족(tribe, 같은 언어나 사투리를 사용하는 사람들의 집단)에 속한 이웃 공동체들을 포함한다.

부족은 생태적 완충지대로 기능하는 것 같다. 기근이나 홍수 또는 다른 부족의 습격 같은 재난이 공동체 영토를 덮쳤을 때, 충분히 먼 곳에 있어서 그 재앙을 피한 동일 부족의 또 다른 공동체를 피난처로 찾을 수 있다. 예를 들면, 오스트레일리아 원주민들의 각 밴드, 각 생활 집단은 부족의 조상 신화 일부 몫을 '소유'한다. 그 신화는 부족의 경관을 마치 거대한 뱀이 가로지르듯 펼쳐 내는 기원 이야기로서, 모두를 일관된 전체 하나로 묶어 준다고 알려져 있다. 스트레스가 심한 시기에, 한 밴드는 자신들의 채집 영역을 포기하고 같은 신화를 공유하는 다른 밴드에서 피난처를 찾을 것이다. 신화의 두 조각을 자물쇠와 열쇠처럼 맞춤으로써 이 사람들이 **당신의** 사람들이라는 것을 보증한다.

이 모든 집단들을 정의하는 것은 구성원들의 동족 관계다. 공동체 자체는 사실상 확대가족(extended family)으로 한정되는 것 같다. 모든 구성원(일반적으로 이웃 공동체에서 온 배우자는 별개임)은 현재 세대 아이들의 고조부모인 단일한 부부의 후손들일 것이다. 이들은 조부모의 사촌이 낳은 손자인 삼종(third cousins〔三從, 팔촌〕)보다 더 멀리 떨어지지 않은 동족의 집합이다. 사실, 이 세상의 어떤 문화도 이보다 더 먼 친척을 식별하는 용어를 가지고 있지 않다.[14] 그것은 본질적으로 확대가족의 한계를 규정한다.

물론 부족도 확장된 친족집단이지만, 규모가 훨씬 더 크다.

어떤 구성원도 그 부족에 속한 모든 개인들을 사적으로 알 수 없다. 대신, 부족은 멤버십을 식별하는 표지들(tokens)에 의존하는데, 그중 하나는 물론 언어다. 민족지학적으로, 부족은 같은 언어(또는 그 언어가 특히 널리 퍼졌다면, 사투리)를 공유하는 집단이다. '쉬볼레트 효과(shibboleth effect)' — 특정 단어를 어떻게 발음하는지, 혹은 어떤 모호한 용어의 의미를 알고 있는지 여부 — 는 당신이 입을 여는 순간 같은 부족의 일원인지 아닌지를 식별하기에 충분하다. 1960년대에 사회언어학자들은 사투리만으로도 영어가 모국어인 사람들의 출생지를 25마일 이내 범위까지 식별할 수 있다고 추정했다.

그럼 이런 집단 단위(groupings)의 규모는 얼마나 클까?

현대 수렵채집사회의 데이터 분석은 위계적으로 조직된 사회적 층위를 지닌 이런 집단 단위의 규모가 모든 문화권에서 거의 동일하다는 것을 보여 준다. 밴드 또는 야영 집단은 앞서 언급한 바와 같이 전형적으로 30~50명 규모다. 공동체 또는 씨족은 전형적으로 약 100~200명이며, 평균은 150명에 매우 가깝다. 그리고 부족의 전형적 규모는 약 1500명이다. 그 사이에는 보통 약 500명으로 구성된 또 다른 층위[때때로 메가밴드(mega-band)라고도 함]가 있어 50 – 150 – 500 – 1500명으로 매우 뚜렷한 계열을 형성하며, 각 층위는 다시 그 안쪽 층위의 모든 사람을 포함한다. 즉, 150명 공동체는 50명 밴드 세 개로 구성되고, 메가밴드는 세 공동체로 구성되는 방식으로 이어

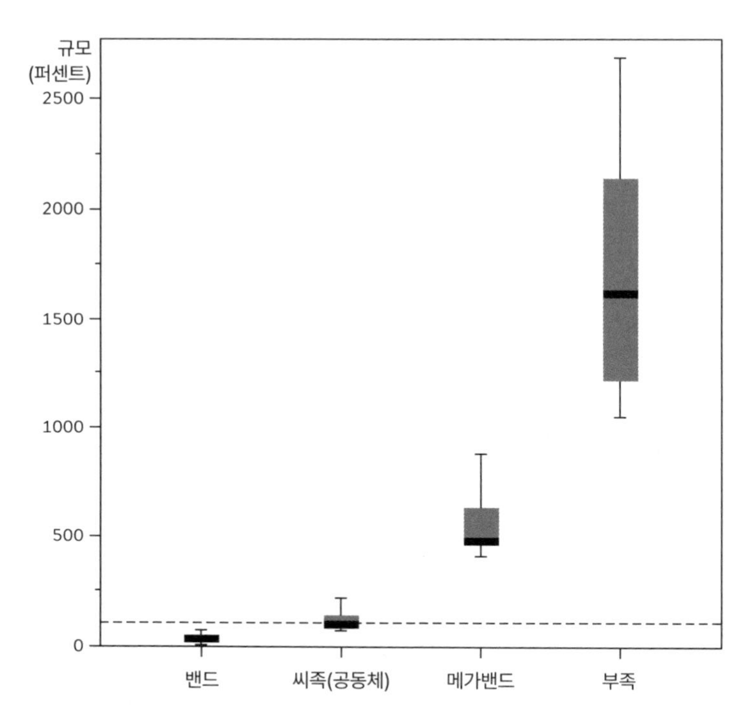

그림 4. 현대 수렵채집사회의 샘플에서 상이한 집단 단위 규모의 평균(95퍼센트 범위). 150에 있는 가로 점선은 공동체들의 평균 크기다.[16]

진다.[15]

다시 말해, 산업혁명 이전에는 전 세계 대부분에서 아주아주 오랜 기간 동안 놀라울 정도로 안정적으로 유지되었던 특징적인 공동체 규모가 있었던 것 같다. 확실히, 곳곳에 마을과 도시라고 하는 더 큰 공동체도 보이지만, 이런 것들은 매우 드물었으며 항상 정치권력의 자리(소왕, 지방 영주 등)와 연관되었다. 그러나 이러한 도심지들은 신석기시대 동안에 약 8000년 전 즈음까지 나타나지 않았다. 그러나 심지어 그 이후에도 개인의 사회적 네트워크 측면에서 소규모 공동체가 표준이었고 지금도 여전히 그런 것 같다. 150명 정도인 공동체 규모와 안정성에 관해 심리학적으로 매우 근본적인 무언가가 있는 것으로 보인다.

최적의 회중 규모가 존재할까?

자연의 인간 공동체가 약 150명 규모를 갖는다는 사실은 명백한 질문을 제기한다. 이것이 종교적 회중의 자연스러운 규모일까? 널리 인용된 1974년 연구에서 데이비드 워스델(David Wasdell)은 1만 개가 넘는 영국 교구를 대상으로 정규 주일예배의 회중 규모에 대한 데이터를 분석했는데, 참석자 수가 지역 인구의 규모와 상관없이, 심지어 지역 인구가 2만 명에 달했던 경우도 마찬가지로, 약 175명에서 안정되었다고 결론지었다. 그는 이 효과를 '자체 제한 교회(self-limiting church)'라고 불렀다.[17]

다른 연구들은 정기적으로 참석하는 회원이 150명 이상인 회중은 회원을 더 얻기보다 잃을 가능성이 더 높다고 보고했다. 교회 성장에 대한 확장된 문헌에서도 약 200명에서 뚜렷한 장벽을 확인했는데, 그 지점에서 떠나는 사람의 숫자가 합류하는 사람의 숫자를 상쇄하기 때문에 회중의 규모가 안정될 것이다.[18] 사람들이 떠나는 요인을 완화하는 조치를 취하지 않는 한, 떠나고 합류하는 회원의 수가 증가함에 따라 회중 규모는 그 언저리에서 진자운동을 하는 경향이 있을 것이다.

'그리스도의 서클(Circles of Christ)'이라고 불리는 것에 대해서도 약간 관심이 표명되었다. 세 '애제자(베드로, 야고보, 요한)', 열두 사도(원래는 13명), 대략 70명 제자들, 그리고 첫 오순절 다락방에 모인 120명이 있고, 거기에 5000명을 먹인 일도 있었다.[19] 이러한 종류의 숫자들이 무엇을 의미하는지는 전혀 확신할 수 없지만, 기이하게도 그 숫자들은 그림 3의 값들과 분명히 유사성을 지닌다.

많은 주석가들은 이러한 근거로 120명이 이상적인 회중 규모라고 권고했다. 신학자 게르하르트 로핑크(Gerhard Lohfink)는 이렇게 주장해 왔다. "그 규모에서만 …… 각 회원이 …… 다른 회원의 슬픔과 행복, 걱정과 기쁨을 알아차릴 수 있다. …… [이는] 한 공동체가 익명의 컬트 사회가 되지 않기 위한 상한선이다."[20] 복음주의 프로그램과 새 교회 설립에 많은 관심을 가져 온 하워드 스나이더(Howard Snyder)는 자신의 경험을 바탕으로 "150~200명은 일반적으로 딸 교회 또는 자매 교회를 분할하기에 좋은 기준을 제공한다"[21]라고 제안했다.

아미시파(Amish)와 후터파(Hutterites)는 이 권고를 지지

한다. 이 두 재세례파 섹트(Anabaptist sects)는 각각 18세기 초와 19세기 후반에 중부 유럽의 본거지에서 북미로 이주했다. 둘 모두 근본주의 및 공동체주의(communalistic) 기독교 섹트로 성서에 따라 살고자 애쓰는데, 아미시파의 경우에는 어떤 형태의 현대 기술도 사용하기를 거부한다(예컨대, 그들은 말이 끄는 교통수단만 이용한다). 두 섹트 모두 공동으로 소유되고 관리되는 농장에 토대를 둔 농업경제를 가지고 있으며, 엄격하게 민주적인 기초 위에 운영된다. 한 연구에서 조사한 8개 아미시파 공동체의 평균 규모는 113명으로, 대체로 그들의 예배 장소에 편안하게 수용할 수 있는 평균 인원수였다. 51개 후터파 공동체의 평균 규모는 109명이었다. 이 수치들은 150명을 초과하면 공동체를 분할하는 전략을 반영한다. 후터파는 의도적으로 이 전략을 쓰는데, 이는 일단 규모가 150명 정도를 넘어서면 동료 압력(peer pressure)만으로 공동체를 관리하는 것이 불가능해지기 때문이라고 한다. 공동체 규모가 이 이상으로 증가하면서 혼란에 빠지지 않으려면 법과 법 집행관이라는 공식적인 시스템이 필요할 것이다. 그러나 이것은 그들의 전체 기풍에 반할 것이므로, 그들은 공동체를 분할하고 딸 집단을 위해 새로운 농장을 찾는 것을 선호한다. 지난 세기 동안 100건에 달하는 공동체 분열이 있었는데, 공동체가 분할된 평균 크기는 165명이었다. 특히 흥미로운 것은 설립 당시 약 50명과 150명이었던 딸 공동체들이 그 중간 규모의 공동체들보다 더 오래 지속하고, 다시 분열을 겪지도 않은 것으로 보인다는 사실이다.[22] 이 두 숫자들은 특별히 안정적인 것으로 보이는데, 이는 공동체들이 자체 규모가 이 마법숫자들에 가까운 크기의 딸 공동체를 허용할 만큼 충분히 커질 때까지 분열을 지연시키려고 노력할 수 있음을 어느 정도 시사한다.

18세기와 19세기 동안 많은 천년왕국 공동체들이 미국에 자리 잡았는데, 이는 부분적으로 미국이 종교의 자유에 좀 더 관대했기 때문이고, 부분적으로는 다른 견해를 지닌 이웃과의 갈등을 피할 수 있는 공간도 있었기 때문이다. 이 공동체들 중 많은 수가 세속적인 세계의 악을 피해 의도적으로 자급자족 농장에 은둔했다. 많은 경우, 그들은 웨일스의 사회개혁가인 로버트 오언(Robert Owen)의 사상에 영향을 받아 보다 평등하고 인도적인 새로운 사회를 만들고자 했다.[23]

이들 공동체 중 일부는 엄밀하게 세속적인 철학에 기초한 반면, 다른 공동체들은 강한 종교적 기풍을 가졌는데, 그래서 이 두 유형 사이에는 수많은 분명한 차이점이 있었다. 그 공동체들이 설립되었을 때 종교적 기초를 가진 코뮌은 평균 약 150명, 세속적 코뮌은 약 50명이었다. 더 중요한 것은, 공동체의 수명이 정확히 이 값에서 최대화되었다는 점인데, 종교적 공동체의 평균수명이 100년인 데 반해 세속적 공동체의 경우는 15년에 불과했다.[24] 이스라엘 **키부츠**(*kibbutzim*)에서도 다소 비슷한 결과가 발견되었다. 2000년에 조사된 240개 키부츠 표본은 당시 평균 구성원 수가 약 470명으로, 그림 3의 500명 층위에 매우 가깝다. 이 공동체들의 경제는 주로 상업적 농업인데, 따라서 공동체 규모가 더 클 수 있음을 이해할 수 있다. 자급적인 후터파 및 아미시파의 가족 기반 농장들보다 더 많은 노동력이 필요하기 때문이다. 그럼에도 불구하고, 종교적 키부츠는 더 많은 사람들을 수용할 수 있었는데, 연령을 통제했을 때 세속적 키부츠보다 평균적으로 약 168명 정도 더 큰 규모였다.[25]

종교 공동체와 세속 공동체의 규모와 수명 차이는 종교적 기풍이 소규모 공동체에서 불가피하게 발생하는 말썽과 다툼을 구성원들이 어떻게든 단속할 수 있게 함으로써 공동체의 해체를 방지한다는 것을 시사한다. 이것이 도덕적 고위 신 효과 때문인지, 가입을 위해 감당해야 하는 값비싼 헌신이 떠나는 것을 더 어렵게 만들기 때문인지(최선을 다하는 편이 나음), 또는 함께 실천하는 종교적 의례가 소속감과 헌신을 초래하기 때문인지는 명확하지 않다. 특히, 미국에서 가장 오랫동안 지속하고 있는 종교 공동체 중 하나인 셰이커(the Shakers)✦는 종교 예배에서 단순하고 고도로 동기화된 춤을 광범위하게 사용했는데, 이는 의심할 여지 없이 공동체 유대감을 향상시켰을 것이다(5장 참조). 종교적 **단결심**(*esprit de corps*)이 없다면 공동체들은 아마도 보다 강력한 정책집행으로 통제 불능 상태가 되는

✦ 18세기에 영국에서 시작되고 미국에서 발전한 개신교 신비주의 섹트. 정식 명칭은 United Society of Believers in Christ's Second Appearing.

것을 방지해야 할 것이다. 이는 실제로 이스라엘 키부츠에서 분명히 드러났다. 규모가 커질 때(그래서 공동생활의 스트레스도 증가할 때), 세속적 키부츠는 구성원의 행동을 감시하는 다양한 메커니즘을 도입해 대응한 반면, 종교적 공동체들은 이를 불필요한 것으로 보았다.[26]

심지어 셰이커도 큰 공동체에서 발생하는 문제를 견뎌 내지 못했다. 18세기와 19세기 셰이커 공동체의 성약(covenants, 가입할 때)과 의지와 탈퇴(wills and discharges, 자발적으로 떠날 때)[27]의 분석에서, 존 머리(John Murray)는 시간이 지남에 따라 덜 배운 사람들이 공동체에 가입하고, 반대로 더 많이 배운 사람들은 떠나는 경향이 증가했다고 결론지었다.[28] 그는 문해력(literacy)이 대략적으로 부와 상관관계가 있다고 가정하면서, 첫 번째 경향을 덜 부유한 사람들이 보다 안정적인 수입을 찾아 공동체에 가입해서라고 보고, 두 번째 경향은 더 부유한 구성원들이 그들의 선의와 공동체의 관대함을 착취하는 무임승차자와 게으름뱅이 숫자에 점점 더 환멸을 느끼게 된 탓이라고 보았다. 후자가 문제였을 수 있음은 후대의 많은 집회소 종탑에 현장에서 일하는 사람들의 활동을 감시할 수 있는 발코니나 창문이 있었다는 사실이 보여 준다. 덧붙여, 회의실 벽에는 회중의 근면성을 체크할 수 있는 엿보기 구멍이 있기도 했다.

종합하면, 이러한 여러 가지 발견은 약 150명이라는 최적 회중 규모가 존재함을 시사한다. 이 정도 규모에서는 사제와 회중 구성원들이 서로를 개인적으로 안다. 이 논의는 주로 다양한 기독교 교파에 명백히 한정되었는데, 주된 이유는 내가 다른 세계종교의 회중 규모에 관한 정보를 찾을 수 없었기 때문이다. 그러나 그 효과는 견고해 보이므로, 만약 다른 종교들에서 매우 다른 패턴이 나타난다면 나는 놀랄 것이다. 확실히 시나고그, 모스크, 시크교의 **구르드와라**(*gurdwara*) 등의 대부분은 교회와 물리적 크기가 거의 비슷한 것으로 보이는데, 이는 그들의 회중도 이보다 더 크지 않을 가능성을 시사한다.

회중의 동역학

250개 회중(교회 출석 5만 명 이상)에서 수집한 데이터에 대한 최근 분석은 네 가지 구별되는 규모의 클러스터를 식별했다. 소규모(약 40명), 평균 규모(약 150명), 대규모(약 500명), 초대형교회(mega-churches, 2000명 이상) 회중들이다. 더 큰 교회들은 더 넓은 공동체 내에서 지원활동에 참여할 역량을 더 많이 가질 수 있다 — 물론 이는 주로 그 교회들이 총 기부금을 더 많이 받기 때문이며, 이러한 추가적인 활동을 수행할 능력을 가진 개인들이 상대적으로 더 많기 때문이다. 그럼에도 불구하고, 더 큰 교회의 회원들은 그 회중에 사회적으로 잘 통합되어 있을 가능성이 적다. 일부 의견에 따르면, 약 150명 규모에서 국면의 전환이 있을 수 있는데, 거기서 회중은 그 자체에 초점을 맞춘 공동체로부터, 내부적으로는 더 파편화되더라도 보다 광범위한 시민참여에 더 개방적인 공동체로 바뀐다는 것이다.[29]

이 숫자들은 그림 3과 그림 4의 층위들에 매우 밀접하게 배치된다. 200명이 넘는 회중이 직면하는 주요 문제는 목회자가 회중의 요구에 단독으로 대처할 수 없다는 것이고(개개 회원들을 충분히 잘 알기도 어렵고 순수한 시간 요구 측면에서도 만족시키기 어렵다), 또한 회원들 자신의 초점 상실도 문제가 된다. 교인들 사이의 불만은 종종 더 이상 모든 사람을 알지 못하고 소속감도 부족해진다는 사실에 집중된다. 교회가 이보다 훨씬 더 커진다면, 그것은 일반적으로 성경 읽기 그룹, 토론 그룹, 기도 그룹, 자원봉사 그룹 등과 같이 매우 구체적인 초점을 가진 작고 친밀한 그룹을 발전시킬 때 가능한 일이다. 이러한 집단들은 보통 정기적으로(가령, 매주) 만날 필요가 있고 그 최적 규모는 약 15명으로 보인다. 이런 집단들에 합류하면 소속감과 헌신의 감각을 회복할 수 있다.

300명 이상 교회 구성원들을 대상으로 한 최근 조사는 구성원들의 만족도가 주로 종교적 헌신, 삶의 만족, 그리고 회중의 다른 구성원들과의 정서적 친밀감에 의해 결정된다는 것을 발견했다. 다시 말해, 종교적 헌신은 교회에 대한 만족감과 삶의 궤도에 대한 만족감을 더 크게 하는 것으로 보였다. 이러한 효과는 회중의 규모가 증가함에 따라 감소했고, 따라서 회중이 커지면 불만족의 감정도 증가한다는 이전의 발견에 힘을 보탰다. 만족하는 신도와 불만족하는 신도를 대상으로 한 설문조사로부터 이 연구는 회중에 대한 만족감에 세 가지 차원이 있다는 결론을 내렸다. 그것은 정서적 요소(회중에서 편안함을 느끼고 교회에 기꺼이 기부할 의사가 있음), 목적적 요소(회중의 기풍과 비전), 사회적 요소(회중 안에 얼마나 잘 통합되어 있는가) 등이다. 이전과 마찬가지로, 이 요소들은 종교성과 상당한 상관관계가 있었다.[30]

또 다른 연구는 회중이 150명에서 250명 사이에서 상당히 불안해지는 '목회자-프로그램 고원지대(pastoral-to-program plateau zone)'를 확인했다. 이는 목회자가 개인적인 수준에서 교인들과 관계를 맺기에는 너무 크지만 상위 규모의 재정적 이점 및 기타 이점을 제공하기에는 너무 작은 일종의 중간 지대를 포함하는 것으로 보인다. 교회 규모에서 50명, 150명, 350명 회원으로 상한선을 지닌 세 가지 안정적 단계가 확인되었는데, 각 단계는 '가족 규모', '목회자 규모', '프로그램 규모'다. 이 한계들은 분산된 형태의 리더십과 중앙집중 형태의 리더십 사이의 일련의 전환과 상응하는 것으로 보였다. 50명까지인 가족 규모 교회는 지도자 없는 민주주의로 효과적으로 운영될 수 있다. 반면, 50~150명인 목회자 규모 교회는 모임 내부의 두세 개 하위 그룹을 위해 리더 및 상징적 앵커로 활동할 누군가를 필요로 한다. 그러나 일단 교회 규모가 세 번째 단계에 접어들면, 목회자 단 한 명이 감당하기에는 너무 커서, 팀 접근법(team approach)이 요청된다.[31]

이러한 결과는 비즈니스 세계의 민주적 관리 조직에서 공식 관리 조직으로의 전환과 상당히 유사하다. 조직의 인사관리에 관해 조언하는 에밀리 웨버(Emily Webber)는 비즈니스 세계의 비공식적 실무 공동체들(Communities of Practice, CoPs)을 조사했다.[32] 웨버의 데이터를 분석했을 때, 우리는 공동체 규모가 약 40명일 때 공식적인 리더십 없이 관리되는 공동체로부터 어떤 종류의 리더십 팀 구조를 지닌 공동체로 전환되는 것을 발견했다.[33] 교회 회중의 경우와 마찬가지로, 실무 공동체가 커지면 불만 수준이 증가하고, 정기적인 회의 참석도 어려워지며, 회의 구성을 돕지 않으려는 타인에 대한 불만도 일어났다. 우리가 19세기 미국의 천년왕국 공동체에서 발견한 대조와 유사하게, 이 명백하게 세속적인 실무 공동체에서 관리구조가 필요해지기 전의 한계 규모는 약 40명으로, 그 등가적인 규모가 약 150명인 것으로 보이는 교회 회중과 대비된다. 다시 한번, 종교적 기풍이 안정성을 창출하는 데 기여한 것으로 보인다.

이러한 결과는 회중 규모를 제한하는 것이 소속의 힘(소규모 집단에서 더 높음)과 분열의 힘(집단 크기와 함께 증가함) 간의 균형임을 시사한다. 큰 회중은 교구 운영을 담당하는 중핵에 속하지 않은 회원의 불만과 소외감을 증가시키고, 통제력

결여의 감각(자신이 통제할 수 없는 소수 엘리트의 명령에 좌우된다는 느낌)도 증가시킨다. 150명보다 크게 성장하려면 새로운 구조적 장치가 필요하다. 여기에는 공식적인 관리 체계들(그리고 위로부터 부과된 규율)이 포함될 수도 있고, 또는 마음 맞는 개인들과 공유할 수 있는 특수한 관심사들에 회원들이 집중할 수 있게 하는 회중의 하위-구조화(sub-structuring)가 포함될 수도 있다.[34]

이번 장의 서두에서 나는 영장류의 놀라운 사회성을 두 가지 이유로 강조했다. 첫째는, 영장류의 사회적 뇌 가설을 위한 방정식이 인간 사회집단의 자연적 규모를 놀라운 정확도로 예측하게 해 준다는 것이다. 또한 이것이 교회 회중의 최적 규모로 보인다는 점도 밝혔다. 둘째는, 후속 장들에서 살펴보겠지만, 이 놀라운 동물 집단에서 인간의 기원은 종교가 어떻게 그리고 왜 진화했는지, 그리고 종교는 왜 오직 인간 혈통에서만 진화했는지에 대해 매우 일관된 설명을 제공한다는 것이다. 이를 위한 배경을 설정하기 위해 지금까지의 요점을 요약하겠다. (1) 영장류는 외부 위협으로부터 자신을 보호하기 위해 결속된 사회집단에서 살아간다. (2) 종의 뇌 크기는 집단의 규모를 제한한다(이는 선호하는 서식지와 먹이 찾기 패턴을 고려할 때, 한 종이 전형적으로 경험하는 위협 수준에 순차적으로 적응된다). (3) 자연적인 인간 사회집단과 개인의 사회적 네트워크는 이 패턴에 상당히 잘 들어맞는다. (4) 자연적인 인간 공동체, 개인의 사회적 네트워크 **그리고** 교회 회중의 규모에는 약 150명이라는 뚜렷한 한계가 있다. (5) 이 한계는 집단 규모가 구성원의 소속감, 다른 구성원에 대한 개인적 지식, 그리고 멤버십의 유익에 대한 일반적 만족도 등에 미치는 영향에 의해 설정된 것으로 보인다.

다음 두 장에서는 소속감을 만들어 내는 결속 과정의 심리적 행동적 기초를 보다 자세히 탐구하고, 이러한 과정이 종교 의례와 어떻게 관련되는지 살펴볼 것이다. 그런 다음 후속 장들에서는 이러한 발견을 이용하여 종교가 역사적으로 소규모 공동체의 결속에 어떤 역할을 했는지, 그리고 샤먼종교에서 교리종교로 전환된 이유를 탐구할 것이다.

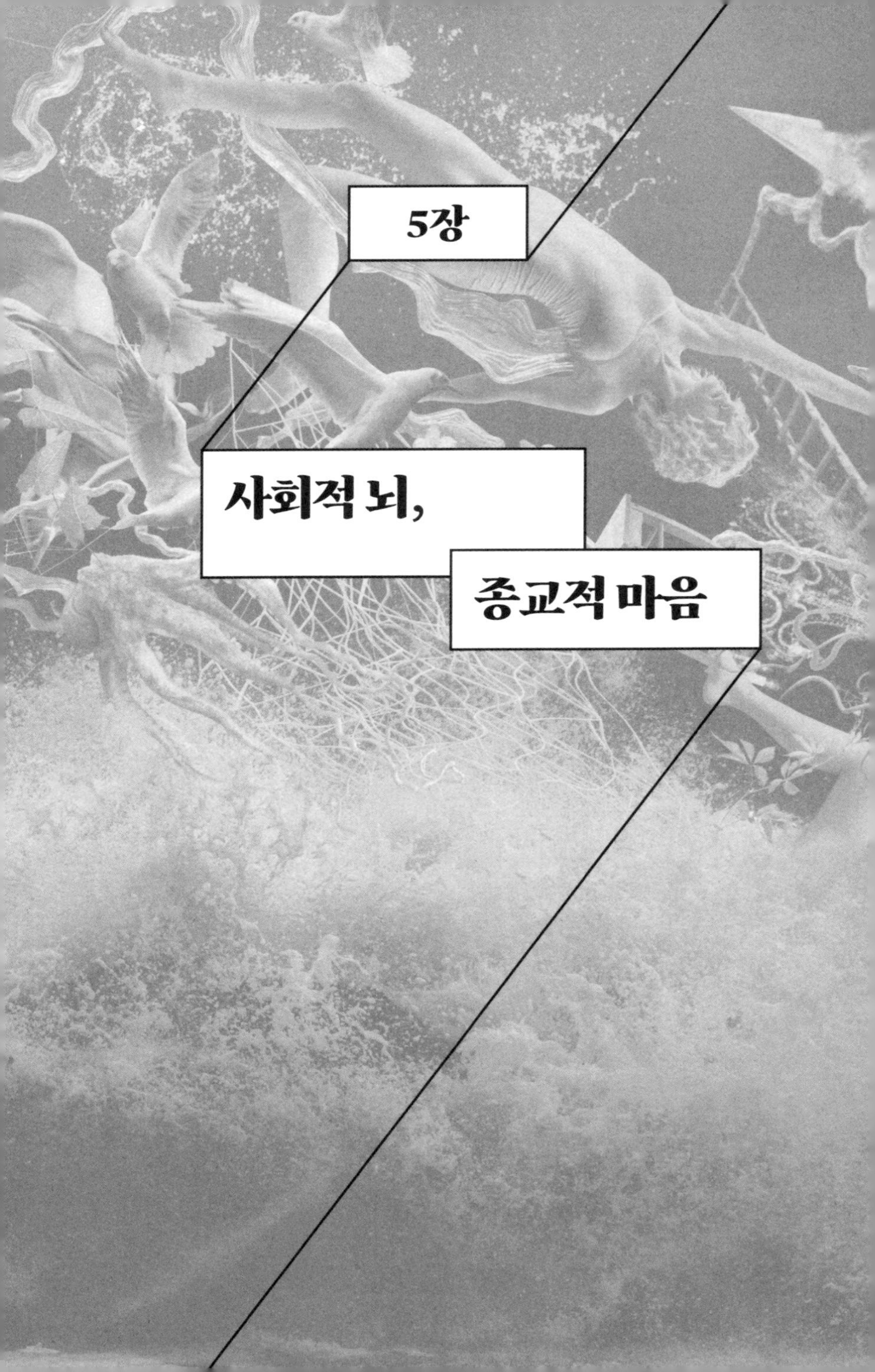

5장

사회적 뇌, 종교적 마음

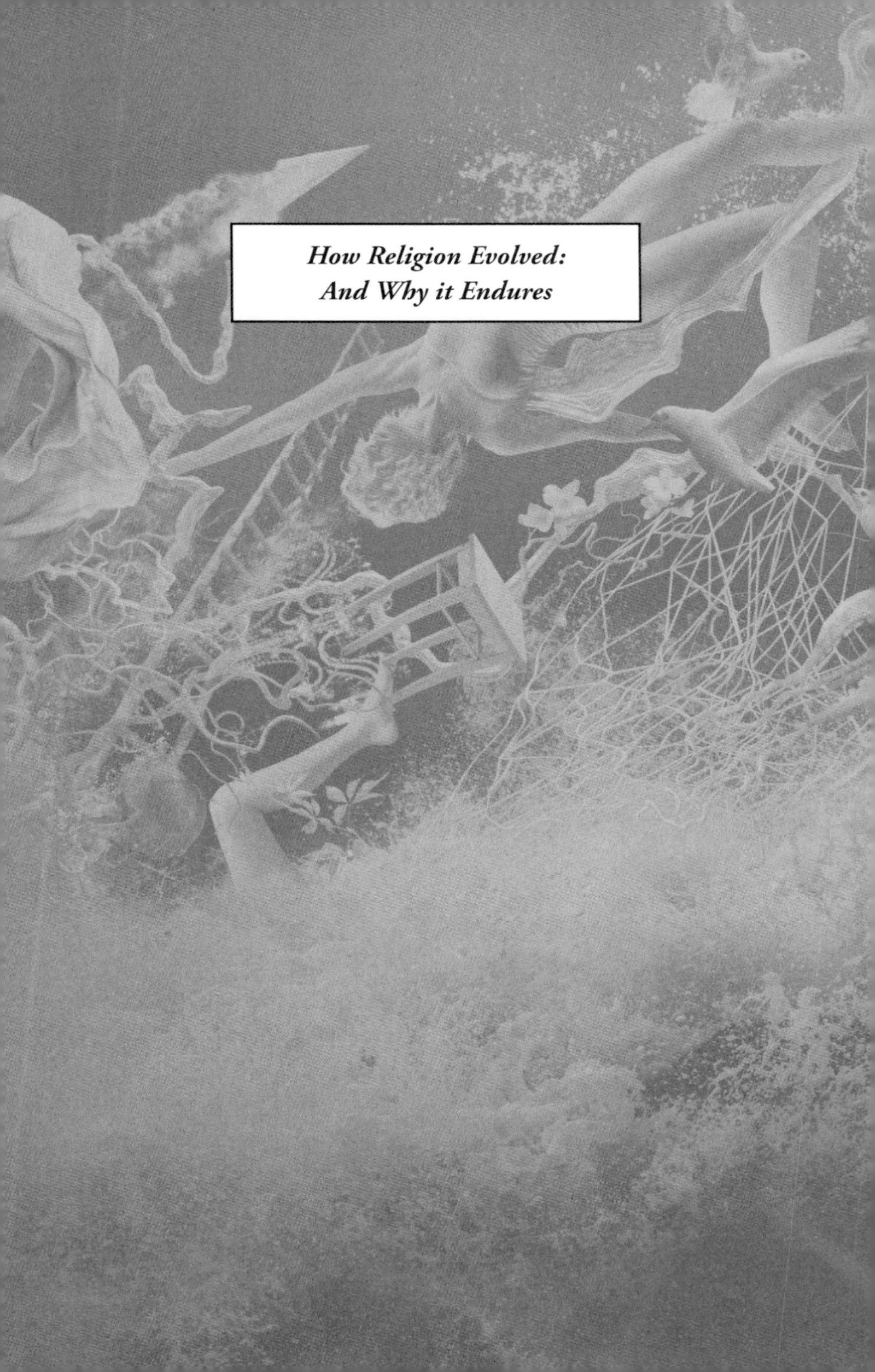

How Religion Evolved: And Why it Endures

모든 포유류 사회가 직면하는 중심 문제는 사회공동체를 분열시키는 위협인 자연스러운 원심력을 어떻게 극복하느냐 하는 것이다. 이러한 스트레스는 개체마다 각자의 목표와 생활 스케줄을 가지고 있다는 사실에서 발생한다. 심지어 어느 방향으로 먹이를 찾으러 갈 것인가와 같은 사소한 문제에 의견이 서로 달라도 집단은 빠르게 분열될 수 있다. 원숭이와 유인원은 사회적 그루밍을 통해 유대 관계의 네트워크를 만들어 이 문제를 해결한다. 그루밍은 사회적 응집력을 유지하는 접착제 역할을 하며, 주로 정기적인 그루밍 파트너들 간의 헌신과 의무의 감각을 통해 이루어진다. 그러나 그루밍은 매우 친밀한 활동이기 때문에 궁극적으로 동물 한 마리가 그루밍할 수 있는 개체수에 상한선을 두게 되고, 따라서 결속된 사회집단의 규모에도 상한선이 생긴다. 원숭이와 유인원의 경우 그 한계가 약 50개체이다.

수렵채집인은 일반적으로 50명 미만으로 구성된 야영 집단 또는 밴드로 생활하지만, 대다수 영장류 집단과 달리 이들은 더 상위 수준의 집단 단위에 통합되어 있다. 즉 여러 야영 집단이 한 공동체를 형성하고, 여러 공동체가 메가밴드를 형성하고, 여러 메가밴드가 부족을 형성한다(그림 4). 약 150명으로 구성된 공동체는 영장류 집단의 사회적이고 인지적인 등가물에 해당한다. 따라서 우리 조상들은 지금 우리가 사는 150명 대규모 결속집단의 진화를 가능하게 하기 위해 50명으로 이루어진 그루밍 유리천장을 돌파하는 방법을 찾아내야만 했다. 그리고 그렇게 한 후에는 나중에 발전시킨 공동체보다 더 상위 수준의 집단 단위를 만드는 방법도 찾아야 했다. 우리가 이것을 어떻게 해냈는가 하는 것이 이번 장의 주제다.

결속의 유대감

사회적 그루밍은 많은 포유류 계통에서 발생하지만, 특히 영장류 사이에서 가장 많이 활용된다. 사회성이 더 강한 일부 원숭이와 유인원은 하루의 5분의 1을 이 하찮아 보이는 활동에 할애할 수 있다. 그루밍을 할 때 한 개체는 다른 개체의 털을 두루 넘겨 보면서 달라붙은 씨앗과 초목 조각, 피딱지, 기타 티끌 등을 제거한다. 이것도 유용한 기능이지만, 사회적 그루밍의 진정한 중요성은 손의 움직임 자체와 손이 털과 피부 표면을 쓰다듬는 방식에 있다. 이렇게 하면 피부 속의 고도로 전문화된 뉴런 세트가 활성화되는데, 이 뉴런들은 가볍고 느린 쓰다듬기에만 반응한다. 구심성 C-촉각(CT) 뉴런으로 알려진 이 뉴런들은 뇌로 직접 연결되어 있으며, 이들의 유일한 목적은 뇌 깊숙한 곳에서 엔도르핀(endorphins)의 방출을 촉발하는 것이다.

엔도르핀은 뇌의 자체 진통제로서, 그 효과는 화학적으로 밀접하게 관련되어 있는 더 전통적인 아편제(opiates)와 똑같다. 즉 평온함, 따뜻함, 행복감, 그리고 '세상 모든 것이 잘되고 있다'는 느낌이다.[1] 엔도르핀 시스템의 활성화는 통증역치 상승으로 반영된다. 즉 엔도르핀의 효과는 아편제와 비슷해서 더 높은 수준의 통증을 견딜 수 있게 해 준다. 또한 엔도르핀에는 두 가지 중요한 후속 효과(downstream effects)가 있다. 하나는 면역체계에 의해 NK세포['자연 살해(natural killer)' 세포]의 생성을 촉진하는 것이다. 이 세포는 우리 몸에 들어온 바이러스와 기타 병원체는 물론 일부 암세포를 탐지하고 파괴하는 신체 방어 무기의 중요한 부분으로, 2장에서 언급한 종교의 건강상 이익을 부분적으로 설명할 수 있다. 그러나 엔도르핀의 또 다른 주요 역할은 유대 관계를 형성하는 데 있다. 그루밍으로 엔도르핀이 방출될 때 느끼는 따뜻함은 그루밍을 해 주는 개체와 소속감과 신뢰감을 만들어 내는 것 같다. 즉, 엔도르핀은 면역체계를 '조율'해 건강을 유지하는 데 도움이 될 뿐만 아니라, 기분을 가볍게 하고 사회적으로 더 통합된 느낌을 갖게 한다.

우리는 약 200만 년 전에 털의 대부분을 잃었음에도 불구하고 여전히 '그루밍'을 한다. 그러나 이제는 쓰다듬기, 포옹하기, 애무하기 등의 형태가 대부분이다.[2] PET 신경 영상 기술을 사용하면 피부 표면을 가볍게 쓰다듬는 것이 뇌를 자극해 엔도르핀을 분비하게 한다는 것을 확인할 수 있다.[3] 그러나 그루밍은 결속 메커니즘으로서 한 가지 문제가 있다. 누군가를 만지는 것은 매우 친밀한 행동이다. 그래서 원숭이와 인간은 두 개체를 동시에 그루밍하지 않는다. 그루밍에 많은 시간을 투자해야 각 우정을 한 가지 관계로 유지할 수 있다는 사실을 고려하면, 유대 관계를 형성할 수 있는 개체의 수는 제한될 수밖에 없다.[4] 원숭이와 유인원의 경우, 결속된 사회집단 규모의 상한선을 약 50개체로 설정한다. 우리 조상들이 사회집단의 규모를 늘려야 했을 때 직면했던 문제는 사실상 두 사람 이상과 동시에 그루밍하는 방법을 찾는 것이었다. 현실적으로 유일한 해결책은 직접적인 신체접촉 없이도 엔도르핀 시스템을 촉발하는 방법을 찾는 것이었다.

조상들이 찾은 해결책은 엔도르핀 시스템을 촉발하는 일련의 행동들이었으며, 이는 현재 우리의 사회적 상호작용에서 핵심을 형성한다. 이는 아마도 다음의 순서대로 획득되었을 것이다. 웃음, 노래, 춤, 감동적인 스토리텔링, 잔치(공동 식사 및 사회적 음주), 그리고 마지막으로 종교의례이다. 명백한 이유로, 이것들은 모두 인간에게 특유한 것으로 보이는데, 언어에 의존하는 행동들의 경우에는 필연적으로 그렇다. 맨 앞의 웃음만은 부분적으로 예외다. 웃음은 원숭이와 유인원의 놀이 발성에서 파생된 것으로, 놀이에 초청할 때와 놀이에 대해 논평할 때("지금부터 내가 하는 행동은 공격이 아니라 놀이로 해석되어야 해") 사용하는 독특한 헐떡이는 발성이다. 유일한 차이점은 우리가 웃음의 구조를 단순한 저음의 헐떡임에서 고강도 호흡으로 조정했다는 것이다. 즉, 흉근이 큰 힘으로 폐에서 공기를 격렬하게 뿜어냄으로써 폐가 비워져 숨이 차게 된다. 이렇게 하는 동안에 수반되는 생리적 스트레스는 매우 효과적인 방식으로 엔도르핀 시스템을 촉발한다.

이 새로운 형태의 원거리 그루밍은 현재 우리가 사회적으로 상호작용하는 방식을 뒷받침하는 도구모음(toolkit)을 형성하는데, 특히 공동체 구축의 맥락에서 그렇다. 지난 10년 동안 일련의 실험연구에서 보였듯이, 이 모든 활동들은 뇌에서 엔도르핀 반응을 촉발하고, 이를 통해 친밀감과 유대감을 형성한다. 현재의 맥락에서 특히 흥미로운 것은 감동적인 스토리텔링이 고통의 역치를 높이고 유대감을 강화한다는 사실이다. 주된 이유는 심리적 고통과 육체적 고통이 정확히 같은 뇌 부분에서 경험되기 때문이다. 이를 보여 주기 위해, 우리는 사람들에게 감정이 북받치는 영화인 〈스튜어트: 어 라이프 백워즈(Stuart: A life Backwards)〉 또는 다소 지루하고 사실적인 TV 다큐멘터리를 각각 5명에서 50명까지 다양한 규모의 집단에서 시청하도록 부탁했다.[5] 각 집단은 서로 낯선 사람들로 구성되었지만, 영화에 감동한 사람들은 시청 후 고통의 역치가 현저히 상승했고(엔도르핀 활성화를 보임), **그리고** 동시에 영화를 같이 시청한 낯선 사람들과 더 많은 유대감을 느꼈다.

이 모든 활동의 큰 장점은 아무도 접촉하지 않고 멀리 떨어져서도 할 수 있다는 것이다. 결과적으로, 우리는 신체접촉이 야기하는 친밀감 문제를 건드리지 않고 여러 사람과 동시에 '그루밍'할 수 있다. 물론 참여할 수 있고 그 효과를 느낄 수 있는 사람 수에는 한계가 있지만, 그 한계는 사회적 그루밍에서 가능한 한 명보다는 훨씬 크다. 가장 제한적인 것은 웃음인 것 같다. 자연적 웃음 집단의 크기는 세 명 정도로 제한되는 듯 보인다(사실상 자연적 대화 집단의 크기).[6] 이는 물론 수용자만 효과를 보는 그루밍보다 세 배 더 효율적이다. 이와 대조적으로, 노래는 거의 무한히 확장되는 것 같다. 우리의 한 연구에서, 200명으로 구성된 아마추어 합창단에서 나타난 엔도르핀 분비와 유대감 강화는 20명으로 구성된 같은 그룹의 하위 합창단보다 유의미하게 더 높았다.[7]

이 모든 활동에 관련된 메커니즘은 사회적 그루밍이 결속의 과정으로 작동하도록 만드는 방식과 동일하다. 〈스튜어트〉

와 같이 감정을 자극하는 이야기가 얼마나 쉽게 엔도르핀 시스템을 활성화시키는지를 고려할 때, 대다수 종교에서 기초를 형성하는 이야기들이 고난을 극복하거나 결국 순교로 끝나는 시련을 예외 없이 포함한다는 점, 또는 설교가 종종 감정을 자극한다는 점(불과 유황에 대한 이야기가 아니라도)이 과연 놀랄 만한 일일까?

그러나 유대감에는 종교와 특히 관련된 것으로 보이는 한 가지 측면이 있다. 이는 특정한 종교적 맥락에서 고양되는 감정이 강렬한 연애 관계에서 느끼는 것과 놀라울 정도로 유사하다는 사실이다.[8] 실제로 종교인들이 '신과 사랑에 빠졌다'라고 선언하는 것은 드문 일이 아니다. 많은 기독교 신비가들[(아빌라의 테레사, 리지외의 테레즈, 노리치의 줄리안(Julian of Norwich), 얀 판 뤼스브룩]의 저술은 이 효과에 대해 분명한 인상을 제공한다. 리지외의 테레즈보다 이를 잘 묘사하는 인물은 없다.

1888년 15세 때 마리 프랑수아즈 테레즈 마르탱(Marie Françoise Thérèse Martin)은 두 언니를 따라 노르망디의 리지외에 있는 카르멜회(Carmelite) 수녀원 공동체로 들어갔다.[9] 9년 후 24세가 된 테레즈는 질병 및 자기 의심과 오랫동안 싸운 끝에 결핵으로 사망했다. 수녀원에서 자신이 멘토링했던 어린 성직 지망생들을 격려하기 위해 쓴 자서전 『한 영혼의 이야기(The Story of a Soul)』가 언니(당시 수녀원장)에 의해 유작으로 출판되었다. 이 책은 소박함과 겸손, 강렬한 환희 및 정서적 따뜻함이 어우러져 대중의 상상력을 사로잡았다. 테레즈는 사후에 빠르게 전 세계적으로 많은 추종자를 얻었다. 1925년에 테레즈는 가톨릭교회의 성인으로 시성되었고, 곧 모든 성인들 중에서 아시시의 성 프란체스코에 이어 두 번째로 인기 있는 성인이 되어 갔다. 1997년에 테레즈는 33번째 교회 박사로 선언되었는데, 이는 매우 엄선된 신학자 및 교육자 집단에서 역대 최연소로 승격된 사례였다.

테레즈의 『한 영혼의 이야기』에서 종교적인 감정적 애착의 강렬함을 약간 맛볼 수 있다.

> 얼마나 사랑스러웠는지, 내 마음속 예수의 첫 키스. 그건 진정한 사랑의 입맞춤이었다. 나는 내가 사랑받고 있음을 알고 있었고, 그래서 다음과 같이 말했다. "당신을 사랑합니다, 그리고 당신께 나를 영원히 바칩니다. ……" "아! 사랑이여, 나의 빛나는 등불이여, 나는 이제 당신께 도달하는 길을 압니다. 그리고 나는 당신의 모든 불꽃을 내 것으로 만드는 숨겨진 비밀을 찾아냈습니다!"

다른 종교들에서도 비슷한 정서를 발견한다. 이슬람의 수피 전통에서, **카왈리**로 알려진 신비주의 노래는 공연자와 청중을 종교적 트랜스의 경계로 끌어올린다. 많은 경우가 아랍어나 페르시아어 **가잘**(*ghazal*, 짝사랑에 대한 시)을 기반으로 하며, 모호한 성적 분위기가 깊이 스며들어 있다. 다음은 가장 아름다운 우르두(Urdu) 시, 「칼리 칼리 줄폰 케 판데(Kali kali zulphon ke phande, 이렇게 길고 아름다운 머리카락을 지닌 당신)」에서 따온 것이다.

나를 꿰뚫는 그 눈빛이
내 마음을 진정시키네요.
당신의 긴 머리카락 그늘 아래에서는
어둠도 즐거워요.

이것은 구약성서의 「아가서(Song of Solomon)」에서 볼 수 있는 짝사랑의 느낌과 동일하다.

나는 내 사랑하는 이를 향해 열었습니다. ……
하지만 내 사랑하는 이는 돌아서서 가 버렸습니다.

이런 시들은 모두 예외 없이 신을 언급하는 것으로 해석되지만, 그 기저의 심리는 분명하다. 이는 전통적인 연인 관계와 플라토닉 우정[특히 여성에게서 특징적으로 나타나는 '영원한 최고의 친구(the best friend forever)' 현상] 모두에 해당하는 로맨틱한 애착이다.[10]

사랑에 빠질 때, 우리는 '저기 있는' 실제 인물이 아니라, 머릿속에서 이상화된 심적 구축물, 즉 사실상 아바타(avatar)와 사랑에 빠지게 된다. 물론 현실에서는 우리가 원하는 대상과의 주기적인 대면이 중요한 실체적 진실을 어느 정도 제공하며, 이는 우리의 폭주하는 생각에 약간의 규율을 점진적으로 부여한다. 그러나 그 실체적 진실 만들기가 막혀 버릴 때, 우리 마음은 통제할 수 없게 된다. 이는 인터넷 연애 사기(romance scam)의 맥락에서 가장 두드러지게 나타난다. 사기꾼들은 만남을 조심스럽게 피하면서, 피해자가 물러서거나 합리적으로 생각할 수 없는 수준으로 그 관계에 몰입하도록 만들어 간다. 이 시점에서 피해자들은 계속해서 주고 또 주게 된다. 짝사랑은 이러한 효과를 극적으로 증폭시키는 것 같다.[11]

부분적으로 이는 관계에 대한 몰입이 비판적 사고능력을 억제하는 원인이 된다는 사실 때문이다. 뇌스캔 연구의 증거에 따르면, 이런 일이 발생할 때 복(腹)측 전전두엽 피질(ventral prefrontal cortex)이 관여하는 것으로 보인다.[12] 이 뇌 영역은 감정과 사회적 관계의 감정적 측면을 처리하는 데 깊이 관여할 뿐만 아니라 변연계(limbic system)에서 더 자동적으로 만들어지는 '싸울 것이냐 도망할 것이냐(fight-or-flight)'라는 공황 상태의 메시지를 억제하기도 하는데, 특히 그 메시지가 목표 달성에 부적절하거나 방해가 될 것으로 보일 때 그렇다.

신뢰 그리고 우정의 일곱 기둥

영장류의 사회적 결속은 이중 과정 메커니즘(dual-process mechanism)✦의 결과다. 엔도르핀 시스템과 이것이 생성하는 유대감이 먼저 신뢰의 약리학적 환경을 만들고, 이는 두 번째, 즉 더 직접적인 인지적 메커니즘이 작동하도록 한다. 원숭이와 유인원에서 이것은 다른 동물의 행동과 반응에 대한 이해의 형태를 취한다. 인간의 경우, 이는 주로 공동체 멤버십의 단서로 기능하는 문화적 기준들을 끌어와 작동시키는데, 이것이 신뢰성으로 이어진다. 사람들이 친구 및 가족과 공유하는 특성들을 살펴보았을 때, 우리는 이 특성들이 일곱 가지 핵심 차원, 즉 우정의 일곱 기둥(Seven Pillars of Friendship)으로 요약된다는 것을 발견했다.[13] 그것은 곧 동일한 언어, 출신지, 교육 경로, 취미와 관심사, 세계관(종교적, 도덕적, 정치적 견해), 음악적 취향, 유머 감각 등을 공유하는 것이다. 공통점이 많을수록 사람들 사이의 관계는 더 돈독해지고 서로에게 더 기꺼이 이타적으로 행동하게 될 것이다. 이것은 친구만이 아니라 가족구성원에게도 해당된다.

그림 3의 각 층위는 '기둥'의 특정 개수에 상응한다(가장 안

✦ 마음의 메커니즘이 두 가지 상이한 시스템으로 구성되어 있다고 보는 심리학 이론. 하나는 빠르고 자동적인 시스템이고 다른 하나는 느리고 의식적인 시스템이다.

쪽의 5명 서클에는 6개 또는 7개, 150명 서클에 이르면 1개 또는 2개 이하). 잠재적 친구로서 관심이 있는 사람을 만날 때, 우리는 그들에게 많은 시간을 할애하여 가능한 한 자주 만나고 대화를 나눈다. 사실, 우리는 7개 기둥에서 그들이 어느 위치에 있는지 평가하고 나와의 유사성을 측정하고 있는 것이다. 일단 이것을 하고 나면 그들이 들어갈 일곱 기둥의 유사성 층위에 따라 적절한 수준으로 접촉 빈도를 줄인다. 바로 이것이 인간의 우정, 심지어 가족관계를 정의하는 특징인 놀라운 동종 선호(homophily), 즉 '유유상종'의 경향을 야기한다.

이 기둥들이 유효한 이유는 그것들이 모두 우리가 성장한 소규모 공동체를 가리키기 때문이라고 생각된다. 거기서 우리는 우리가 누구인지, 왜 그리고 어떻게 특정한 단체(confraternity)에 속하는지를 배웠다. 우리는 같은 민담, 같은 노래, 같은 춤, 같은 장소를 알고 있다. 우리는 같은 것을 믿고, 같은 태도와 도덕 등등을 공유한다. 즉, 우리는 같은 방식으로 세계에 관해 생각한다. 우리로 하여금 강력한 신뢰감을 발전시키게 해 주는 것이 바로 이러한 소속감이다. 나는 내가 당신을 얼마나 신뢰할 수 있는지를 정확히 안다. 당신이 어떻게 생각하는지를 직관적으로 알기 때문이다.

소규모 민족지 사회에서, 그리고 비교적 최근까지 우리의 마을 사회에서도, 이런 공동체들의 중요한 특징은 이러한 단서들이 혈통이나 결혼에 의해 동족이 된 100~200명 집단을 식별한다는 것이다. 그들은 확장된 친족집단이다. 게다가 이 소규모 공동체들은 무엇보다도 난롯가에 앉아 감히 선을 넘거나 자기 후손에게 나쁜 짓을 하는 놈들의 행동에 손가락질을 하는 증조할머니의 도덕적 설득에 의해 결속되어 있었다. 이런 공동체들은 상호연결된 관계의 네트워크로서, 그 주변에는 가십이 흐르고 그 내부에서는 의무의 관계들이 여러 경로를 통해 반향을 불러일으킨다.

일곱 기둥의 주된 기능은 감정적으로 친근하게 느낄 만한 사람들을 식별하는 것이긴 하지만, 낯선 사람의 신뢰성을 평가하는 데 유용한 1차 통과 기준을 제공하기도 한다. 단순히 그 기둥들 중 하나만 만족시켜도 일상적인 업무 관계의 기초를 구축하기에는 충분하다. 이는 아주 친밀한 관계는 아니며, 최소한 어떤 공통의 이해관계나 원칙에 기반을 둔 관계다.

한 실험에서, 우리는 참가자들에게 여러 기둥에서 특정한 가치의 집합을 지닌 낯선 사람을 어떻게 볼 것인지를 물었다. 완전히 낯선 사람을 평가할 때, 호감도와 감정적 친밀도를 예측하는 가장 중요한 특성은 동일한 종교적 견해, 동일한 도덕적 견해, 동일한 정치적 견해, 그리고 동일한 음악적 취향을 갖는 것이다(그림 5). 물론 이들 중 첫 세 가지는 같은 기둥(세계관)에 속한다. 그러나 우리는 음악적 취향이 얼마나 자주 계속해서 언급되는지를 보고 놀랐다. 우리는 이 결과가 노래와 춤이 엔도르핀 시스템을 촉발하고 사회적 유대를 촉진하는 데 중요한 역할을 한다는 것을 의미하는지 궁금했다. 같은 음악을 좋아한다면, 거기에 맞춰 사람들과 함께 춤추는 법도 안다. 아무튼, 완전히 낯선 사람을 만나는 맥락에서 민족성(ethnicity)은 매우 미미한 역할을 하며, 공유된 문화보다 훨씬 덜 중요하다는 것을 주목하자.[14]

종교가 우정에 그토록 강한 영향력을 행사한다면, 이는 아마도 같은 종교의 구성원들이 다른 공통점이 없어도 종종 서로에게 끌리고 상당한 개인적 위험을 감수하면서까지 서로를 기꺼이 도우려 하는 사실을 설명할 수 있을 것이다. 또한 종교가 구성원을 부를 때 친족의 언어, 특히 가까운 가족관계의 언어를 빈번하게 사용한다는 사실도 설명할 수 있을 것이다. '아버지(신 그리고 사제에 대한 존칭)', '어머니(고위급 수녀와 성모 마리아에 대한 존칭)', '자매'와 '형제'(수도원의 종교적 호칭 및 같은 종교 신자를 부르는 일반적인 용어) 등은 특히 아브라함 종교에서 널리 사용된다. 실제로, '가족'이라는 용어는 종교 공동체 자체를 지칭하는 데 흔히 사용된다. '교회의 가족', 브루더호프(Bruderhof, 또는 Society of Brothers), 세계평화가정연합(Family Federation for World Peace, 문선명 목사의 통일교)〔현재의 공식 명칭은 세계평화통일가정연합(Family Federation for World Peace and Unification)〕, 플리머스형제회(Plymouth Brethren) 등등이 있다. 가족의 감정적 끌림을 이용하기 위해 점화 효과(priming effect)를 사용하려는 시도로 보인다. 가족

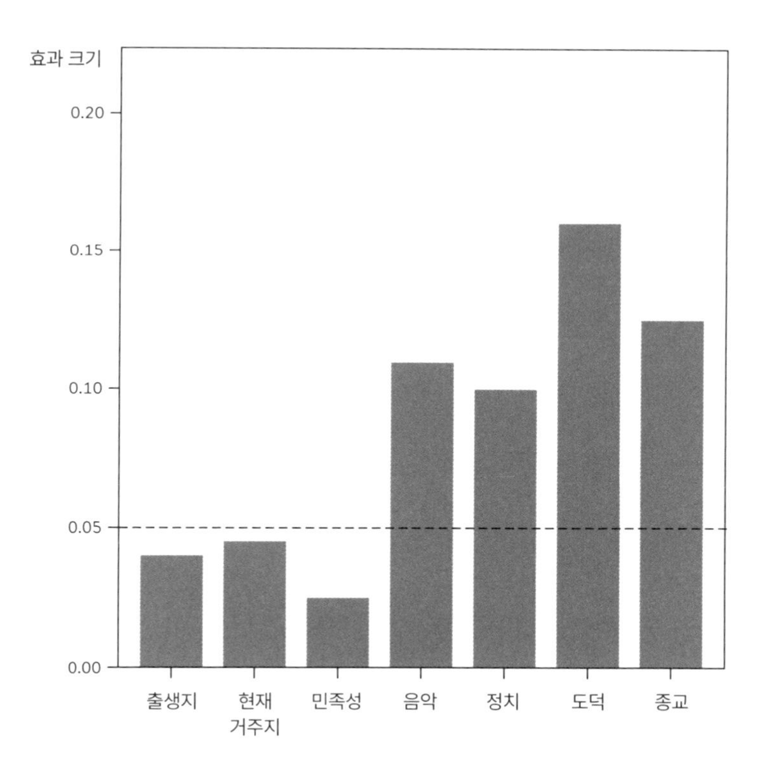

그림 5. 낯선 사람을 향한 감정적 친밀감의 등급, 즉 그들이 좋은 친구가 될 가능성이 얼마나 되는지에 대한 다양한 특성의 가중치(Inclusion of Other in Self, IOS, 등급 척도로 인덱싱됨). 요소들은 참여자의 특성에 대해 낯선 사람의 프로필이 갖는 유사성이다. 수평 점선은 통계적 유의성을 표시한다. 음악적 취향, 도덕적 견해, 종교 등과 같은 특성들이 민족성이나 현재 거주지(성장한 곳이 아닌 현재의 위치)보다 훨씬 더 중요하다는 데 주목하라.

은 매우 강력한 매력이 있다.

일곱 기둥의 의의는 공유된 문화적 아이콘만을 기반으로 대규모 집단을 형성할 수 있게 해 준다는 것이다. 따라서 심지어 기둥 하나로도 공동체를 만들 수 있다. 이것이 우리로 하여금 초대형 공동체들을 진화시키게 해 주었다 — 단지 한 기둥에 의지하기 때문에 그 공동체는 결속력이 약하지만, 어떠한 외부 위협이 초대형 연합체를 요구하더라도 공동전선을 낼 만큼은 충분히 훌륭하다. 이는 우리도 원숭이와 유인원처럼 특정 개체들과 결속하여 작은 집단들을 형성하지만, 또 한편으로 실제의 멤버십과 관계없는 추상적인 개념인 일곱 기둥이 우리를 더 넓은 집단에 결속되게 하기 때문에 가능한 일이다. 다시 말해, 우리는 멤버십이 꽤 익명적일 수 있는 클럽을 만들 수 있는데, 그러나 아무리 미약하더라도 그 클럽의 개념에 애착을 가지는 덕분에 우리는 '전우'라고 **느낀다**. 이것은 인간의 독특한 능력인 듯하지만, 한 종교의 멤버십이 이러한 소속감을 만들어 내고 클럽의 동료 회원을 도우려는 의지를 만들어 낼 수 있는 이유를 설명하는 것으로 보인다.

말과 행동 신경 쓰기

평소 우리 머릿속에서 일어나는 모든 일들 중에서, 현재 우리의 관심에서 가장 중요한 것은 정신화 능력이다. 정신화(mentalizing)란 타인의 의도(intentions)를 이해하는 능력으로서, 마음 이론(theory of mind) 또는 마음 읽기(mindreading)

등으로 다양하게 알려져 있다. 이 개념은 원래 1950년대에 영국의 언어철학자 폴 그라이스(Paul Grice)가 제안했다. 그는 대화 교환에서 많은 작업이 말하는 사람보다는 듣는 사람에 의해 이루어진다고 말했다. 듣는 사람은 말하는 사람이 무엇을 **의도하고 있는지** 알아내야 한다. 이는 특히 말하는 사람이 내뱉는 실제 단어들은 종종 모호하기 때문인데, 사실 우리는 내면의 느낌과 감정을 말로 표현하기가 종종 어렵기도 하다. 이 역량은 **알기**, **생각하기**, **가정하기**, **궁금해하기**, **상상하기**, **의도하기** 등과 같은 단어를 사용하는 능력으로 예시된다. 언어철학자들에게 이 단어들은 모두 지향적 용어(intentional terms)라고 알려져 있다.✦

1980년대에 이 아이디어는 철학자 대니얼 데닛(Daniel Dennett)에 의해 **지향적 자세**(intentional stance)라는 개념으로 발전되었다.✦✦ 즉 진화는 세계를 지향적 용어로 해석하도록 인간 마음을 설계했다는 제안이다. 이는 물론, 세계의 핵심 문제 및 그것과 연결되는 우리의 인터페이스가 모두 타인과의 상호작용을 통한 것이기 때문이다. 그는 이 마음 읽기 현상이 재귀적〔recursive, 자신이 관여한 사건이 다시 자기 자신을 통해 정의됨〕이며, 잠재적으로 무한한 재귀의 연속을 지닌다고 지적했

✦ 이는 언어사용자들의 마음 상태에서 파생된 다양한 용어를 포함하며, 이는 의도(intention)를 넘어서는 '지향성(intentionality)'의 논제로 연결된다.

✦✦ 데닛은 인간이 복잡한 체계를 이해하기 위해 취할 수 있는 세 가지 자세로서, 법칙과 구조를 설명하는 '물리적 자세', 기능을 설명하는 '설계 자세', 행동을 설명하는 '지향적 자세' 등을 제안했다.

다. 즉, 당신이 왜 ……을 **믿는지**를 내가 **궁금해하고 있다고** 당신이 **추측한다고** 나는 **생각한다**[강조된 동사들은 연속적인 마음 상태(mindstates)를 나타냄]. 각각의 마음 상태는 한 '지향적' 단어, 즉 누군가의 사고 과정을 설명하는 능동형 동사로 특징지어진다. 이 경우에는 네 마음 상태가 끼워 넣어져 있어 이를 4차 지향적 진술로 만든다. 순서는 항상 당신의 정신상태(mental state)로 끝나야 하지만(즉, 당신이 무언가를 생각하고 있어야 함),✦ 당신이 떠올리고 있는 마음 상태들은 당신 자신과 여러 타인의 마음 상태의 혼합체일 수도 있다.

자신의 마음 상태를 떠올릴 수 있다는 것은 1차 지향성을 가지고 있음으로 정의된다(나는 내 마음의 내용을 **안다**). 마음 이론의 형식적 정의는 타인의 마음 상태를 떠올리는 능력이다. 이 능력으로 사람들은 타인이 자기만의 마음을 가지고 있으며, 내가 진실이라고 믿는 것과는 다르게 세계를 볼 수 있다는 것(소위 잘못된 믿음)을 깨닫게 된다. 이는 데닛의 도식에서 2차 지향성을 갖는 것에 해당한다('나는 당신이 ……을 **안다**는 것을 **안다**'). 아이들은 4~5세경에 이 능력을 획득하는데, 그 이전에는 자기가 믿는 것을 다른 사람들도 완전히 똑같이 믿는다고 가정한다(즉, 아이들은 1차 지향적이다). 마음 이론의 획득

✦ 영어 원문은 "항상 당신의 정신상태로 시작해야 한다(must always begin with your mental state)"라고 되어 있지만 영어와 한국어 문장구조의 차이를 고려해 번역했다.

은 아이들의 활동에 극적인 영향을 미친다. 왜냐하면 일단 이 특별한 루비콘강을 건너면 그들은 상상 놀이에 참여할 수 있고(그것이 흉내 내기일 뿐이라는 것을 안다), 허구적인 이야기를 구성하고 설득력 있게 거짓말을 할 수 있기 때문이다(자기 말을 당신이 어떻게 해석할지를 이해하고, 따라서 조작할 방법도 안다).

심리학자들은 이 시점에서 멈추는 경향이 있는데, 마음 이론 연구자 대부분이 초기 아동기에 관심을 둔 발달심리학자나 마음 이론 결핍의 결정적 특징인 자폐증(autism)과 같은 정신 병리에 관심이 있는 임상심리학자이기 때문이다. 그러나 데닛이 지적했듯이, 지향성은 자연스러운 재귀 현상이고 정상적인 성인들은 훨씬 더 높은 수준의 정신화를 관리할 수 있다. 그가 답을 몰랐던 것은 보통의 성인이 몇 가지 지향성 수준에 대처할 수 있느냐 하는 것이었다.

여러 해 동안 우리는 이 질문을 탐구하기 위해 여러 연구를 수행했는데, 모든 연구에서 지향성의 상한선이 대체로 5차 정도라는 것을 확인했다. 이는 주어진 시간에 자기의 마음 상태에 더하여 타인의 네 가지 마음 상태를 살필 수 있다는 의미다. 다시 말해, 우리는 '나는 피터가 수전에게 회의가 두 시로 변경된 것을 **믿느냐**고 물을 **의도가 있는지** 여부를 제니퍼가 **알고 싶어 한다**고 빌이 **가정한다**고 **생각한다**'와 같이 복잡한 문장을 이해하고 따라갈 수 있다. 여기서 강조된 동사는 연속적인 마음 상태를 식별한다. 하지만 우리 대부분은 이 정도가 상한선이다. 불가피한 일이겠지만, 이 능력에는 상당한 개인차가 있는데, 보통의[또는 '신경전형적(neurotypical)'] 성인은 3차에서 6차 사이에 분포한다. 그러나 성인 인구의 약 20퍼센트만이 5차보다 더 잘할 수 있다. 또한 우리는 마음 읽기 용량(주어진 순간에 얼마나 많은 마음 상태를 처리할 수 있는가)이 사회적 행동의 여러 중요한 측면들을 결정한다는 것을 보였다. 여기에는 우리가 사용할 수 있는 언어의 복잡성(문장의 문법구조 측면에서), 제일 좋아하는 가상 이야기의 복잡성, 대화 그룹의 전형적인 크기, 그리고 가까운 친구의 수 등을 포함한다.[15]

우리 그리고 다른 연구자들은 많은 신경 영상 연구를 통해, 디폴트 모드 네트워크로 알려진 뇌 내 신경망의 크기가 정신화 능력 **및** 친구 수와 상관관계가 있음을 밝혔다. 여기서의 인과적 경로는 이런 뇌 단위의 크기가 개인의 정신화 능력을 결정하고, 정신화 능력이 개인이 한 번에 관리할 수 있는 관계의 수를 결정하는 것으로 보인다.[16] 디폴트 모드 네트워크(마음 이론 네트워크 포함)는 주요 섬유 다발(뇌의 배선을 제공하는 뉴런의 묶음)을 통해 서로 직접 연결되는 뇌 영역들의 집합이다. 이것은 네 가지 주요 뇌 부위로 구성된다. 뇌의 가장 앞부분에 있는 전전두 피질(합리적 사고와 감정적 신호의 해석과 널리 연관된 영역), 측두-두정 접합부(측두엽과 두정엽이 만나는 귀 뒤쪽과 위쪽의 작은 부위로, 생명체에 대한 반응과 강하게 연관됨),

측두엽의 일부(귀 바로 안쪽을 따라 위치한 소시지처럼 연장된 부분으로 주로 기억 저장과 관련됨), 그리고 변연계, 특히 편도체(감정 신호 처리를 담당함)를 포함한다. 이 커다란 신경망은 사회적, 감정적 신호를 해석하고 우리 관계를 관리하는 데 매우 깊이 관여한다.

정신화와 종교적 마음

심리학자들과 철학자들은 정신화를 자신의 마음 상태나 다른 사람의 마음 상태를 떠올리는 능력으로 보았다. 하지만 뇌의 연산 요구(정보처리 능력) 측면에서 생각해 보면, 이는 실제로 우리가 직접 경험하는 세계에서 한발 물러서서 또 다른 평행 세계(당신의 마음)의 존재를 **상상하는** 능력을 포함한다. 나는 그 다른 세계를 내 마음속에 모델링하고 그 세계의 행동을 예측함과 동시에 바로 앞에 있는 물리적 세계의 행동도 살필 수 있어야 한다. 여기서 중요한 것은 당신의 **행동**(내가 직접 지각하는 물리적 세계의 일부)과 **의도**(혹은 정신상태)의 구분이다. 당신의 의도는 내가 직접 지각할 수 없으며, 상상해야만 한다(보통, 가시적 행동의 어떤 측면, 즉 당신이 말하는 것, 말하는 방식, 얼굴을 찌푸리거나 손짓하는 동작 등에서 내면의 생각을 추리함). 사실상, 나는 내 마음속에서 현실의 두 버전을 동시에 운영할 수 있어야 한다. 이 특별한 수준의 정신 작업 — 상충할 수도 있는 현실의 두 버전(당신의 마음과 내 마음)을 동시에 운영하는 것 — 은 뇌에 연산적으로 큰 부담이 될 것이다. 이것은 우리 실험에서 밝힌 것처럼, 누군가의 정신상태에 대해 생각할 때 그저 그들의 행동에 대해 생각하는 것보다 훨씬 더 많은 뉴런이 동원되고, 이 동원은 우리의 사고 과정에 추가되는 각 마음 상태와 함께 증가하는 이유를 설명해 준다.[17]

정신화는 너무나 자연스러운 능력이며, 성인이 되면 매우 능숙하게 된다. 그래서 대부분은 이 능력에 대해 다시 생각해 볼 여지가 없고, 그것이 정보처리 측면에서 얼마나 정교한지 인식하지도 못한다. 하지만 이 능력은 종교의 출현을 위해 근본적인 요인이었는데, 여기에는 적어도 네 가지 이유가 있다. 첫째, 영적 존재들이 사는 또 다른 초월적 평행우주를 상상할 수 있는 능력이 없다면, 우리는 어떤 종교도 가질 수 없다. 그러려면, 우리가 사는 세계에서 한발 물러서서 그런 세계가 존재할 가능성을 물을 수 있어야 한다. 이를 가능하게 하는 것이 바로 정신화다. 둘째, 다른 생물체들에게 마음이 있다는 것을 이해할 수 없다면, 그 대안적인 영적 세계에 지향적 존재들이 살고 있을 가능성도 상상할 수 없다. 2차 지향성이 있어야 그러한 영적 세계의 존재를 상상할 수 있다. 내가 당신 마음의 세계가 존재한다고 상상할 수 있는 것처럼 말이다. 하지만 이는 여전히 내가 당신의 마음에 대해 생각하는 정도의 믿음일 뿐이며,

아직 당신에게 동의한 것은 아니다. 그럼에도 불구하고, 당신이 그러한 믿음을 가지고 있다는 것을 내가 상상하기 시작하려면, 최소한 3차 지향성이 절대적으로 필요하다. 셋째, 문장이나 명제의 문법구조를 풀어내는 우리의 능력은 우리의 정신화 능력과 직접 관련되어 있음이 밝혀졌다.[18] 다시 말해, 3차 지향성에 제한된 사람은 'A → B → C' 형태의 명제만을 이해할 수 있다(여기서 A, B, C는 명제 내의 절이다). 반면, 5차 지향성에 도달할 수 있는 사람은 'A → B → C → D → E' 구조의 명제를 다룰 수 있다. 넷째, 그리고 가장 중요하게, 이런 생각을 다른 사람에게 전달하는 능력이 없다면 어떠한 공식적인 종교도 가질 수 없다. 내가 신의 존재를 잘 믿을 수는 있지만, 그 자체로 종교와 동등하지는 않다. 그것은 단순히 믿음일 뿐이다. 믿음이 종교가 되려면 우리 중 최소 두 사람이 그 믿음의 내용에 동의해야 한다. 그렇게 하려면, 우리 둘 다 어떤 종교적 사실에 관한 명제가 참이라는 데 동의해야 한다.

정신화가 세계에 관해 생각하는 능력에 필수적인 역할을 한다는 것은 분명하지만, 그것을 달성하기 위해 필요한 지향성의 층위가 몇 개인지는 전혀 분명하지 않다. 앞서 보았듯이, 보통의 인간은 5개 층위의 지향성을 가지고 있다. 하지만 신을 생각해 내고 믿기 위해 5개 층위의 지향성이 모두 필요할까? 2차 혹은 3차 지향성만으로도 종교를 가질 수 있을까? 이것은 나중에 종교의 기원 시기를 탐구할 때 중요하게 될 것이다. 여기에서는 기본적인 아이디어를 설명하겠다.

표 1은 상이한 수준의 지향적 능력을 가지고 만들 수 있는 종교적 진술의 종류를 나타낸다. 그 순서는 1차 지향성에서 시작한다. 의식을 지닌 모든 동물은 1차 지향적이다. 그들은 자신이 무엇을 생각하는지 안다고 믿는다. 그러나 그들은 다른 개체의 믿음에 대한 믿음을 가질 수 없다. 1차 지향적 존재는 다른 모든 개체가 자신과 같은 지식을 가지고 있다고 가정한다. 즉, 다른 개체가 세상을 다르게 볼 수 있으며, 그래서 세상에 대해 다른 믿음을 가질 수 있다는 것을 인정할 수 없다. 다른 개체의 믿음에 대한 믿음을 가지려면 최소한 2차 지향성이 필요하다. 그렇더라도, 이러한 믿음은 반드시 세계의 사물이나 사건에 대한 사실적 믿음이어야 한다('저 언덕은 매우 높다' 혹은 '곧 비가 올 것이다'). 직접 경험할 수 없는 **초월적** 세계의 존재에 대한 믿음을 인정하려면 단순한 사실적 내용을 넘어 한 단계 더 나아가야 하는데, 이것은 3차 지향성을 요구한다. 왜냐하면 나는 당신의 마음속에 있는 모델에 대한 모델을 만들어야 하기 때문이다.

만약 내가 3차 지향성에 도달할 수 있다면, 나는 신이 존재하는 다른 세계가 있다고 당신이 **생각**한다는 것을 **믿을** 수 있다. 여기서 중요한 점은 당신이 어떤 물리적 사실에 대한 믿음을 지닌다는 것('내 앞에 나무가 존재한다고 나는 믿는다')만이 아니라, 당신이 상상할 수 있는 보이지 않는 세계에 대한 믿음

지향성 수준	믿음에 대한 진술	종교 형태
1차	나는 [비가 내린다]고 **믿는다.**	불가능
2차	나는 네가 [비가 내린다]고 **생각한다**고 **믿는다.**	불가능
3차	나는 네가 [초월적인 세계에] 신이 **존재한다**고 **생각한다**고 **믿는다.**	종교적 사실
4차	나는 네가 신이 **존재하며** 우리를 처벌**하려고 한다**고 **생각한다**고 **믿는다.**	개인적 종교
5차	나는 네가 우리 둘 모두 신이 **존재하며** 우리를 처벌**하려고 한다**는 것을 **안다**고 **생각한다**고 **믿는다.**	공동의 종교

표 1. 상이한 수준의 지향성에 의한 종교적 믿음의 형식

도 지닌다는 것이다. 이것은 두 단계 과정으로, 두 차수의 지향성을 포함한다. 바로 이 지점에 내가 단순한 '종교적 사실'이라고 부르려는 것이 있다. 이는 초월적 세계의 존재에 관한 믿음이다. 그러나 초월적 세계가 현세의 우리에게 미칠 영향에 관한 믿음은 아니다. 신 역시 의도를 갖고 있다는 것을 상상할 수 있으려면, 더 높은 차수의 지향성에 도달할 수 있어야 한다. (4차 지향성으로) 그것이 가능하게 되면, 나는 신이 우리 세계에 영향을 미치려는 의도를 갖고 있다는 것을 상상할 수 있다. 이 수준에는 내가 **개인적 종교**라고 부르는 것이 있다. 이는 오직 믿는 사람만 헌신하게 되는 사적인 믿음이다. 이런 관점에서, 당신의 믿음에 관해 생각할 때, 나는 그것이 참이라는 것을 꼭 수용하지 않아도 된다. 오직 5차 지향성을 가질 때만 우리 **둘 모두가** 동의할 수 있는 신의 의도적 지위에 관한 명제를 공식화하는 것이 가능하다. 이 지점에서, 우리 둘은 신의 의도에 대한 우리의 믿음에 헌신하게 되고, 따라서 진정한 **공동의 종교**를 가질 수 있다. 이것이야말로 진정한 루비콘강, 또는 국면전환일 것이다. 왜 이 구별이 중요한지는 7장에서 살펴볼 것이다.

종교적 믿음에 대한 정신화의 기반을 더 깊게 탐구하기 위해 약 300명에게 정신화 능력, 행위자 탐지 메커니즘의 효과, 조현형 경향(schizotypal tendency),[19] 종교적 믿음과 행동(종교성) 등을 측정하는 설문을 요청했다. 행위자 탐지는 비생명체에 인간적인(또는 적어도 감각을 지닌) 특성을 부여하는 경향이며(1장 참조), 화면에서 무작위로 움직이는 추상적 형태를 볼 때 지향적 묘사나 의인화 묘사를 기꺼이 하는 정도로 측정된다. 예를 들면, 실제로는 형태들이 무작위로 움직이고 있을 때, '원이 정사각형을 쫓고 있다'라거나 '삼각형이 원을 위협하고 있다'라고 말하는 것이다. 조현형 사고는 비정상적인 지각 경험(유령을 보거나 음성을 듣는 등)과 조직화되지 않은 사고 과정을 가지는 경향이며, 종교성과 명확히 연결되어 있다. 극단적인 임상 형태에서는 조현병(schizophrenia)으로 나타나며, 이는 종종 지각 및 정신상태의 잘못된 귀속을 포함하는데, 자신의 생각을 타인에게, 혹은 타인의 생각을 자신에게 귀속시키거나, 극단적인 경우에는 신이 자신에게 무엇을 하라고 말하는 것을 듣기도 한다.

이 연구의 결과는, 서로 엄청나게 밀접히 연관되어 있는 행위자 탐지와 조현형 사고와는 꽤 독립적으로, 정신화가 종교성에 긍정적인 영향을 미친다는 것을 제안한다. 사실, 조현형 사고 성향의 사람들은 비정상적으로 활발한 과활성 행위자 탐지 메커니즘을 갖고 있는 경향이 있다. 이는 당신이 종교적일 수 있는 것은 환영을 보기 쉬운 사람이기 때문일 수도 있고, 초월적 세계에 있는 신의 정신상태를 깊이 성찰할 수 있기 때문일 수도 있다는 것을 시사한다. 이는 흥미로운데, 왜냐하면 두 가지 다른 유형의 종교 — 반응적 종교(reactive religion)와 성찰적 종교(reflective religion), 또는 1장에서 내가 언급한 샤먼종교(몰입종교) 대 교리종교 — 에 참여하는 종교인 두 유형이 있을 수 있다는 것을 시사하기 때문이다.

이 논의 중에서 정신상태 측면은 다른 연구 집단에 의해 탐구되었다.[20] 그들의 가설은 만약 정신화 능력이 종교적 믿음에 중요하다면, 마음 이론이 결여된 사람들(자폐인의 경우)은 덜 종교적일 것이라는 것이었다. 또 그들은 남성이 여성보다 자폐를 겪을 가능성이 훨씬 더 높으므로 남성이 여성보다 덜 종교적일 것이라고 지적했다.[21] 실제로, 남성은 여성보다 자폐에 시달릴 가능성이 훨씬 더 높을 뿐만 아니라, 우리의 여섯 연구에서 발견했듯이 보통의 신경전형적 성인의 경우에도 남성은 여성보다 정신화 능력이 낮다. 예상대로, 그들은 자폐성 청년들(이들은 대부분 완전한 자폐증보다는 아스퍼거증후군일 가능성이 높다)이 동일 연령대의 신경전형적 성인들보다 신을 믿을 가능성이 적다는 것을 발견했는데, 이는 IQ와 성별을 통제해 나온 결과다. 실제로, 그들이 신을 믿을 가능성은 보통 사람들에 비해 겨우 10퍼센트 정도에 불과했다. 또한 부모의 평가로 청소년기 정신화 능력과 IQ가 신에 대한 믿음에 미치는 영향을 테스트했을 때, 오직 정신화 능력의 영향만 통계적으로 유의미했다.

더 큰 캐나다인 샘플을 사용한 후속 연구에서, 그들은 자폐증과 신에 대한 믿음 사이의 매개변수로서 공감 능력(empathy)과 체계화(systematizing)의 영향력을 비교했다. 공감 능력은 물론 다른 사람의 관점을 수용하고 그들의 느낌을 정서적으로 동감할(sympathetic) 수 있는 능력이다. 남성은 여성에 비해 이 능력을 상대적으로 잘 수행하지 못한다. 반면, 체계화는 매우 조직적인 규칙 기반의 정신세계에서 사는 경향이며, 물건을 수집해 보관하며 조직적으로 전시하는 경향(예를 들어, 우표 수집, 새 관찰, 기차 관찰)과 종종 관련된다. 이는 여성보다 남성에게 더 흔하며 자폐증과 강한 상관성이 있다. 그러나 이 두 차원은 서로 상관관계가 없다. 앞에서 말한 대로, 자폐인들은 성별을 통제했을 때도 보통 사람들보다 신을 믿을 가능성이 훨씬 적었다. 그러나 이 관계는 정신화 능력에 의해 강하게 매개되었을 뿐, 체계화 경향에 의해서는 전혀 매개되지 않았다. 다시 말해, 자폐증 진단은 낮은 정신화 능력과 높은 체계화 경향과 모두 연관될 수 있지만, 오직 정신화 능력만이 신에 대한 믿음 여부에 영향을 미친다. 남성의 정신화 능력이 여성에 비해 낮다는 점은 신을 믿을 가능성도 남성이 여성에 비해 낮다는 것을 유의미하게 예측했다.

이러한 결과는 나이, 성별, 교육 수준, 소득, 예배당 출석 빈도 등을 통제할 수 있었던 두 대규모 미국 성인 표본에서 추가로 확인되었다. 이 경우, 연구자들은 인격신을 지지하려는 의지를 결과 측정 기준으로 사용했다. 자폐증 점수가 표준편차(standard deviation)[22] 하나만큼 증가할 때 인격신에 대한 믿음은 80퍼센트 감소했는데, 이 관계의 유일한 매개변수는 또다시 정신화 능력이었다. 체계화나 그들이 살펴본 두 가지 성격 차원(성실성과 친화성)은 신에 대한 믿음에 어떤 영향도 미치지 않았다. 이와 별개로, 남성은 여성에 비해 인격신을 믿을 가능성이 절반에 불과했다. 여성의 뛰어난 정신화 능력이 그들을 전형적인 남성들보다 더 종교적으로 살게 하는 것으로 보인다.

뇌의 종교

종교가 무엇이든 간에, 그것은 분명히 우리 마음속에서 일어나는 일이며, 따라서 뇌에서 일어나는 일이다. 종교와 뇌에 관한 가장 놀라운 주장은 1990년대 후반에 신경과학자 앤드루 뉴버그(Andrew Newberg)와 인류학자 유진 다퀼리(Eugene d'Aquili)에 의해 제기되었다. 그들은 훈련된 불교 명상가가 트랜스 상태에 있을 때 뇌를 스캔했는데, 왼쪽 귀의 바로 상후부에 위치한 좌측 후두정엽(left posterior parietal lobe)의 활동이 감소하고, 전전두 피질(prefrontal cortex), 특히 안와전두피질(orbitofrontal cortex)의 활동이 현저히 증가한 것을 발견했다. 그들이 좌측 두정엽(left parietal lobe)에서의 활동 감소에 특별히 주목한 이유는 이 부위가 공간적 자아 감각과 연관되어 있기 때문이다. 그들은 트랜스 진입에 의해 두정엽의 신경다발(neuron bundle)이 풀릴 때, 일련의 활동전위(impulses)가 변연계(limbic system)를 통해 시상하부로 보내지는데, 이것이 전전두 피질의 주의력 영역과 두정엽 사이에 피드백 루프를 설정한다고 제안했다. 사실 이것은 간혹 '반향회로(reverberating circuit)'라고도 알려져 있는 것으로, 래칫〔ratchet, 단방향으로 작동하는 기어〕처럼 작동한다. 이 순환이 진행되면서, 공간 인식 다발이 작동을 멈추어 엑스터시적인 해방의 폭발을 일으키는데, 이때 수행자는 그들의 특정 종교의 설득에 따라 신성한 원리(Divine Principle), '존재의 무한' 또는 신 자체와 하나 됨 등을 느낀다. 이로 인해 '갓 스폿(God spot)'이라는 용어가 생겨났다.[23]

그러나 내가 보기에, 이 결과에는 뉴버그와 다퀼리가 깨달은 것보다 훨씬 더 흥미로운 점이 있다. 그 단서는 그들이 명시적으로 식별한 사실에 있다. 즉, 시상하부가 트랜스 상태를 유발하는 반향회로에 관여한다는 것이다. 시상하부는 엔도르핀이 뇌로 방출되는 곳 중 하나다. 또한, 안와전두피질은 엔도르핀 수용체가 특히 밀집되어 있으며, 감정 경험과 사회적 관계 관리에 깊이 관여한다. 트랜스로 접어들 때 나타나는 그 평온한 무(nothingness)의 폭발은 단지 강렬한 아편유사제(opioid)의 분출 현상에 불과할 수 있다. 뉴버그와 다퀼리가 연구를 진행할 당시에는 엔도르핀 시스템이 통증 이외의 것에도 관련성이 있다는 점이 인정되지 않았다. 아마도 중요한 점은, 이러한 효과가 훈련된 숙달자의 정신적 자기자극(self-stimulation)으로도 생성될 수 있다는 데 있을 것이다.

뉴버그와 다퀼리의 발견이 보편적으로 수용되지는 않았지만, 그 이후로 종교 활동에 참여할 때 특정 뇌 영역이 차별적으로 활성화된다는 것을 시사하는 후속 연구들이 나왔다. 그중 한 연구는 종교 텍스트(「시편」), 동요, 또는 공중전화카드 사용법 등을 암송하는 참가자들의 뇌를 탐구했다. 자신이 적극적으로 종교적인 사람이라고 보고한 참가자들(이 경우, 기독교인)은 「시편」을 낭독할 때 뉴버그와 다퀼리가 강조한 것과 대체로 동일한 영역[내측(medial) 두정엽, 배내측(dorsomedial) 전전두 피질과 배외측(dorsolateral) 전전두 피질. 둘 모두 안와전두

피질과 인접해 있음]에서 활동이 증가했다.[24] 또 다른 연구에서는 독실한 모르몬교도들을 대상으로 실험을 했는데, 네 가지 종교 활동(기도, 경전 읽기, 모르몬교 전단 읽기, 짧은 종교 영상 프레젠테이션 보기)을 하는 동안 종교적 감정의 정점에 대한 자기 보고와 연관된 반응이 일관되게 향상되었다. 이 향상된 반응은 측좌핵(nucleus accumbens), 복내측(ventromedial) 전전두 피질 및 전두 주의력 피질(frontal attentional cortex)에서 발생했다.[25] 앞의 두 가지 뇌 영역은 통증과 우정에 대한 반응에서 강한 엔도르핀 수용체 활성화와 관련이 있다.

임상 및 신경생물학적 증거 모두 종교적 경험(예를 들어, 환청, 신비체험, 방언 즉 혀로 말하기)의 성향이 특정 신경망과 관련이 있음을 제안한다. 이는 특히 우측 전전두 피질(특히 안와 전두엽, 내측 및 외측 전전두 피질), 우측 측두극(temporal pole, 측두엽의 끝부분), 그리고 변연계(특히 편도체와 해마)를 구성 단위로 포함하며, 도파민과 세로토닌 신경전달체계와 함께 작동한다.[26]

또한, 임상 증거는 측두엽뇌전증이 극단적인 형태의 종교성과 자기 위화감(예를 들어, 유체 이탈 경험, 시공간 왜곡, 강렬한 의미 부여의 느낌)을 유발한다는 것을 일관적으로 드러낸다. 심지어 측두엽 깊숙한 곳에서 발생하는 일시적인 미세 발작도 뚜렷한 임상적 증상 없이 이러한 종교적 효과를 낼 수 있다. 정신상태 변형의 종교적 경험 및 비종교적 경험을 촉발하는 향정신성 약물들(LSD, 실로시빈, 메스칼린, DMT 등)은 뇌간의 봉선핵(raphe nuclei) 활동을 억제하여 세로토닌 생성을 감소시킨다.[27] 이는 전두엽의 지각 입력 검열 능력을 감쇄하여, 지각 왜곡, 분열된 자아감, 향상된 영적 깨달음, 신비 체험 등을 초래하는 것으로 보인다. 이는 다시 도파민 시스템의 활성화를 증가시켜, 동시에 고양감과 쾌감을 만들어 낸다.

종교성과 종교적 경험을 뒷받침하는 것으로 확인된 측두-전두-변연 네트워크는 정신화 및 사회적 관계 관리에서 핵심적인 역할을 하는 디폴트 모드 네트워크와 상당히 유사해 보인다. 대다수 종교인들이 자기가 신과 인격적인 관계에 있다고 믿는다는 점을 고려할 때, 이는 우연이 아닐지도 모른다. 또한, 이 뇌 영역들은 엔도르핀 수용체로 가득 차 있다. 다시 말해, 우리가 종교적 모드에 있을 때 활성화되는 뇌의 신경 회로가 존재한다는 것은 전혀 놀랄 일이 아닐 수 있다. 마음 이론 네트워크가 종교적 경험에서 중요한 역할을 할 수 있으며, 특히 엔도르핀과 세로토닌 시스템의 활동이 관련될 때 그런 것으로 보인다. 결국, 종교는 강력한 사회적 현상이다. 그것은 신비의 절정에서 두 마음 — 당신과 신 — 사이의 직접적 상호작용을 포함한다.

이 장에서 나는 영장류(따라서 인간)의 사회적 관계의 심리적 기초와 사회적 유대에 관여하는 신경생물학적 메커니즘을 탐구하고자 했다. 여기에는 별개인 세 주제가 함께 얽혀 있다. 하나는 유대 형성 과정 자체의 심리학이다. 이는 엔도르핀 시스템 그리고 정신화 및 동종 선호를 뒷받침하는 인지적 장치에 뿌리를 두고 있다. 두 번째는 친밀한 우정을 결속하는 이 메커니즘이 어떻게 더 커다란 공동체를 결속하는 데까지 확장되었는가 하는 문제다. 세 번째는 특히 정신화 같은 인지적 요소들이 실제로 종교 교리 개념을 다루는 우리의 능력에 지니는 함의다. 다음 장에서는 두 번째 주제가 특히 종교적 맥락에서 어떤 역할을 하는지에 대해 더 이야기할 것이다. 바꿔 말하자면, 종교의례들이 그 결속 메커니즘을, 그리고 특히 엔도르핀 시스템을, 어떻게 활용하도록 설계되었는지를 살펴볼 것이다. 세 번째 주제는 7장에서 종교의 기원 시기를 고려할 때 다시 논의할 것이다.

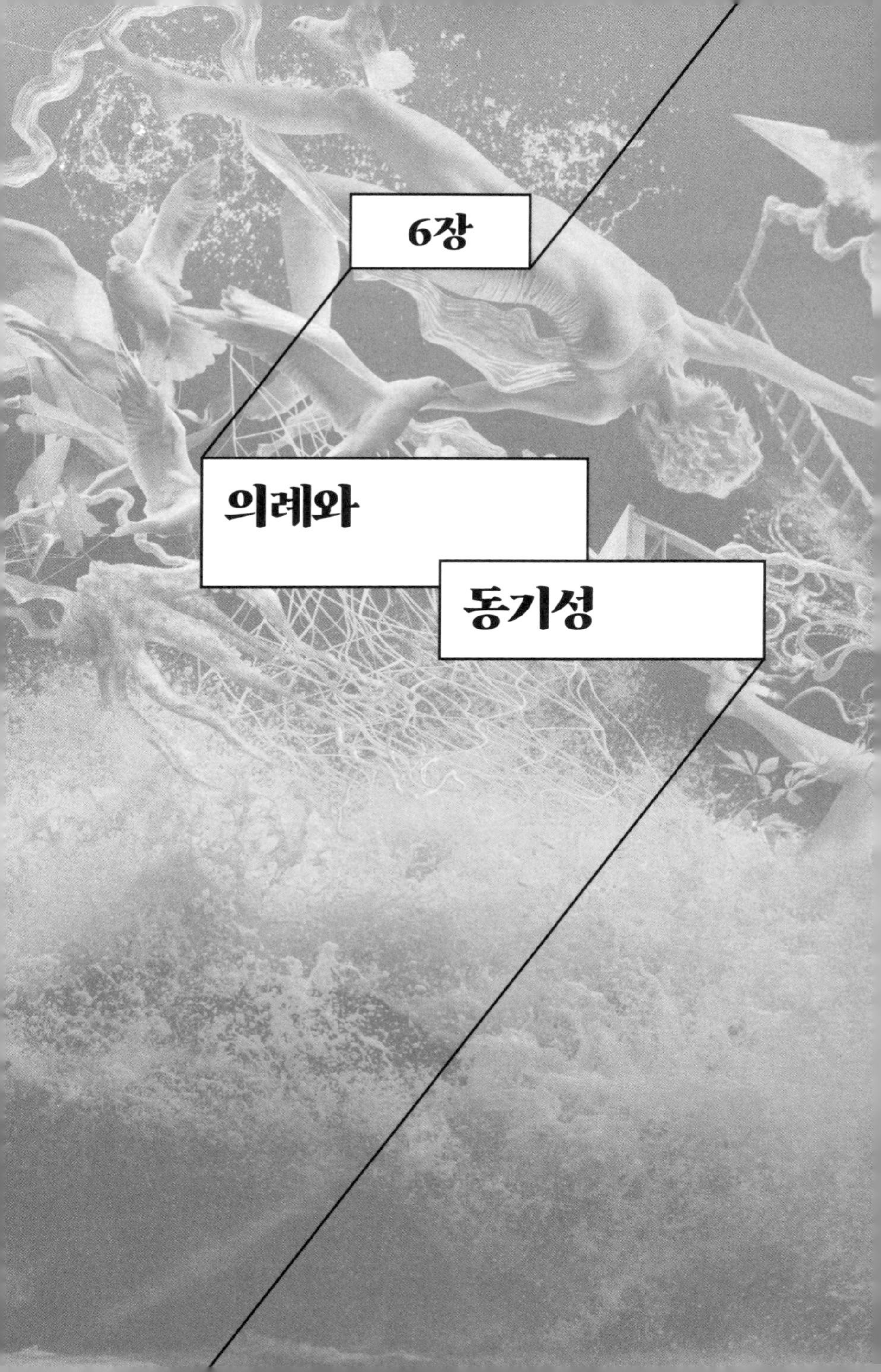

6장

의례와 동기성

How Religion Evolved:
And Why it Endures

의례는 거의 모든 종교에서 근본 토대를 형성한다. 의례는 교리종교에서 종교 예식의 중심 부분을 제공하는 한편, 샤먼종교에서 신들을 달래거나 행운을 만들거나 트랜스에 진입하기 위한 실천들을 식별한다. 의례의 중요한 특징 두 가지는 종종 고도의 동기성(synchrony)을 구현한다는 것과(예를 들어, 전체 회중이 동시에 무릎을 꿇거나, 앉거나, 노래를 부름) 정확한 방법 및 정해진 순서로 수행되어야 한다는 것이다. 의례를 잘못 수행하면 대개 그 효과도 무력화된다. 즉, 퍼포먼스가 만족스럽지 않으면, 신들은 바라는 대로 응답하지 않을 것이다.

종교사회학의 대가 중 한 명인 로버트 벨라(Robert Bellah)는 의례가 인간이 세상을 경험하는 방식을 변화시키며, 바로 이것이 의례가 선택된 이유라고 주장했다.[1] 우리는, 예컨대 기분이 중립적인 자극을 보는 방식에 영향을 미칠 수 있다는 것을 안다. 이를 뒷받침하는 증거 중 하나는 슬픈 음악을 들은 참가자들이 슬픈 얼굴을 더 슬프게, 행복한 얼굴을 덜 행복하게 평가한 연구에서 나왔다.[2] 또 다른 연구에서는 3일간 연속으로 중립적 주제에 대해 쓰게 한 사람들보다 강렬한 긍정적 경험에 대해 쓰게 한 사람들이 그 이후 날들의 기분을 더 긍정적으로 평가했고, 클리닉을 방문한 횟수도 적었다는 결과가 나왔다.[3] 이런 효과는 뇌 연구에서도 찾을 수 있다. 긍정적 기분을 유도한 후에는 시각피질의 활성화가 증가하고, 부정적 기분을 유도한 후에는 같은 자극에 대해 전전두 피질과 측두 피질의 활성화가 감소했다.[4]

벨라는 의례가 동물의 놀이 행동에서 기원했다고 제안했다. 동물과 인간의 놀이는 반복적 행동 패턴으로 형성된다는 점에서 의례화의 형태를 지닌다. 동물의 놀이에는 빠르고 활발하며 종종 돌발적인 동작들이 무척 많은 신체접촉, 물기, 뒹굴기 등과 결합되어 있는데, 이는 엔도르핀 시스템을 활성화시키는 가장 효과적인 방법이다. 이는 단지 따뜻함, 즐거움, 신뢰의 심리적 분위기를 조성할 뿐만 아니라, 우호적 관계를 강화하여 중립적인 세계를 긍정적인 사회적 세계로 변화시키는 역할을 한다. 이는 인간 사이에서 웃음이 하는 역할과 매우 비슷하다.

인간의 많은 사회적 의례, 심지어 일부 종교의례도 이와 유사한 놀이의 분위기를 가지고 있다. 그 예로 힌두교의 홀리

(Holi)축제를 들 수 있다. 이는 사랑과 색채의 봄 축제로, 참가자들이 서로에게 색깔 가루나 물을 뿌리며 즐기는 축제다. 겨울의 끝과 새해의 시작을 축하하는, 기쁨과 즐거움이 가득한 일주일간의 행사다. 적어도 한 전통에 따르면, 이는 크리슈나를 향한 라다의 신성한 사랑을 기념하는 것이다. 이런 의례가 야기하는 기쁨과 웃음은 필연적으로 엔도르핀 시스템을 활성화시키고 즐거움과 공동체적 유대감을 느끼게 한다.

의례에 무엇이 들어 있을까?

의례는 거의 무한히 다양한 형태를 취할 수 있지만, 투입되는 노력의 정도에 따라 크게 세 가지 유형으로 압축된다. 낮은 노력 의례(low-effort rituals)는 일반적으로 특정 장소나 시간에서의 간결한 행위를 포함한다(교회에 들어갈 때 무릎을 꿇거나 십자가를 그리는 행동, 성인의 조각상이나 무덤에 입 맞추기 등). 중간 노력 의례(medium-effort rituals)는 예식에 참여하는 것을 포함한다(예를 들어, 노래 부르기, 무릎 꿇고 기도하기, 요가 명상 등). 극단적 의례(extreme rituals)는 참여자에게 상당한 육체적 고통을 초래한다. 낮은 노력 의례는 보통 혼자 수행하며, 중간 노력 의례 및 극단적 의례는 더 명백히 사회적이며 종종 공동체적으로 수행된다(예식에서 모든 회중이 동시에 같은 방식으로 행동하거나, 많은 극단적 의례의 경우, 구경꾼들 앞에서 공개적으로 행해진다).

의례는 의미를 지니고 있다는 사실로 정의되는 듯하다. 단순히 그냥 자기 자신을 채찍질한다는 것은 말이 안 될 것이다. 하지만 종교적 의미를 지닌 채찍질은 그 경험을 완전히 다른 심리적 차원에 가져다 놓는다. 가장 극단적인 의례의 경우에는 그 의미가 특정 종교나 문화에 특화될 것이다. 한편, 제단이나 신상을 향해 겸허한 태도로 다가가는 것과 같은 낮은 노력 의례의 의미는 거의 보편적일 수 있다.

불 위 걷기(firewalking)는 극단적 의례의 가장 잘 알려진 사례다. 불 위 걷기는 피지(1900년대 초에 불 위 걷기로 관광명소가 됨), 폴리네시아의 일부 지역, 스페인, 그리스 등에서 행해지지만, 기원전 1200년경 인도에서도 이 사례에 대한 역사적 언급이 있다. 이는 불에 의한 시험의 한 형태로, 신자들은 불붙은 잿더미를 맨발로 건넌다. 이는 분명히 피부를 태울 것처럼 보이지만, 실제로는 잿더미가 섭씨 약 500도 정도로 식었을 때 일정한 속도로 걷는다면 괜찮다. 애팔래치아산맥의 일부 오순절파 섹트가 행하는 뱀 다루기도 약간 비슷한데, 사용되는 뱀은 보통 방울뱀이어서 물리면 죽을 수도 있다(매우 드물지만 실제로 일어남). 수많은 종교들이 심각한 고통을 수반하는 대규모 의례에 참여한다. 남아시아 타밀 힌두교의 타이푸삼(Thaipusam) 축제 동안, 무루간(Murugan)을 믿는 사람들은 사원으로 공물이나 짐(**카바디 아탐**, *kavadi aattam*)을 지고 가며, 종종 피부를 꼬챙이로 뚫어 고통을 더한다. 또 다른 예로, 필리핀 일부 지역에서는 성금요일에 그리스도의 수난과 십자가 처형을 재현하는 행사가 열린다. 참회자들은 십자가에 못 박히기를 자원한다(4인치짜리 쇠못이 손과 발을 관통한다). 일부 사람들(남녀 모두)은 매년 이 의례에 자원한다.[5]

자기 채찍질은 종교와 관련된 오랜 역사를 갖고 있다. 현재는 금지되었지만, 시아파 이슬람의 아슈라(Ashura) 축제(현대 이라크 지역의 카르발라 전투에서 서기 680년에 무함마드의 손자 후사인 이븐 알리가 순교한 것을 기념하는 행사)는 전통적으로 이런 자기 처벌의 형태와 연합되어 있었다. 이는 후사인의 죽음을 기리는 강렬한 공동체적 애도의 일부였다. 참여자들은 성지로 행진하면서 날이 있는 사슬로 자신을 채찍질했는데, 보통 행진하는 발걸음에 맞추어 동기화했다. 육신 죽이기[mortification of the flesh, 일곱 가닥 채찍을 사용한 자기 채찍질로 '훈육(discipline)'이라고 알려짐]는 서양 기독교 수도원 전통의 흔한 관행이지만, 보통은 사적으로 행해진다.[6]

고통을 수반하는 의례의 다른 흔한 형태로는 헤어셔츠〔hair-shirt, 고행자나 수도자가 맨살에 입는 거친 옷〕처럼 불편한 의복의 착용이나 단식이 포함되고, 아메리카 평원 인디언의 태양 춤(Sun Dance)과 아메리카 북서부의 만단족과 라코타족의 **오키파**(*okipa*) 의식과 같은 수행들도 있다. 이러한 의례 중 일부는 부족이나 공동체의 구성원을 나타내는 신호로 기능하지만, 다른 것들은 순수하게 종교적인 기능과 결부되어 있다. 그러나 이 구분은 때때로 모호해질 수 있다.

하지만 의례 대부분은 훨씬 더 온건한 부류에 속한다. 거의 모든 의례는 사회적 결속 메커니즘의 중심부를 이루는 행동 요소들을 포함한다. 특정 종교에서 그 요소들이 모두 나타나는 경우는 드물지만, 종교 예식에는 전형적으로 다음과 같은 요소들의 조합이 포함된다. 노래하기, 춤추기, 포옹하기(평화의 키스 또는 인사), 리듬 맞춰 절하기[하시드 유대교의 **슈클렌**(*shuklen*)], 감동적인 스토리텔링(열정적 설교, 경전 낭독, 자기 고백), 공동 식사[시크교의 주요 예식 후 공동 식사, 유대교의 유월절 식사 **세데르**(*seder*), 이슬람의 이드〔*Eid*, 아랍어로 '축제'. 보통 라마단을 종료하는 축제 기간을 가리킴〕 마지막의 공동 식사, 기독교 성찬식에서 그리스도 십자가형 전 최후의만찬을 기념하며 성체를 나누는 은유적 공동 식사 등].

리드미컬한 노래와 춤은 많은 종교의식에서 특히 중요한 역할을 한다. 활기찬 춤은 아프리카 기독교와 오순절파 기독교 예배의 중심부를 형성한다. 에티오피아 콥트교회에서는, **다브타라**(*dabtara*, 집사들)가 제단 앞에서 공식적으로 춤을 추는데, 이는 다윗왕이 언약의 궤 앞에서 춤을 추었다는 성서의 내용을 표상한다. 실제로는 기도 막대로 바닥을 두드리면서 느리게 몸을 흔드는 행동이며, 이는 음송(chanting), 드럼, 시스트라

〔sistra, 타악기의 일종〕 연주 등을 동반한다. 이와 유사하게, 19세기 셰이커교는 예배의 중심부를 형성하는 느린 춤으로 유명했다. 이 두 사례 모두에서 춤은 최면 효과를 지니는데, 이는 가톨릭교회 수도원 전통에서 느리게 상승하고 하강하는 그레고리오성가의 효과와 그리 다르지 않다. 음송은 불교 예식에서도 중요한 부분을 이루며, 종종 매우 단조로운 양식으로 낮은 음역대에서 수행된다. 특히 티베트불교의 일부 형태에서는 훈련되지 않은 사람의 범위를 넘어서는 매우 낮은 음역대로(목구멍 배음 창법으로) 수행된다.[7]

리듬 감각자극은 낮은 톤의 음성과 함께 아메리카평원 인디언의 태양 춤 의례와 북서부 해안의 살리시족(Salish)의 정령 춤에서 특히 중요한 역할을 한다.[8] 신경과학의 창시자 중 한 명인 윌리엄 그레이 월터(William Grey Walter)는 1930년대의 중요한 연구 시리즈에서, 드럼 소리 같은 강렬하고 급격한 소리가 내이 청각 메커니즘의 감각자극을 극대화한다는 것을 보여 주었다.[9] 이후 1960년대에는 청각 구동(auditory driving, 특정 소리에 의해 트랜스 상태가 유도되는 과정)으로 알려진 현상에 대한 연구에서, 이 효과가 낮은 음정과 높은 음량의 소리에 의해 가장 잘 생성되며, 이런 소리는 초당 3, 4, 6, 또는 8회의 드럼 리듬에 의해 만들어진다는 것이 밝혀졌다.[10] 태양 춤은 항상 수일간 단식과 탈수, 그리고 육체적으로 힘든 실천(예를 들어, 장거리달리기, 차가운 시냇물에서 목욕하기) 및 감각차단 후에 진행되었다. 그 의식 자체는 자기 고문과 낮은 주파수의 음송과 리드미컬한 드럼 비트(초당 3회)에 맞춘 격렬한 춤을 포함한다. 이 장면은 1970년 영화 〈말이라 불리운 사나이(A Man Called Horse)〉에서 리처드 해리스에 의해 기억에 남을 만큼 잘 재현됐다.

종교 예식 대부분에서 의례가 중심적 역할을 한다는 것은 왜 의례가 그토록 중요해야 하는지에 대한 의문을 제기한다. 일부 학자들은 의례가 소속감을 표현한다고 주장했다. 즉, 의례가 어떻게 수행**되어야 하는지**를 아는 것은 공동체의 일원임을 보여 주는 일이라는 것이다. 바른 어법, 바른 단어 사용, 적절한 이야기 등을 알고, 공공장소에서 적절한 행동, 옷차림, 헤어스타일 등을 아는 것과 마찬가지로, 의례의 올바른 수행은 구성원들만의 비밀 공식을 알고 있음을 입증한다. 우리는 여기서 성서 이야기를 상기시키는 쉬볼레트 가설을 생각해 볼 수 있다. 길르앗 사람들은 적들인 에브라임 사람들을 식별하기 위해 **쉬볼레트**(*shibboleth*, 히브리어로 '곡물'을 의미)라는 단어를 발음해 보라고 했는데, 이는 두 부족이 그 첫 음절을 다르게 발음했기 때문이다(*sib-* 대 *shib-*). 이런 점에서, 공동체 멤버십의 신호로 작용하는 의례는 분명히 '우정의 일곱 기둥(5장)'을 다시 떠올리게 한다.

대안적 제안의 하나로 값비싼 신호 가설(costly signaling hypothesis)이 있다. 이는 더 많은 시간, 불편, 돈, 고통 등을 감당할수록 공동체의 일원이 되고자 하는 욕망이 더 강해진다는 것이다. 의례 수행의 비용을 지불할 준비가 되어 있다는 것은 자신의 헌신을 다른 공동체 구성원들에게 공개적으로 입증하는 것이며, 이는 나중에 공동체를 떠나는 것을 심리적으로 더 어렵게 만든다. 19세기 미국 종교 공동체에 대한 연구에서, 지원자들이 가입을 위해 포기해야 했던 일들(욕설, 알코올, 고기, 사유재산, 성관계 등)이 많을수록 공동체가 더 오래 지속되었다는 사실을 상기해 보자. 이 태도는 언제나 **콩코드** 오류(*Concorde* fallacy, 시작하는 데 많은 비용을 지불했기 때문에 계속해서 진행하는 것)에 노출되어 있지만,[11] 그럼에도 불구하고 결국 비용이 이익을 너무 많이 초과하면 멤버십의 유지가 더 이상 가치 없게 되는 시점이 올 것이다. 실제로, 이는 철수하는 것이 경제적으로 현명할 수 있었던 단계를 훨씬 넘어섰을 수도 있다. 그리고 바로 그것이 핵심일 수 있다. 즉 이는 원래보다 공동체에 더 오래 머물도록 한다.

또 다른 두 가지 가능성은 친사회성 가설(prosociality hypothesis, 의례에 참여하면 공동체의 다른 구성원들에게 친사회적으로 행동하려는 의향이 더 커짐)과 공동체 결속 가설(community-bonding hypothesis, 의례가 공동체 감각을 만드는 데 도움이 됨)이다. 이슬람에서 금요일에 거지에게 자선 베풀기를 거부하지 않는 것은 우연이 아닐 수도 있다. 물론 금요일은 모두 모스크에 출석해 예배 의례에 참여하도록 권고된 날이다. 기도 의례에 참여한 후 사람들은 다른 요일보다 자선을 베풀려는 의향이 심리적으로 더 클 수 있다. 이는 기도 의례가 누구라도 더 관대한 느낌으로 대하게 하기 때문이거나, 모두를 공동체 구성원으로 느끼게 하기 때문일 수 있다(운이 덜 좋은 구성원들이니 도움을 받을 만하다).[12]

이러한 다양한 가설들은 종종 서로 대립하는 것으로 여겨져 왔다. 그러나 1장에서 우리가 배운 교훈은 하나가 맞다고 해서 나머지 모두가 반드시 틀렸다고 할 수는 없다는 것이다. 어떤 경우에, 그 설명들은 단지 같은 것을 표현하는 다른 방식일 수도 있기 때문이다. 쉬볼레트 가설과 값비싼 신호 가설의 차이는 단순히 정도의 차이일 수 있다. 두 가설 모두 공동체 일원임을 표시하지만, 하나는 피동적이고 다른 하나는 능동적이다. 다른 경우, 두 가지 설명들은 상이한 설명 수준에서 작동하고 있을 수 있다(틴베르헌의 네 가지 질문✦의 의미로). 그러나 이 모든 설명이 간과하는 더 근본적인 것이 있는데, 그것은 의례 대부분이 아마도 엔도르핀 시스템을 활성화시킬 것이라는 사실이다.

고통의 유발은 확실히 엔도르핀을 촉발하는데, 이는 엔도

✦ 니코 틴베르헌이 동물행동에 대한 진화적 설명을 위해 제시한 네 가지 질문. 개체의 발달과 메커니즘에 대한 질문은 근연 인과율의 설명을, 계통발생에 대한 질문과 적응형질에 대한 질문은 궁극 인과율의 설명을 요구한다. 이 책 1장과 3장 참조.

르핀이 뇌의 통증관리 시스템의 일부이기 때문이다. 그러나 조깅이나 춤추기와 같은 리드미컬한 움직임도 엔도르핀을 유발하는 데 매우 효과적이다. 또한 엔도르핀 시스템은 실제로 낮은 강도의 지속적인 고통(조깅 시 발생하는 고통 등)에 가장 잘 반응하기 때문에 노골적인 통증보다 더 효과적일 수 있다. 덜 고통스러운 의례들, 특히 예식에 명시적으로 포함된 의례들은 리드미컬한 특성이 있어 엔도르핀 시스템을 활성화시키는 데 매우 효과적일 수 있다. 이 주제에 대해서는 나중에 다시 논의할 것이다. 여기서는 먼저, 이와 관련된 신경심리학에 대해 조금 더 자세히 살펴보자.

의례의 신경심리학

지금은 노래하기, 춤추기, 감동적인 스토리텔링과 같은 행동들이 뇌에서 엔도르핀의 흡수를 촉진하며, 이것이 다시 이 행동을 함께 수행하는 사람들의 유대감을 강화한다는 상당한 증거가 있다. 또한, 고통 유발이 집단 소속감을 강화한다는 확실한 증거도 있는데, 이는 극단적 의례에 이 메커니즘이 관여하고 있음을 시사한다.

일련의 실험에서, 낯선 사람들 2~5명으로 이루어진 소규모 그룹에게 고통스러운 과제나 비슷하지만 고통스럽지 않은 과제를 함께 수행하게 한 후, 긍정적 정서, 부정적 정서, 그룹에 대한 소속감 등을 평가하도록 요청했다. 고통스러운 과제는 얼음물이 담긴 양동이에서 디스크를 건져 내거나 로마 의자 자세(Roman Chair position, 벽에 기댄 것처럼 앉아 버티는 과제)를 취하는 것을 포함했다. 고통스럽지 않은 과제는 실온의 물이 담긴 양동이에서 디스크를 건져 내거나 한쪽 다리로 1분 동안 서 있도록 했다(고통이 생길 경우 다리를 바꿀 수 있음). 디스크 건지기는 이 작업에 목적이 있는 것처럼 보이게 하는 미끼였다. 긍정적 정서나 부정적 정서에서 두 조건 간 차이는 없었지만, 고통을 함께 겪은 사람들은 고통스럽지 않은 과제를 수행한 사람들보다 서로 더 강한 유대감을 느꼈다. 이는 연령, 성별, 그룹 크기를 통제한 경우에도 마찬가지였다. 두 가지 후속 실험에서, 참가자들은 고통 과제를 완료한 후 표준 경제 게임에 참가하도록 초대되었다. 그 경제 게임은 플레이어들이 자신의 보수 일부를 공동기금에 기부하고, 그룹 전체의 기부액에 따라 더 큰 보상을 받을 수 있는 공공재 과제(public good task)였다. 여기서도 고통을 경험했던 그룹의 참가자들은 과제가 더 고통스러웠다고 평가했지만, 정서 면에서는 차이가 없었다. 그럼에도 불구하고, 고통 있는 그룹에 속한 사람들은 고통 없는 그룹에 속한 사람들보다 현저하게 더 많은 돈을 공동기금에 기부했다. 세 번째 실험에서는 참가자들에게 아주 매운 고추를 먹게 해 고통을 유발했고, 고통 없는 그룹의 사람들에게는 사탕을 주어 기부 결정 전에 먹게 했다. 이 경우에도 고통 있는 조건의 참가자들이 고통 없는 조건의 참가자들보다 공동기금에 더 넉넉히 기부했다.[13]

명시적으로 종교적인 맥락에서 엔도르핀 시스템의 역할을 탐구하기 위해, 영국의 전통적인 기독교 교회 예식(복음주의에서 성공회에 이르기까지 전 스펙트럼을 포함)과 브라질 남부 아프리카계 브라질인의 〔종교〕 움반다(Umbanda)의 트랜스 기반 예식(2장 참조)이 샘플링되었다. 두 종류 모두에서 예식 후 고통 역치와 그룹 유대감의 자기평가가 증가했다. 그러나 고통 역치의 변화는 움반다 그룹에 비해 영국 교회에서 훨씬 덜 강했는데, 이는 아마도 움반다 예식이 훨씬 더 강렬하고 격렬했기 때문일 것이다. 전반적으로, 사회적 유대감의 변화는 고통 역치의 변화에 의해 유의미하게 예측되었으며, 이는 국가, 신과 연결되어 있다는 감각, 예식 참석 빈도, 연령 및 성별 등을 통제했을 때도 마찬가지였다.[14]

이 효과가 의례의 종교적 요소 때문에 나타난 건지, 아니면 단순히 신체 움직임의 효과일 뿐인지를 확인하기 위해, 조건을 보다 엄밀하게 통제할 수 있는 실험실 기반 연구가 마련되었다.[15] 하타 요가(Hatha yoga)가 사용되었는데, 이는 대학에 이런 요가 수업이 많이 개설되고 있어 지나치게 인위적인 느낌 없이 요가 수업을 실험실 환경으로 쉽게 옮겨 놓을 수 있기 때문이다. 또 정확히 동일한 운동을 종교적으로 혹은 세속적으로 제시할 수 있어, 두 조건 간의 차이를 최소화하는 데에도 도움이 되었다. 수업은 같은 사람이 진행했는데, 전문 요가 강사이자 저자인 스와미 암비카난다 사라스와티(Swami Ambikananda Saraswati)가 맡았다. 사라스와티는 한 세트 수업에서는 그 운동을 요가 철학과 이론으로 설명하는 방식으로(종교적 조건), 다른 세트 수업에서는 순전히 세속적인 것으로(단지 일반적인 웰빙에 영향을 미치는 일련의 신체운동으로) 제시했다. 두 조건 모두에서 한 시간 수업과 그 후 몇 주 동안 그룹에 대한 사회적 유대감이 증가한 반면, 두 종류의 수업 간 차이는 미미했다. 그러나 두 조건 간에 유의미한 차이도 있었다. 과정이 진행됨에 따라 참가자들이 더 높은 영적 힘과 점점 더 가까운 연결감을 느꼈는지 여부에서, 영적 그룹이 세속 그룹보다 자신을 훨씬 더 높게 평가했다. 이는 참가자들의 기본적인 영성 또는 종교성 정도에 영향을 받지 않았으며, 실험 전반에 걸쳐 일정하게 유지되었다. 이는 단순히 그 운동을 수행함으로써 나온 결과였다.

관찰된 고통 역치 증가가 실제로 엔도르핀 활성화 때문인지를 확인하기 위해, 한 요가 수업과 브라질의 여러 움반다 예식을 대상으로 후속 실험이 진행됐다. 각 경우에 참가자 절반에게는 엔도르핀 차단제(날트렉손, naltrexone)를, 나머지 절반에게는 위약을 투여했다.[16] 예식 전에 투여한 엔도르핀 차단제는 뇌의 엔도르핀 수용체에 결합하므로, 이후 예식에서 활성화된 엔도르핀은 작용할 곳이 없게 된다. 따라서 날트렉손을 투여받은 사람들의 고통 역치와 유대감은 위약을 투여받은 사람들보다 낮아야 한다. 실제로 날트렉손을 복용한 사람들은 예식 후에 위약을 복용한 사람들에 비해 그룹의 다른 구성원들과의 유대감을 덜 느꼈다(그림 6). 위약을 투여받은 사람들은 엔

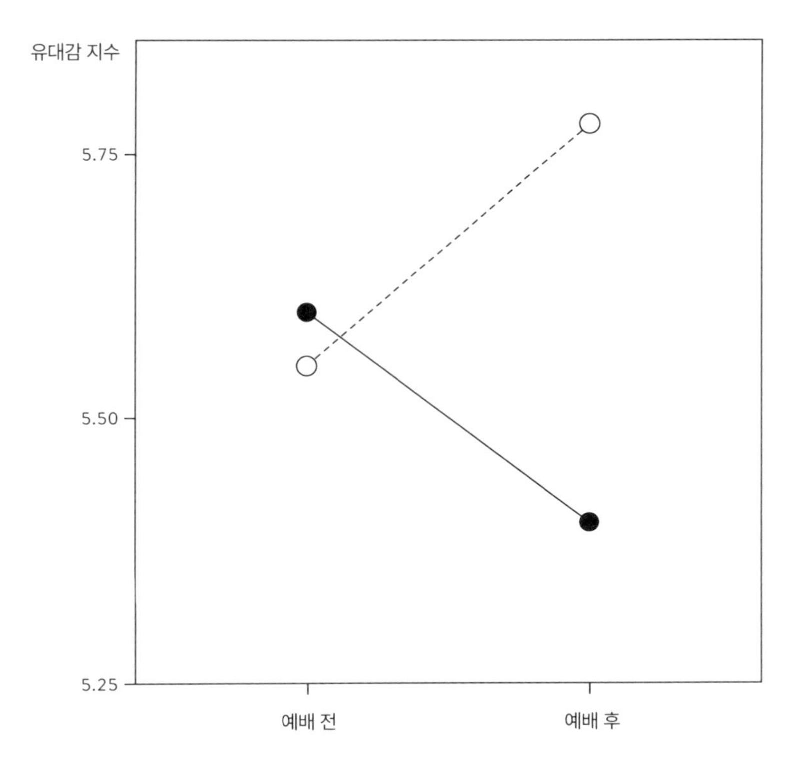

그림 6. 엔도르핀 차단제 날트렉손(검정 표시) 또는 위약(흰 표시)의 투여가 종교 예배 전후의 유대감에 미치는 효과. 회중의 다른 구성원들과의 유대감은 각 참가자에게 '타인 포용성(Inclusion of Others in Self, IOS)' 평가 척도를 사용하여 평가했다.[17]

도르핀 시스템이 활성화될 때 기대할 수 있는 표준적인 유대감 증가를 보였다.

한 후속 연구는 일요 공회(Sunday Assembly) 모임에서 수행되었는데, 종교적 또는 초월적 관점이 공동체 유대감에 얼마나 중요한지를 알아보고자 했다. 일요 공회 운동은 2013년 런던에서 전통적인 일요일 교회 예배의 세속적 버전을 제공하기 위해 시작되었다. 전형적인 예식은 잘 알려진 세속 노래들(보통 밴드가 동원되고, 큰 모임에서는 합창단도 포함됨), 시 낭송 또는 유사한 활동, 공회 회원의 영감을 주는 이야기, 때로는 방문 연사의 TED 스타일 강연, 그리고 조용한 성찰의 시간 등으로 구성된다. 또한 일반적으로 공동체의 공지 사항과 모임 비용 및 선한 목적을 위한 모금 등이 포함될 수 있다. 이후 다과 혹은 심지어 공동 식사도 있을 수 있다. 이처럼 정기적으로 모이는 그룹은 종교적 회중과 구별하기 위해 보통 '챕터(chapters)'라고 불린다. 5~15명으로 구성된 더 소규모의 특별 목적 관심 분야 그룹도 챕터 내에 형성될 수 있다. 이 그룹들은 공예나 맥주 시음 또는 자원봉사 커뮤니티 활동과 같은 외부 활동과 관련될 수 있다. 이 운동이 시작된 이후 10년 동안, 전 세계 8개 국가들(주로 영어권)에서 45개 챕터가 설립됐다.

여러 면에서 일요 공회 운동은 세속적 또는 인본주의적 종교를 만들기 위한 과거의 여러 시도와 유사하다. 여기에는 1853년 런던에서 설립된 '인본주의종교협회(Humanistic

Religious Association)'와 같은 시기에 프랑스 실증주의 철학자 오귀스트 콩트가 설립한 인류교(Religion of Humanity, 올더스 헉슬리가 '기독교를 뺀 가톨릭'이라고 묘사한 것으로 유명함)가 포함된다. 여전히 존재하고 있지만, 어느 쪽도 특별히 성공적이지는 않았다. 이는 초월적 차원과 영적 세계에 대한 믿음이 없는 종교는 그다지 잘 작동하지 않음을 시사할 수 있다. 이러한 이유로 일요 공회는 의례의 영적 구성 요소가 순전히 기계적인 속성에 비해 얼마나 중요한지를 테스트할 수 있는 이상적인 맥락을 제공한다.

일요 공회의 챕터에서 진행된 실험은 전통적인 교회 예배 후에 관찰된 것과 비슷한 사회적 유대감 향상을 보였지만, 교회의 구성원들은 일요 공회의 회원들보다 훨씬 높은 수준에서 시작했다(이는 종교적 차원이 갖는 누적된 이익이 있음을 시사하는 것일 수 있다). 개인의 영성이나 종교성 수준은 예식 참석에 따른 유대감의 변화에 영향을 미치지 않았으며, 이는 모임이 세속적이든 종교적이든 관계없었다.[18]

또 다른 연구에서는 전 세계에서 모집된 일요 공회 회원들에게 6개월 동안 웰빙을 측정하는 일련의 설문을 완료하도록 요청했다. 설문 결과는 회원들이 챕터 내에서 가까운 친구 수가 16퍼센트 증가하는 이점을 얻었음을 시사했다. 그러나 가장 확실한 발견은 회원들이 챕터 내의 소규모 그룹 활동에 할애한 시간이 많을수록 웰빙의 감각이 더 커졌다는 점이다. 이는 적어도 남성의 경우에 해당하며, 여성의 경우는 그렇지 않았다.[19] 이 마지막 결과는 우정 형성에 대한 우리 연구가 보여 준 것처럼, 남성의 사회적 유대는 활동에 기반한 클럽 같은 특성을 가지고 있으며, 여성의 경우는 대화 중심적이고 더 쌍방적(dyadic)이라는 사실을 반영하는 듯하다.[20]

종합해 볼 때, 이러한 다양한 연구들은 종교적 예식에 출석하고 관련 의례에 참여하는 것이 엔도르핀 시스템을 활성화시켜 의례 활동 참여자들 간의 유대감을 강화함을 시사한다. 고통 역치의 증가나 유대감의 강화가 반드시 종교적 맥락 자체로 인한 것은 아닐 수 있지만, 의례는 종교적 맥락에서 **의미**를 얻어 그 효과를 강화할 수 있다. 종교적 맥락이 중요한 또 다른 이유는 정기적으로 예식에 출석하고 의례에 참여하는 일을 지속하기 위한 인센티브를 그것이 제공한다는 것이다.

동기성의 역할

여러 면에서, 의례의 가장 두드러진 특징은 늘 동기화되어(in synchrony) 수행된다는 점이다. 예배의 각 부분은 밀접한 순서로 진행된다. 모두가 동시에 일어서거나 무릎을 꿇거나 앉거나 엎드린다. 십자성호를 긋는 것과 같은 의례적 행위도 함께 이루어진다. 노래는 시간에 맞춰 부른다. 기도는 한목소리로 낭송된다. 춤이 있는 곳에서는 춤도 동기화된다. 동기화된 행위에는 공동체 감각을 현저하게 강화하는 최면적 요소가 있다.

내가 동기성의 중요성을 처음 인식하게 된 것은 콕스-에이트(coxed-eight) 조정〔조타수 한 명과 노를 젓는 크루 여덟 명이 승선하는 조정 경기〕 선수들을 연구했을 때였다. 우리는 이들을 보트가 아니라 조정 선수들이 훈련하는 기계인 에르고미터를 사용해 체육관에서 연구했다. 우리는 처음에는 대상자들(모두 엘리트 조정 팀의 최고 선수들)을 개별적으로 테스트한 다음, 그다음 주에는 가상의 보트로 동시에 함께 노를 젓는 것을 테스트했다. 예상대로 조정의 신체적 노력은 엔도르핀 효과를 생성했다(적어도 과제 후 고통 역치의 증가로 측정됨). 하지만 동기화하여 노를 저을 때에는 혼자서 할 때보다 이 효과가 100퍼센트 증가했다. 이는 추가적인 노력 없이도 발생했다(에르고미터 컴퓨터로 확인할 수 있었음).[21] 동기화된 노 젓기에는 엔도르핀 분비를 증가시키는 무언가가 있었다. 이런 현상이 어떻게 또는 왜 발생하는지는 아직 모르지만, 우리의 조정 연구는 다른 연구자들에 의해 재현되었다. 그리고 우리는 춤 동작을 사용한 일련의 연구에서도 정확히 같은 효과를 확인했다.[22]

이 연구들이 수행된 이후 동기성에 대한 보다 자세한 연구들이 다수 진행되었다. 한 연구에서는 사람들에게 단순한 팔 움직임을 혼자서 또는 협력자와 동기화하거나 동기화하지 않은 상태에서 수행하도록 요청했는데, 대상자와 협력자가 긴밀하게 동기화될 때 고통 역치가 상승하고 대상자가 협력자를 더 신뢰하게 된다는 것을 확인했다. 동시에 동기화는 그들 사이의 유대감을 독립적으로 증가시켰고, 그것은 다시 호감과 협력을 증진시켰다.[23] 또 다른 연구는 40~50명으로 구성된 대규모 그룹을 스포츠 경기장에 모아서, 연구 조교가 빠르게(고각성) 또는 느리게(저각성) 걷는 것에 따라 경기장을 돌도록 요청했다. 그룹의 절반은 조교와 발을 맞추어 걷도록 지시받았고(동기화 그룹), 나머지 절반은 자기가 원하는 대로 걸을 수 있게 했다(비동기화 그룹). 운동 후, 고각성(빠른 행진) 그룹의 대상자들은 서로 더 가까이 서 있었고 저각성(느린 행진) 조건의 그룹보다 협력과제를 더 효율적으로 수행했다. 동기화는 고각성 그룹에서 이 효과를 증진시켰지만, 저각성 그룹에서는 그렇지 않았다(우리가 이전에 춤 연구에서 발견한 바와 같다).[24] 한 그룹에게 서로 동기화 혹은 비동기화 상태로 무작위 단어 목록을 읽도록 했을 때도 유사한 효과가 나타났다. 이는 일제히 낭송하는 행위조차 그룹 내 협력 수준을 증가시킨다는 것을 시사한다.[25] 다시 한번, 그레고리오성가의 제창이 떠오른다.

한 가지 중요한 점은 동기화가 명확하게 목표지향적인 과제와 관련되어야 한다는 것이다. 다시 말해, 분명한 목적이 있어야 한다. 이는 네 명으로 구성된 그룹들이 단순한 행위를 다른 사람들과 동기화해 수행하거나(사회적 목표가 있는 동기성) 또는 메트로놈에 맞춰 수행하는(사회적 목표가 없는 동기성) 간단한 실험에서 처음으로 입증되었다. 목표가 있는 동기화 조건의 그룹은 다른 조건의 그룹보다 공동기금에 훨씬 더 많은 기부를 했다. 공통의 초점을 가지면 단순히 동기성만 있을 때보다 더 높은 수준의 협력이 나타났다.[26]

종교의례를 위해 이것이 어떤 의미가 있는지는 다양한 종교적 관심사와 사회적 관심사를 대표하는 아홉 개 그룹을 대상으로 수행된 보다 자연주의적인 연구에서 조사되었다.[27] 아홉 개 그룹은 자연적 하위집단 세 개로 나뉘었다. 활동이 일제히 수행되는 정확한 동기성 그룹 세 개(요가 그룹, 불교 찬송 그룹, 힌두교 헌신적 노래 그룹), 활동이 고도로 조정되지만 반드시 완전한 동기성은 아닌 보완적 동기성 그룹 네 개(카포에라[28] 그룹 , 드럼 연주 서클, 합창단, 기독교 교회 그룹), 그리고 비동기화 그룹 두 개(포커 클럽, 달리기 그룹)이다. 각 그룹은 일상적인 활동을 수행한 다음 표준적인 공공재게임을 했다. 다시 한번 동기성은 그룹에 대한 소속감(친사회적 감정)과 신뢰를 예측했다. 그러나 오직 동기성과 소속감이 결합된 경우에만 활동과 관련된 신성한 가치의 감각을 예측했으며, 이는 다시 협력성을 예측했다(공공재게임에서 기부액으로 측정됨). 그룹 활동의 빈도나 지속시간은 협력 수준에 어떤 영향도 미치지 않았다. 다시 한번 어떤 종류이든 종교적인 목적이 동기화된 의례에 참여하는 효과를 증폭시키는 것 같다.

노래는 의례의 특히 흥미로운 사례다. 대다수 종교에서는 예식의 일환으로 노래를 사용한다. 대부분의 경우, 이는 단성부 제창의 형태로 수행되며, 다성부 합창은 주로 훈련된 합창단의 콘서트형 퍼포먼스로 제한된다. 여태 완전히 간과되어 온 것으로 보이는 공동 노래 부르기의 특징은 남성과 여성의 목소리가 정확히 한 옥타브 벌어져 있고, 단성부 제창이 음역대가 다른 목소리들로 재현될 수 있다는 사실이다.✦ 이 현상은 **옥타브 등가성**(octave equivalence)으로 알려져 있다. 여성과 아이는 같은 음역대를 가지지만, 남성의 목소리는 사춘기 후에 내려가 20세쯤에 한 옥타브 낮은 음역대로 안정화된다. 남성의 낮은 음역대는 전통적으로 성선택의 영향으로 여겨져 왔다(낮은 목소리는 더 큰 체격을 시사한다. 따라서 이는 생식 가능한 여성에 접근하기 위한 충돌에서 우월한 경쟁력이 있음을 나타내고, 결과적으로 더 깊은 목소리를 가진 남성이 더 매력적으로 여겨진다). 그러나 이것은 왜 정확히 한 옥타브 차이가 나야 하는지를 설명하지 않는다. 사실, 남성의 목소리는 몸집에 비해 상당히 낮은데, 만약 목소리의 음높이가 체격에 직접 비례한다면 인간 남성의 키는 10피트(약 3미터) 정도가 되어야 한다. 옥타브 등가성은 남성과 여성의 목소리를 일치시켜 (상대적으로) 큰 규

✦ 음향음성학적으로 본다면, 여성의 음역대는 남성의 음역대보다 8음 음계상 평균 5도 정도 높게 형성된다. 이로 인해 단성부 제창을 할 때 여성과 남성이 대개 한 옥타브인 8도 차이를 두고 노래하는 것을 편안하게 느낀다. 저자가 남녀의 음역대를 한 옥타브 차이로 설명하는 것은 바로 이러한 현상을 염두에 둔 것이다.

모 집단에서 공동체적 유대감을 조성하기 위해 특별히 설계된 것으로 보인다.[29] 같은 음으로 노래 부르기는 '스릴'(등골이 오싹한 느낌)의 감각을 유발하는 '스위트 스폿'을 만들어 내고 소속감에 기여하는 것으로 보인다. 이것이 바로 그레고리오성가가 매우 성공적으로 만들어 내는 효과다.

종합해 보면, 이 연구들은 의례가 엔도르핀 시스템을 활성화시켜 소속감과 공동체 유대감을 만드는 데 중요한 역할을 한다는 것을 시사한다. 동기성은 엔도르핀 효과의 크기를 과장함으로써 특히 이런 측면에서 강력한 역할을 하는 것으로 보이지만, 그것이 어떻게 또는 왜 그렇게 되는지는 완전히 명확하지 않다. 이 점에서 의례는 더 전통적인 세속적 맥락에서의 웃음, 노래, 춤과 매우 유사하다. 의례의 의미나 종교적 의의 자체는 우리가 예상했던 것보다 훨씬 덜 중요한 것으로 보이지만, 동기화와 결합될 때에는 추가적인 가치를 제공하고 의례의 결속 측면을 유의미하게 증가시킨다.

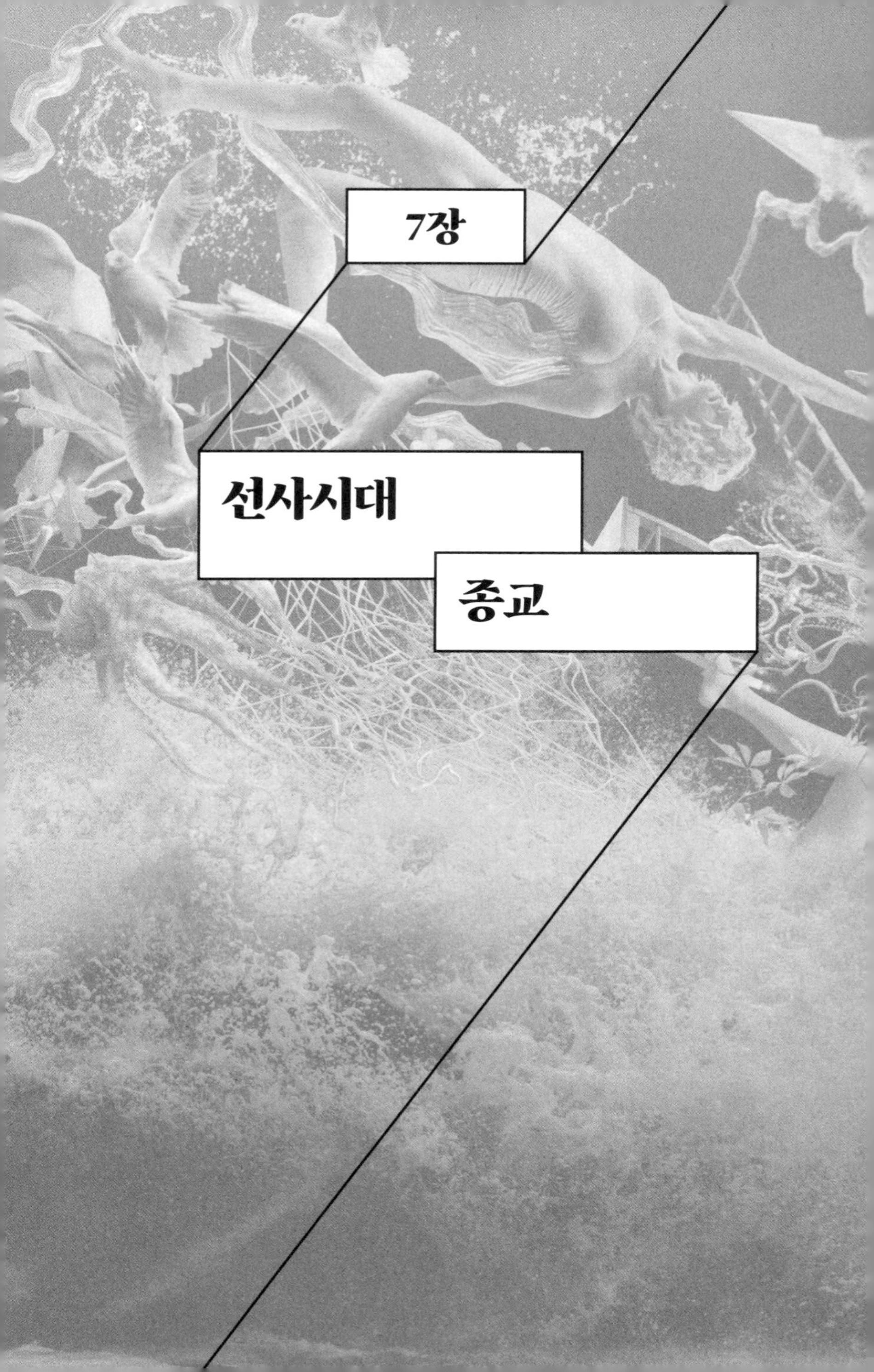

7장

선사시대 종교

How Religion Evolved:
And Why it Endures

행동과 마음은 화석으로 남지 않기 때문에, 깊은 선사시대의 종교가 어떤 모습이었는지 아는 것은 불가능하다. 물론 고고학적 기록이 단서를 제공하지만, 이는 기껏해야 수행되었을 수도 있는 어떤 의례들의 우연한 잔재일 뿐이다. 우리는 어떤 그릇이 신에게 제사하는 의례에 사용된 것인지 아니면 일상적인 식사에 사용된 것인지 항상 단정할 수는 없다. 조각된 석상이 신단(shrine)에서 숭배된 신을 표상하는 것일까, 아니면 그저 좋아 보여서 집에 두었던 장식품일까? 나아가 어떤 건물이 주거 공간인지 의례 공간인지도 늘 단정할 수 없다. 실제로 많은 소규모 현대 민족지 사회에서도 이 두 가지는 항상 구별 가능한 것이 아니다. 심지어 오늘날에도 일본의 대부분 가정에는 거실에 조상을 기리는 신단이 있다. 그렇다면 그 건물은 가정

집일까, 아니면 종교적 성소일까?

그럼에도 불구하고, 고고학적 기록은 먼 조상들의 종교적 믿음에 관한 유일한 직접 정보원이다. 그렇다면 종교적 믿음의 증거를 얼마나 먼 과거까지 추적할 수 있을까? 심연의 시간 속에서 종교는 어떤 모습이었을까? 우리의 선조인 하이델베르크인과 그들의 사촌인 네안데르탈인은 적극적으로 종교 생활을 했을까?

무덤 증거

고고학자들은 종교에 대한 증거를 과도하게 해석하는 것에 대해 신중한 태도를 유지해 왔다. 그들은 상징적 의미를 유일하게 의지할 수 있는 시금석으로 삼는 경향이 있다. 예를 들면, 부장품을 동반한 매장은 사후 세계에 대한 믿음을 내포해야 한다. 그렇지 않다면 왜 시신을 (접근하기 편한 틈새에 그냥 버리지 않고) 일부러 정중하게 묻겠는가? 더 중요한 것은, 만약 어떤 사후로 가든 간에 그곳에서 일상용품들이 필요할 것이라고 생각하지 않았다면 왜 시신과 함께 그것을 묻겠는가?

고고학자들에게 의도적인 매장의 증거는 다음 중 하나 이상의 요소를 포함한다. 신체 부위가 완전함(즉, 포식자에 의해 찢기지 않았음), 뼈가 붉은 황토나 꽃가루로 물들어 있음(시신이 황토나 꽃으로 덮여 안치되었음을 시사함), 일부러 파낸 구덩이에 매장됐거나 포식자나 물줄기가 이동시킬 수 없는 깊은 동굴 안으로 시신이 운반되었음, 그리고 유물들이 우연이 아니라 의도적인 방식으로 무덤에 포함되었음(예컨대, 죽은 사람의 손이나 시신 옆에 배치됨). 이것은 보통 '각각 그리고 함께(severally and jointly)' 적용되는 기준이다. 즉, 이러한 조건들 모두가 필수는 아니지만, 그중 일부는 충족되어야 한다.

상아 가공품 또는 조개 장식과 같은 장신구를 동반하는 의도적인 매장은 내가 서론에서 언급한 숭기르 지역에서 발견된 것과 같이 약 4만 년 전(BP)✦ 상부구석기시대 유적지에서 비교적 흔하게 발견되며, 전 유럽에서 찾아볼 수 있다.✦✦ 이 유적지들은 모두 해부학적 현생인류(anatomically modern humans, AMH), 즉 우리 종과 연관되어 있다. 따라서 그들이 우리와 유사한 방식으로 생각했을 가능성이 높다고 합리적으로 확신할 수 있다. 이보다 더 이른 시기의 매장 증거는 주로 네안데르탈인들로부터 나오는데, 대부분은 지난 10만 년 이내의 것이다

✦ 원문은 "BP(Before Present)". 여기서 BP는 고고학 용어로, 방사성탄소연대측정법이 개발된 1950년을 기준으로 1950년보다 과거의 연대를 표기할 때 사용한다.

✦✦ '상부구석기시대(Upper Palaeolithic)'라는 용어는 주로 약 5만 년 전부터 1만 년 전 사이의 유럽 지역에서 나타난 특징적인 문화적 변화양상을 지칭하며, 이는 호모사피엔스의 도구 제작, 예술 활동, 사회조직의 특성과 밀접하게 관련된다. 아프리카와 아시아 지역에도 비슷한 시기에 주목할 만한 문화적 변화양상이 있었는데, 이것은 보통 '후기구석기시대(Late Palaeolithic)'라 부른다.

(약 20만 년 전에 혹은 그보다 조금 더 이전에 우리 종이 등장한 이후). 여기에는 이라크의 샤니다르(7만 년 전), 이스라엘의 케바라(약 5만 년 전), 크로아티아의 크라피나(약 12만 년 전) 그리고 약 7만 년 전 스페인과 남부 프랑스 여러 유적지들이 포함된다. 이 유적지들은 모두 깊은 동굴 안에 위치한다. 대부분의 경우, 이들이 의도적인 매장이라는 주장은 시신의 위치와 적색 안료의 존재에 기초하지만, 부장품과 연관된 경우는 거의 없다. 프랑스의 몇몇 유적지에는 뼈에 절개 흔적이 남아 있는데, 이는 매장 전에 시신에서 살을 제거했다는 것을 시사한다[탈육(excarnation), 역사적인 인류 개체군에서도 행해진 장례 의식]. 이는 또한 식인풍습의 증거로 해석되기도 한다.

이라크 쿠르디스탄의 브라도스트산맥에 위치한 샤니다르 동굴 유적지는 상징적인 인류 화석 유적지 중 하나다. 약 6만 5000년 전에서 3만 5000년 전 사이, 이 큰 산비탈 동굴은 네안데르탈인 밴드에 의해 간헐적으로 점유되었다. 나중에 네안데르탈인이 멸종한 후, 약 1만 년 전에는 현생인류가 이 동굴을 간헐적으로 사용했다. 지금까지 이 유적지에서 다른 네안데르탈인 유골 열 구가 발굴되었다. 발견된 첫 유골은 상당한 주목을 받았는데, 생전에 큰 부상을 당한 고령의 남성이었기 때문이다. 왼쪽 얼굴이 강한 충격으로 으스러져 한쪽 눈이 실명되었고, 오른팔은 쓸 수 없을 정도로 위축되었으며 퇴행성 뼈질환을 앓은 것처럼 보였다. 이러한 부상은 네안데르탈인의 이타주의에 대한 과장된 주장을 낳았다. 그렇게 심한 장애를 가진 사람이라면 그룹의 돌봄 없이 생존할 수는 없었을 것이라는 추정 때문이다. 그러나 실제로는 장애를 가진 원숭이와 유인원이 그룹의 도움 없이 야생에서 생존하는 많은 사례가 있어, 이 주장은 아마도 타당하지 않아 보인다.[1] 샤니다르의 몇몇 매장은 노란 꽃가루 화석과 연관되어 있는데, 매장 시에 시신 위에 꽃을 놓았을 것으로 추정되었다. 그러나 이는 굴착 설치류가 매장지로 가지고 들어온 것일 수도 있다는 주장이 제기되기도 했다. 현재까지 발굴된 유골 숫자만을 근거로, 이 동굴이 생활지가 아니라 매장지였다고 주장하는 사람들도 있다.

해부학적 현생인류와 관련된 동굴 유적의 다중 매장지 중 최소한 두 곳[이스라엘의 스크훌(Skhul)과 카프제(Qafzeh)]은 샤니다르보다 더 오래되었는데, 약 9만~10만 년 전(BP)으로 추정된다. 샤니다르의 매장과 대조적으로, 이들은 실제 의도된 매장으로 보인다. 여러 유골들이 구멍 뚫린 바다 개고둥 껍데기(아마도 목걸이였을 것) 및 동물 뼈와 함께 발견되었기 때문이다. 카프제에서 발견된 여성과 아이의 의도적인 이중 매장이 아마도 가장 이른 것으로 보인다. 그러나 여기에 어떤 종교적 의미가 있다는 주장의 근거는 이들이 함께 매장되었다는 사실밖에 없다.

이 모든 사례를 의도적인 매장으로 받아들인다 해도, 이는 우리 종이 처음 등장하고 오랜 세월이 흐른 후인 대략 10만 년 전 정도가 한계다. 시간을 더 거슬러 올라가면 증거는 훨씬 더 모호해진다. 남부 유럽의 일부 유적지에는 약 40만 년 전(BP)의 의도적인 매장에 대한 간접적 증거가 있다. 이는 하이델베르크인이나 초기 네안데르탈인 같은 고인류가 유럽을 점유하던 시기다. 특히 인상적인 사례는 스페인 북부 아타푸에르카(Atapuerca) 동굴 단지에 있는 시마 데 로스 우에소스(Sima de los Huesos, '뼈의 구덩이')다. 여기서 하이델베르크인 남녀와 아동 적어도 28명의 유해가 지하 깊숙한 곳, 동굴 시스템 끝에 있는 깊이 13미터의 좁은 샤프트〔shaft, 길고 좁은 통로나 환기구〕 바닥에서 발견되었다. 이 유해들이 샤프트 바닥에 뒤섞여 있다는 것은 그들이 그곳으로 떨어뜨려졌다는 뜻이다. 사후 세계를 믿었던 종이 그런 샤프트를 저승으로 가는 입구로 보고 사랑하는 이들을 다음 세계로 보내 주기 위해 그곳에 떨어뜨렸을 가능성을 상상하는 것은 어렵지 않다. 그러나 동굴이 점유된 기간을 고려하면, 어두운 불빛의 도움만으로 동굴 안을 탐험하다가 혹은 불빛의 기름이 다한 후 어둠 속에서 길을 잃었다가 샤프트에 떨어진 개인 사고였을 가능성도 있다. 그들이 그렇게 긴 추락으로 인해 의식을 잃었다면, 동료들은 무슨 일이 일어났는지 알지 못했을 것이며, 끝이 보이지 않는 구멍으로 내려가기도 꺼렸을 것이 분명하다.

초기 인류의 문화적 행동에 관한 중요한 정보원 중 하나는 특히 남서 유럽의 석회암동굴에서 발견된 다양한 동굴 예술이다. 이는 두 가지 형태로 나타난다. 하나는 동굴 벽에 그려진 다양한 스케치와 그림이며, 다른 하나는 유명한 비너스 조각상과 같은 예술품의 형태다(그림 7). 둘 모두 지난 3만 년 이내의 것이지만, 그럼에도 불구하고 상부구석기시대 해부학적 현생인류의 사고와 행동에 대한 중요한 통찰을 제공한다.

동굴벽화는 호기심을 불러일으키는 것들이 뒤섞여 있다. 거기에는 아름답게 그려진 동물 형상, 막대기형 인물들, 선, 점, 손가락으로 새긴 그림, 그리고 손자국[이 사례는 수천 개에 달하며 어린이와 성인 손자국을 모두 포함한다. 일부는 안료를 묻힌 손을 동굴 벽에 눌러 만들고, 다른 일부는 〔벽에 댄〕 손 위에 안료를 흩뿌려 음화(陰畵, negative image)를 만들었다] 등이 포함된다. 때때로 이 그림들은 서로 겹쳐져 있어 마치 나중에 온 예술가들이 기존의 그림 위에 덧칠한 것처럼 보이기도 한다. 다른 그림들은 바위 표면과 아름답게 조화를 이루어 그린 동물이 마치 3D처럼 보이기도 한다. 많은 동물 그림은 사냥 주술과 연관된 것으로 해석되었는데, 이는 주로 함께 그려진 막대기형 인물 몇 명이 동물들을 창으로 찌르는 것처럼 보이기 때문이다. 하지만 더 흥미로운 것은 다른 인간 그림과 추상적 그림이다.

트루아 프레르(Les Trois Frères) 동굴에서 발견된 '마법사(The Sorcerer)'라고 불리는 동굴벽화(1만 2000년 전)는 인간의 몸통과 팔다리에 사슴의 머리와 뿔을 갖춘 모호한 형상을 묘사하고 있다(그림 7b). 이 그림은 결코 독특하지 않지만, 동물과 인간의 특성을 모두 가진 이른바 테리안스로프(therianthropes, 동물-인간) 중에서 가장 화려한 예다. 산 부시먼은 소녀의 첫 월경 시기에 종종 수행되는 엘란드(eland) 치병 춤을 출 때 이와 똑같은 종류의 동물 머리 장식을 착용한다. 또한 기괴한 가면은 서아프리카와 동아프리카의 부족 종교의식에서 흔하며, 특히 반투족이 많이 사용한다.

비너스 조각상들(그림 7a)은 주로 돌이나 상아(아주 드물게는 세라믹)로 만들어진 여성 조각상으로, 대부분이 뚜렷한 루벤스 체형〔Rubenesque physiques, 17세기 바로크미술의 대가인 루벤스가 그린 풍만한 여성의 체형〕을 가지고 있으며, 상부구석기시대의 유럽 유적지에서 널리 발견된다. 약 200점이 알려져 있으며, 그 대부분이 프랑스 남부와 스페인 북부의 약 150개 동굴에서 나왔다. 크기는 3~40센티미터로 다양하다. 모든 조각상은 한 가지 공통점을 가지고 있는데, 발이 없고 다리가 보통 뾰족하게 줄어든다. 대부분이 그라베트문화(Gravettian) 시기로 알려진 2만 1000~2만 6000년 전(BP) 사이 5000년간의 조각상이지만(그리고 다양하게 정의됨), 가장 오래된 것은 약 3만 5000년 전으로 거슬러 올라간다. 이는 현생인류가 남부 러시아 스텝 지역에서 유럽으로 이주한 직후에 해당한다. 이 조각상들은 큰 가슴과 엉덩이를 고려해 종종 다산의 여신으로 해석된다. 유럽 전역에서 발견된 이 조각상들의 일관성은 이것들이

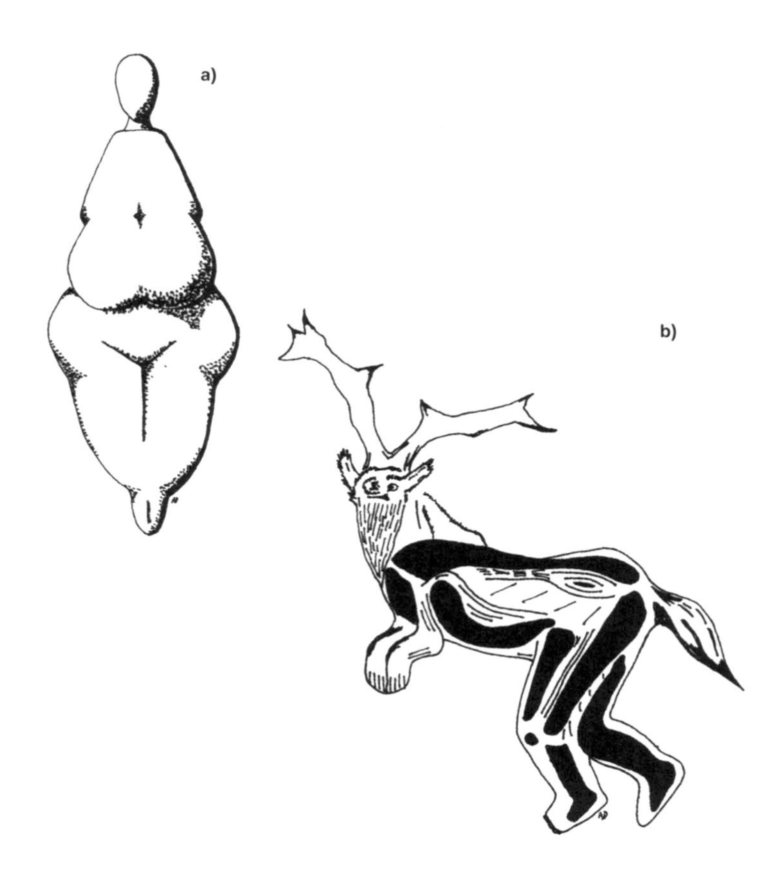

그림 7a. 프랑스 남부의 리도 동굴에서 발견된 레스퓌그의 상아 비너스(The ivory Venus of Lespugue), 약 2만 5000년 전. 주로 유럽과 중동에서 3만 5000~1만 1000년 전(BP) 시기의 유사한 조각상 200점이 발견되었고, 멀리 북부 인도에서도 1점이 발견되었다. 이들의 상징적 의미와 기능은 아직 알려지지 않았으나, 다산의 여신상일 가능성이 제기된 바 있다.

그림 7b. 프랑스 피레네산맥의 볼프강 계곡에 위치한 트루아 프레르 동굴에서 발견된 '마법사'라고 알려진 동굴벽화, 약 1만 2000년 전. 이 그림은 다양하게 해석되었는데, 사슴 가면을 쓰고 뿔이 달린 춤추는 사람(산 부시먼의 엘란드 치병 춤과 유사함) 또는 테리안스로프(영적 세계에 거주하는 반인반수)로 해석되기도 했다. (그림 ©2007 Arran Dunbar)

그림 8. 남아프리카 드라켄즈버그산맥의 산(San) 동굴벽화. 약 2000년 전으로 거슬러 올라가며, 트랜스 무용을 묘사하는 것으로 보인다. (그림 ©2007 Arran Dunbar)

특정한 최고 여성 창조신(Supreme Female Creator deity)의 표상이라는 제안을 낳았다. 그러나 사실상 우리는 그것들의 의미나 기능이 무엇이었는지 전혀 모른다.

동굴벽화가 트랜스 상태에서 경험한 영적 세계의 기록이라는 제안도 있었다.[2] 만약 그렇다면, 그림 7b와 같은 반인반수의 테리안스로프는 무용수의 영혼이 물리적 세계로 돌아가는 출구를 찾지 못하게 하려는 오거로 해석될 수 있다(2장 참조). 더 명백하게 인간을 표상하는 몇몇 그림들은 이런 점에서 특히 흥미롭다. 왜냐하면 그들은 마치 춤추는 그룹처럼 보이기 때문이다. 그림 8은 더 현대적이지만 상당히 전형적인 예로서, 약 2000년 전에 산 부시먼이 남아프리카의 바위 피난처에 그린 것이다. 이는 트랜스 무용수 그룹임이 꽤 확실하다. 가슴이 늘어진 여성들은 오른쪽에 모여 손뼉을 치며 리듬을 만들면서 노래를 부르고(산족의 트랜스 춤에서도 그렇게 함), 남성들은 왼쪽에서 춤을 춘다. 남성 중 한 명은 현대의 산족처럼 춤 지팡이를 사용하고 있으며, 가장 왼쪽의 인물은 트랜스 상태에서 주저앉는 것처럼 보인다.

고대의 마법 버섯

더 최근의 고고학적 기록을 보면 보다 확실한 근거를 얻게 된다. 선사시대의 아메리카, 유럽, 아시아의 원주민들이 향정신성 물질을 섭취했음을 시사하는 고고학적 증거가 많이 있다.[3] 메스칼린, 페요테, 산페드로 선인장, 코카, 베텔너트(betelnut, 빈랑자), **사일로사이비**(*Psilocybe*, 멕시코산 환각버섯), 파리독버섯, 아편, 대마, 나팔꽃(씨앗에 LSD와 같은 에르골린 알칼로이드를 함유), 가짓과 식물들[사리풀(henbane), 벨라돈나(belladonna), 맨드레이크(mandrake) 등]과 환각성 코담배, 알코올 등의 흔적이나 씨앗이 구세계와 신세계의 거주지에서 발견되었으며, 이는 적어도 기원전 7세기까지 거슬러 올라간다. 이들 중 많은 것들이 중세 및 근대 초기 유럽의 약초 치료제에 통합되었으며, 오늘날에도 여전히 현지 민족지 문화에서 의학적 목적 및 의례적 목적으로 널리 사용되고 있다. 콜럼버스는 첫 항해에서 히스파니올라섬의 카리브 인디언들이 콧구멍에

끼운 갈대를 통해 가루[지금은 **코호바**(*cohoba*)라고 알려짐. **아나데난테라 페레그리나**(*Anadenanthera peregrina*) 나무 씨로 만든 가루]를 흡입하고, 그 결과 의식을 잃었다고 보고했다.

베텔너트는 남아시아 전역에서 널리 씹는 각성제다. 동남아시아에서는 기원전 1만 1000년으로 거슬러 올라가는 고고식물학적 증거가 있으며, 기원전 2660년경의 필리핀 매장지에서는 베텔너트를 씹어 발생한 치아 착색의 증거도 발견되었다. 아편 섭취를 시사하는 양귀비 씨앗은 기원전 5000년 이후부터 유럽 신석기시대 거주지에서 널리 발견된다. 가바(Gavà, 스페인 바르셀로나 근처)에서 발견된 기원전 4000년대 성인 남성의 매장에서는 아편을 습관적으로 사용한 증거가 뼈 분석을 통해 드러났다. 아편은 기원전 2000년대 키프로스에서 종교적 맥락에서 사용되었을 수 있으며, 메소포타미아에서도 비슷한 목적으로 사용되었을 것으로 보인다. 확실히 이슬람 이전의 아랍 세계에서도 아편은 널리 사용되었다. 아편은 파라오 시대의 이집트신전 사제들 일부에서 철저히 보호된 비밀이었다. 이집트 무덤과 지중해 전역에서 발견된 키프로스산 아편 항아리는 향정신성 약물과 그것을 사용하기 위해 필요한 도구들이 활발하게 거래되었음을 시사한다. 아편 제조법은 기원전 3000년대 니푸르(Nippur) 신전에서 나온 수메르 점토판에도 새겨져 있으며, 기원전 6세기 페르시아의 아시리아와 바빌론 정복 기록에도 언급되어 있다. 이집트 고분벽화에 자주 등장하고 소년

파라오 투탕카멘의 시신을 덮었던 푸른 수련 꽃은 와인에 몇 주 동안 우려내면 진정성 황홀감(calming euphoria)을 만들어 내는 것으로 밝혀졌다.

알코올의 고고학적 기록은 더 오래되었다. 과일 와인(종종 꿀이나 쌀 성분, 허브 향료가 첨가됨)은 중국 황허 계곡의 신석기시대 유적지인 자후(賈湖)에서 기원전 7000년경부터 생산되고 음용되었다.[4] 와인은 맥주보다 기술적으로 생산하기가 더 쉽다. 따라서 알코올 생산의 최초 증거가 와인과 유사한 음료와 관련되어 있다는 것은 우연이 아닐 수 있다. 튀르키예 남동부(상부 메소포타미아)의 괴베클리 테페(Göbekli Tepe)에서는 엄청난 크기의 발효 용기들(단단한 돌로 만든 160리터)이 발견되었는데, 기원전 7000년에서 8000년 사이의 것들이다.[5] 화학자들은 이 용기들 내부에서 회수된 발효 잔여물을 통해 원래의 레시피를 파악할 수 있었다. 비옥한 초승달지역에서 보리와 밀의 개량과 재배는 원래 빵 생산을 위한 것으로 추정되었지만, 최근 몇 년 동안 고고학자들은 이런 곡물이 실제로는 맥주 생산을 위해 처음 재배되었을 가능성이 있다고 제안했다. 이 원시적인 아인콘(einkorn, 외알밀) 및 엠머(emmer)밀과 야생 보리는 현대의 곡물과는 다른 글루텐 구조를 가지고 있어, 결과적으로 매우 질 낮은 형태의 무발효 빵을 만드는 게 최선이다. 그러나 이 곡물들은 훌륭한 죽을 만들어 맥주 양조에 완벽한 매시〔mash, 으깬 곡물과 물을 섞어 발효 가능한 상태로 만드는 것〕

를 제공한다. 꿀을 발효시켜 미드〔mead, 벌꿀로 만든 양조주의 통칭〕를 만드는 법은 산 부시먼들 사이에 역사적으로 널리 알려져 있었으며, 남아프리카의 보더 동굴(Border Cave)에는 일찍이 4만 년 전에 미드를 만들었다는 정황적 증거가 있다.[6]

더 오래된 시기의 향정신성 물질의 존재에 대한 증거는 훨씬 더 정황적이다. 샤니다르 동굴에서 발견된 30세 남성 네안데르탈인 샤니다르 4호가 샤먼이라는 주장이 있었는데, 그의 몸이 다양한 현지 식물의 꽃가루 덩어리 화석으로 덮여 있었기 때문이다. 여기에는 수레국화, 개쑥갓, 포도히아신스, 접시꽃이 포함되어 있는데, 이들은 이뇨제, 수렴제, 항염증제로서 약용 가치가 알려져 있을 뿐만 아니라 각성제로도 사용된다. 이 주장에는 논란의 여지가 있지만, 이러한 식물들이 근방에 널려 있었던 것으로 보아 인간이 그 식물들의 약용 및 기타 특성을 발견하고 이용했을 가능성이 높다.

고고학적 기록에서 향정신성 약물의 존재에 대한 이 모든 증거들은 트랜스 경험에 대한, 따라서 샤먼종교에 대한 결정적 증거를 제공한다. 그러나 확실한 고고학적 기록은 기원전 약 1만 년경 신석기시대가 시작한 시기로만 거슬러 올라갈 수 있으며, 심지어 무덤에서 나온 증거도 기껏해야 3만 년 정도 더 거슬러 올라갈 수 있을 뿐이다. 그 이전의 기록은 시간의 안개 속에 사라져 있다. 심연의 시간을 고려할 때, 이런 조사 방식이 무덤에서 나온 증거에 더 추가할 수 있는 것은 그리 많지 않다. 시간을 더 거슬러 올라가기 위해 다음 두 절에서는 더 유망한 통찰을 제공할 수 있는 두 가지 간접적인 접근방식을 고려한다.

초기 종교 재구성

빅토리아시대 사람들이 처음으로 부족사회와 그들의 종교에 관심을 갖게 된 이래로, 학자들은 민족지학적 증거를 사용하여 조상들의 종교를 재구성해 왔다. 이를 통해 그들은 애니미즘 종교 또는 샤먼종교가 초기 종교의 전형적인 형태였다고 추리하게 되었다. 그러나 이러한 결론은 두 문화가 공통 조상으로부터 특정 형질을 물려받았을 때 발생하는 통계적 문제에 시달리게 된다. 즉, 두 문화를 마치 독립적인 경우처럼 계산해 인위적으로 샘플 크기를 키우고, 잠재적으로 유의미한 결과를 얻기 쉽게 만드는 문제다. 지난 10년 동안 새로운 통계 방법이 개발되어 언어 계통수(language family trees)를 사용해 문화진화의 계통수(family tree of cultural evolution)를 구축할 수 있게 되었다.[7] 이는 두 문화가 공통 조상으로부터 종교적 형질을 물려받았을 가능성을 보완하게 해 준다. 원칙적으로, 이 문화 계통수는 모든 현대 언어 계통의 조상이 한 공통 조상으로 수렴하는 시점까지 거슬러 올라간다. 이는 실질적으로 단 한 가지 언어(또는 적어도 살아남은 후손들을 남긴 단 한 가지 언어)

만이 존재했던 시점에 해당한다. 현재로서는 그 시점이 실제로 얼마나 오래전인지 불확실하다. 그럼에도 불구하고 언어 계통은 아마도 단지 약 10만 년 전까지 거슬러 갈 뿐이지만, 이는 다양한 현대 부족 그룹의 유전적 계통수와 놀랍게도 잘 맞아떨어진다.

한 연구는 남아프리카, 남아시아 및 동아시아, 호주, 아메리카에 분포된 33개 현대 수렵채집사회를 대상으로 6가지 종교적 형질을 매핑하고, 이 특성들의 조상 상태를 통계적으로 재구성했다. 6가지 형질은 애니미즘 신앙, 샤머니즘, 조상숭배, 사후 세계에 대한 믿음, 영역을 지키는 지역 신들에 대한 믿음, 그리고 인간사에 간섭하는 고위 신(도덕적 고위 신)에 대한 믿음 등이다. 연구 결과, 애니미즘은 이 형질들 중에서 가장 오래되었을 가능성이 있으며, 샘플로 쓴 문화들의 광범위한 지리적 분포에도 불구하고 독특하게도 그 모든 문화에서 여전히 나타난다는 특성이 있다. 반면, 사후 세계에 대한 믿음은 결코 보편적이지 않았고, 샤머니즘과 조상숭배와 더불어 나중에 같이 진화한 일련의 형질들을 형성하는 것으로 나타났다. 반대로, 고위 신에 대한 믿음은 다른 모든 형질들과 완전히 분리되어 있었으며(실제로 고위 신을 믿는 수렵채집인은 거의 없음), 그 대신에 농업과 목축업의 부상과 독점적으로 연관된 것으로 보인다.[8] 다른 연구들에 의하면 금기, 의례적 절단, 혼전 성행위 제약 등이 문화와 관계없이 빠르게 진화하는 일련의 형질들로 나타나며, 문화 집단 간에 종종 차용되는 것으로 보인다고 제안했다.

이 분석들은 초기 종교가 비교적 단순했고, 강한 애니미즘적 형태를 지니고 있었으며, 그 외의 형태는 거의 없었다는 주장을 강화한다. 더 중요한 것으로, 이 데이터는 다른 형질들이 단편적으로 한 번에 하나씩 나타나지 않았음을 시사한다. 오히려 그 형질들은 클러스터로 나타났는데, 이는 한 클러스터에 포함된 요소들끼리 서로 연관되어 있을 가능성을 시사한다. 먼저 사후 세계에 대한 믿음, 조상숭배, 샤먼이 한 클러스터에 추가된 것으로 보이고, 신석기시대에 농업이 채택된 이후 도덕적 고위 신에 대한 믿음(유일하게 교리종교를 지시하는 특성)이 등장한 것으로 보인다. 이는 샤먼종교가 먼저 나타났고 교리종교는 나중에 나타났다는 원래의 통찰(머리말 참조)이 옳았음을 시사한다. 그러나 이 접근방식이 우리를 데려갈 한계는 여기까지이며, 적어도 현재로서는 특정한 단계들의 시기를 지정하게 해 주지는 못할 것이다.

매우 깊은 과거로부터의 추리

그러나 도움이 될 만한 대안적인 접근이 있다. 다소 이례적인 접근이긴 하지만, 과학에서 새로운 발견들은 대부분 이례적이다. 이는 문제에 대한 일종의 양공법(two-pronged attack)

을 포함한다. 즉, 두 가지 별개의 해부학적 지표(하나는 정신화를 위한 지표, 다른 하나는 말하기를 위한 지표)를 사용해 언어가 언제 진화했는지를 밝힘으로써 종교 기원의 가장 이른 시기를 삼각측량하는 것이다. 이는 종교가 진화할 수 있었던 시기의 최소 추정치를 제공한다. 우리는 종교 없이 언어를 가질 수는 있지만, 언어 없이 종교를 가질 수는 없기 때문이다.

고인류학자들은 언어가 진화한 시기에 대해 보통 세 가지 다른 입장을 취해 왔다. 이들은 모두 명시적으로든 암묵적으로든 '현대성(즉 우리 조상이 '우리와 같은' 완전한 현생인류가 된 시기)'의 정의에 기초하고 있다. 일부 학자들에게 현대성이란 이러한 인간다운 형질들이 오스트랄로피테신(australopithecines)✦과 함께 등장했다는 것을 의미한다. 이들은 식별 가능한 최초의 인류 조상으로 약 600만 년에서 800만 년 전 다른 아프리카 대형 유인원과 분기된 후에 등장했다. 그러나 앞으로 살펴볼 것처럼, 오스트랄로피테신은 사실상 단지 두 발로 걷는 유인원에 불과했으며, 언어를 진화시킬 가능성도 침팬지나 고릴라보다 높지 않았다. 만약 실제로 오스트랄로피테신이 언어를 가지고 있었다면, 그렇게 작은 뇌의 유인원에게는 언어가 있었고 비슷한 크기의 뇌를 가진 현대 유인원들에게는 언어가 없다는 사실에 대해 심각하게 까다로운 설명을 해야

✦ 고대의 사람아족(Hominina) 중에서 서로 밀접한 관계에 있는 두 가지 속, 즉 오스트랄로피테쿠스속과 파란트로푸스속을 포괄하는 용어이다.

할 것이다.

다른 학자들은 현생인류(**호모사피엔스**)가 속한 **호모**(*Homo*) 속의 첫 번째 구성원들을 선택했다. **호모루돌펜시스**(*Homo rudolfensis*)와 **호모에르가스테르**(*Homo ergaster*)(아프리카에서 출현한 호모속의 가장 초기의 두 대표자)가 완전히 현대적인 언어를 가지고 있었다면, 언어의 기원은 약 250만 년 전 정도로 추정될 것이다. 그러나 또 다른 학자들은, 언어가 고고학적 기록에 상징적 사고의 증거로서 표시되어야만 한다고 생각한 나머지, 심지어 5만 년 전을 언어의 기원 시기로 선택했다. 이 시기는 유럽의 상부구석기 혁명(Upper Palaeolithic Revolution, 모든 동굴벽화와 비너스 조각상이 처음 등장한 기간)에 해당한다. 이후, 이는 10만 년 전 정도까지 거슬러 연장되었는데, 비록 고고학적 기록은 훨씬 빈약하지만, 상부구석기 혁명이 현생인류(우리 종)가 유럽에 당도했던 약 4만 년 전보다 훨씬 이전에 사실상 아프리카에서 시작되었다는 사실을 수용하려는 것이었다.

오스트랄로피테신으로 거슬러 올라가는 인류 계통의 모든 종들이 서로 의사소통을 했을 것이라는 데는 의심의 여지가 없다. 결국, 서로 소통하지 않는 현생 원숭이나 유인원은 없으며, 종종 꽤 정교한 방식으로 소통한다. 문제는 상징적 개념을 표현하기에 충분히 정교한 언어와, 아마도 더 중요하게는, 과거와 미래를 언급할 수 있는 능력이다. 이는 다른 어떤 동물도 할 수 없는 일이기 때문이다. 우리로 하여금 시제(과거, 현재, 미래)를 표현할 수 있게 하는 것은 정신화 능력이다. 이 능력이 없으면 현재의 폭압에서 충분히 벗어나 어제와 내일을 넘어서는 규모의 과거와 미래를 떠올릴 수 없다. 또한 또 다른 (초월적인) 세계가 존재할 수 있는지를 물을 수도 없을 것이다. 5장에서 논의된 신경영상 연구에 따르면, 정신화 능력(얼마나 많은 층위의 지향성을 다룰 수 있는가)은 뇌의 정신화 네트워크 또는 디폴트 모드 네트워크의 절대 부피와 직접적인 상관성이 있다. 따라서 이 능력은 우리 조상이 점점 더 큰 뇌로 진화하면서 시간이 지남에 따라 증가했을 가능성이 크다. 우리는 원숭이, 유인원, 인간 모두 전두엽 피질의 부피가 정신화 능력에 선형적으로 대응하는 방식으로 증가한다는 것을 알고 있다. 이는 최근에 특별히 고안된 정신화 과제로 원숭이와 유인원을 테스트한 매우 깔끔한 일련의 실험에서도 확인되었다.[9] 따라서, 정신화 능력과 뇌(또는 뇌 영역) 크기 사이의 이러한 관계는 인간 내에서는 물론 영장목의 종들을 통틀어 유지된다.

나는 5장에서 개인적 형태의 종교를 지탱하기 위한 최소한의 조건은 4차 지향성이지만, 5차 지향성(정상적인 성인의 특징적 수준)이 없다면 공동의 관행으로서 완전하게 발전된 종교가 나타나는 것은 불가능하다고 주장했다. 종교는 언어보다 나중에, 사실 상당히 나중에 진화했을 수 있다. 상징의 본질을 설명하거나 비가시적 세계의 존재를 다른 사람에게 설명하는 데 언어가 필요하다면, 종교는 언어 **이전에** 진화할 수 없다. 4차 지향성만을 지닌 인류 종은 종교적이지 않았다는 뜻이 아니다. 그들은 사적 종교**체험**을 하는 소질을 가지고 있었다. 그러나 그들은 복잡한 신학적 아이디어와 공동체 모두가 참가하는 뜻깊은 의례를 포함하는 진정한 **사회적**(또는 공동체적) 종교를 창조하기 위해 필요한 언어적 교류를 하는 데 어려움을 겪었을 것이다. 즉, **공동의 관행으로서** 종교가 기원한 시기의 하한선은 언어 진화의 시기가 결정한다. 물론 그 이전에도 사람들이 개인적인 종교체험에 감동했을 수 있지만 말이다.

이것이 일상에 반영된 사례는 얼마나 복잡한 이야기를 말할 수 있는지(그리고 즐길 수 있는지)가 정신화 능력에 의해 결정된다는 것이다. 우리의 한 연구에서는 참가자들에게 동일한 이야기를 3차 또는 5차 정신화로 제한된 문장으로 보여 주었다. 3차에서 자연스럽게 기능하는 사람들은 3차 이야기를 선호한 반면, 5차에서도 편안하게 기능할 수 있는 사람들은 3차 이야기를 지루하게 여겼다. 그들은 인지적으로 더 도전적이라고 느낀 5차 이야기를 선호했다.[10] 그 이유 중 하나는 단순하게도 문법적으로 얼마나 복잡한 문장을 해석할 수 있는지, 즉 얼마나 많은 종속절을 다룰 수 있는지를 꽤 직접적으로 결정한다는 데 있다. 다룰 수 있는 지향성의 차수가 높을수록 더 복잡한 문장을 해석할 수 있게 되는 것이다.[11] 이는 당연히 만들어 낼 수 있는 이야기의 복잡성, 따라서 종교적 진술의 복잡성에도 영향을 미칠 것이 분명하다.

그림 9는 인류 계통에 속한 다양한 종들의 두개골 부피로 예측한 정신화 능력을 그들이 살던 시대순으로 나열해 보여 준다. 비교를 위해 구세계원숭이와 대형 유인원(오랑우탄, 고릴라, 침팬지)의 해당 값들을 그림 왼쪽에 따로 표시했다.[12] 2차 지향성(기본적인 마음 이론, 일반적인 인간 아동이 다섯 살 때쯤 획득하는 능력)은 점선으로 표시되며, 5차 지향성(성인의 표준)은 수평 실선으로 표시된다. 유인원은 마음 이론(2차 지향성)을 지닌 유일한 비인간 영장류다. 오스트랄로피테신 종들은 현생 유인원보다 더 나을 것이 없는데, 이는 두 발로 걷는 대형 유인원으로서 그들의 지위를 확인시켜 준다. 초기 **호모**(우리 속의 가장 초기 구성원, 즉 **호모루돌펜시스**에서 **호모에렉투스**까지)의 등장은 3차 지향성으로의 증가를 표시하며, 이후의 고인류(**호모하이델베르겐시스**와 **호모네안데르탈렌시스**)에서 4차 지향성으로 상승한다.

오직 우리 종(해부학적 현생인류, 즉 **호모사피엔스**)만이 5차 지향성을 허용할 만큼 충분히 큰 뇌를 가지고 있는데, 이는 우리가 아는 언어에 필요한 수준이다. 본질적으로 이는 고인류(하이델베르크인과 네안데르탈인)도 어느 정도의 언어 형태를 가졌을 가능성이 있지만 현생인류의 언어만큼 복잡하지는 않았을 것이라는 의미다. 4차 지향성의 언어는 젊은 청소년의 언어와 비슷할 것이다. 능숙하기도 하고 풍부한 사회생활을 하는

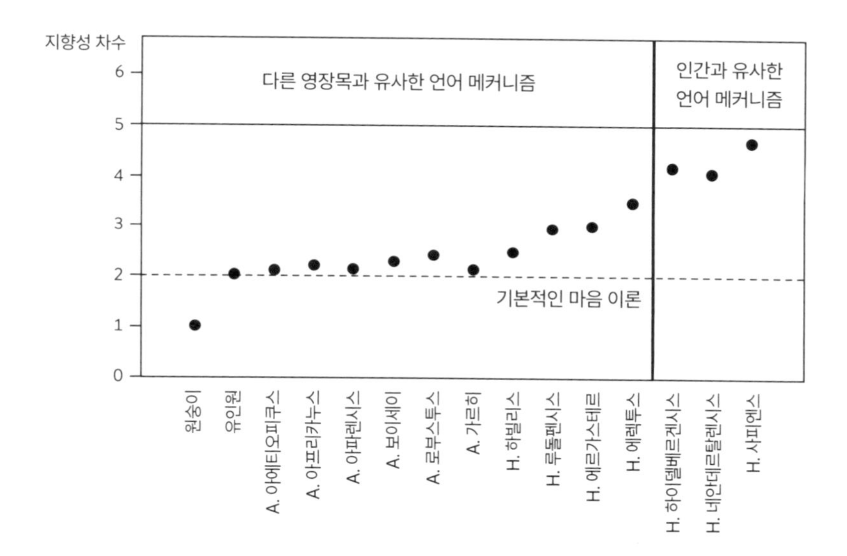

그림 9. 정신화 능력의 진화. 원숭이부터 해부학적 현생인류(AMH) 화석 개체군까지 성취 가능한 지향성의 차수로 나타냄. 데이터의 출처는 주석으로 제공함. 점으로 표시된 값은 두개골 용적이 알려진 모든 표본을 기반으로 한 개별 종의 평균값이다. 2차 정신화(기본적인 마음 이론, 점선)는 대형 유인원과 인간 아동이 성취하는 수준을 나타낸다(첫 번째 큰 심리적 돌파구). 5차(수평 실선)는 성인 현생인류의 정신화 능력을 나타낸다. 수직 실선은 인간 언어능력의 해부학적 표지가 처음 나타난 지점을 구분한다.[13]

데 충분하기도 하지만, 특별히 정교한 아이디어를 발전시키고 전달하는 데 충분하지는 않다. 즉 초기 **호모**가 대단한 언어능력을 가졌을 가능성은 낮다.

이 차이의 규모는 종교에 관해 만들어 낼 수 있는 진술의 복잡성에 반영되어 있다(표 1 참조). 4차 지향성을 성취할 수 있는 고인류는 종교적이라고 간주할 만한 믿음을 가졌을 수도 있겠지만, 공동의 종교로 수렴시키는 데는 어려움이 있었을 것이다. 4차 정신화 능력을 가진 종은 영적 세계에 대해 상상할 수 있겠지만, 5차 지향성이 있는 종만이 **공동의** 신념을 가질 수 있었고, 따라서 가장 완전한 현대적 의미의 종교가 나올 수 있었을 것이다. 이는 오직 약 20만 년 전 현생인류가 등장하면서 가능해진 것으로 보인다. 네안데르탈인 중 일부는 우리보다 더 큰 뇌를 가졌을 것이 분명하며(실제로 일부는 그랬음), 따라서 그들은 영적 세계에 관해 상당히 정교한 믿음을 가질 수 있었을 것이다. 그러나 그들은 자신이 주장하는 절대적 진리에 대해 나머지 네안데르탈인들을 설득할 수 있었을 것 같지는 않다. 그들의 지적 '아인슈타인'들이 설명하려는 것을 이해할 만큼 충분히 큰 뇌를 가진 네안데르탈인은 부족했기 때문이다. 해부학적 현생인류(우리 종)만이 그렇게 할 수 있는 정신화 능력을 가진 것으로 보인다. 다시 말해, 오직 현생인류만이 의미있게 종교적일 수 있었다. 이는 인식 가능한 현대적 형태의 종교가 최초로 등장할 수 있었던 시기를 우리 종이 처음 출현했던 약 20만 년 전으로 설정한다.

두 번째 부류의 증거들은 말하기를 위한, 또는 최소한의 음성 분절과 청취를 위한, 해부학적 지표의 시간 경과와 관련이 있다. 말하기는 두 가지 주요 능력을 필요로 한다. 숨을 들이마시지 않고 길게 내뱉을 수 있는 능력과 턱, 혀, 성문〔glottis, 성대의 두 막 사이〕의 위치를 변경함으로써 입과 목구멍 위쪽의 조음 공간을 조절할 수 있는 능력이다. 이들은 각각 가슴 위쪽의 가슴신경(thoracic nerves)과 두개골 바닥의 혀밑신경(hypoglossal nerve)에 의해 제어된다. 이 두 가지 신경다발의 몸집 대비 크기는 현생인류가 원숭이와 유인원보다 훨씬 크다. 따라서 이 크기 증가가 언제 발생했는지 물을 수 있다.

말하기를 위한 세 가지 다른 해부학적 지표들도 흥미롭다. 하나는 설골(hyoid bone)의 위치다. 설골은 후두의 상단을 혀의 기저부에 고정하는데 원숭이, 유인원 그리고 인간 아기의 경우에는 목구멍 상단에 위치해 있다(이로 인해 동시에 숨 쉬고 삼켜도 질식하지 않음). 그러나 인간의 경우 젖을 뗀 후에는 설골이 목구멍 하단으로 내려간다(그 결과 성인은 동시에 마시고 숨쉴 수 없다). 설골의 낮은 위치 덕분에 특정한 모음 소리를 낼 수 있게 되며, 모음은 인간의 언어에서 매우 중요하다. 다른 두 가지 지표는 내이(inner ear)의 구성 요소로, 다른 사람의 말에서 미세하게 구별되는 점을 듣는 능력과 관련이 있다. 이는 등자뼈(stapes)로 알려진 중이골의 기저부 면적과 달팽이관(cochlea, 내이의 나선형 기관)의 크기다. 이 두 가지 지표는 청취 가능한 소리의 폭을 결정한다. 둘 모두 현생인류가 원숭이와 유인원보다 상대적으로 크다. 이 덕분에 인간은 유인원보다 훨씬 낮은 소리를 들을 수 있다.

실제로 이 다섯 가지 해부학적 지표 모두는 약 50만 년 전 고인류(**호모하이델베르겐시스**)가 출현하면서 다른 영장목과 유사한 형태에서 인간과 유사한 형태로 전환되는 것으로 보인다. 이는 그림 9의 상단에 표시되어 있다. 말하기를 위한 능력은 언어에 필수적이지만, 발화(speech)를 한다는 것이 반드시 언어를 갖고 있다는 뜻은 아니다. 말하기를 위한 능력(또는 제어된 발성 생산 및 그에 해당하는 청각 능력)은 노래 부르기를 위해서도 필요하다. 그러나 노래가 반드시 단어를 필요로 하는 것은 아니다. 예를 들어, 재즈의 스캣과 아우터헤브리디스(Outer Hebrides)에서 유래된 게일 입 음악(Gaelic mouth music)✦에서 볼 수 있듯이 단어가 없어도 노래를 부를 수 있다. 고고학자 스티븐 미슨(Steven Mithen)이 제안한 바와 같이, 언어가 출현하기 훨씬 이전에 노래가 합창의 형태로 진화했을 가능성도 충분히 있다. 실제로 이러한 단어 없는 허밍이나 합창은 네안데르탈인들이 깊은 동굴의 자연적인 메아리 공간에서 발견한 것일 수 있다. 큰 공간에서 목소리가 울린다는 것을, 그리고 이는 특히 제창에서 매우 긍정적인 엔도르핀 효과를 만들어 낸다는 것을 알아채는 데 초인적인 인지능력이 필요한 것은 아니다.

요약하자면, 그림 9는 말하기를 위한 능력이 아마도 약 50만 년 전에 출현한 고인류와 함께 진화했을 수도 있지만, 약 20만 년 전 현생인류가 출현하기 이전에 완전히 현대적인 말하기가 진화했을 가능성은 낮다는 것을 보여 준다. 하이델베르크인과

✦ 스코틀랜드 서부의 군도 사람들이 부르는, 구체적인 의미를 지닌 가사 없이 다양한 음정의 발성과 발음만으로 구성된 노래로, 'Puirt à beul'이라고도 부른다.

네안데르탈인도 분명 어떤 형태로든 언어가 있었지만, 현생인류의 언어만큼 정교하지는 않았을 것이다. 그들은 특히 깊은 동굴 은신처에서 초자연적인 힘에 대해 어느 정도 짐작했을 수도 있다. 그러나 종교를 공식적으로 뒷받침하는 데 필요한 복잡한 신학적 진술로 옮겨 낼 수는 없었을 것이다. 그들은 이러한 동굴의 분위기에 놀라움과 경이로움을 표현했을 수 있고, 아마도 그 과정에서 트랜스 상태에 빠졌을 수도 있다. 하지만 그들이 경험한 것의 **의미**를 영적 세계의 관점에서 논의할 수 있었을 가능성은 낮다. 심지어 기본적인 애니미즘 종교조차 그들에게는 어려운 일이었을 것이다. 왜냐하면 그것은 바위와 샘에 영혼이 존재한다는 것을 개념화하고 이를 다른 사람들도 동의할 수 있는 방식으로 표현하는 능력을 필요로 하기 때문이다.

마지막으로 한 가지 문제를 제기하겠다. 내가 언급하지 않으면 누군가가 그렇게 할 것이기 때문이다. 2013년에 남아프리카에서 새로운 동굴 단지가 발견되어 인류 계통의 일부임이 확실한 화석들이 무척 많이 나왔다. 처음에는 이 퇴적물들의 연대를 약 30만 년 전으로 추정하여 거대한 규모의 인류 진화상에서 매우 현대적인 것으로 간주했다. 그런데 여기에는 퍼즐이 있다. 이 화석들은 몸집이 매우 작았을 뿐 아니라(뇌도 작았음), 오스트랄로피테신과 더 현대적인 **호모**의 특성이 절충적으로 뒤섞인 것처럼 보였기 때문이다. 이 유적지의 개체들은 더 효율적인 보행 운동과 연관된 골격구조(**호모**속의 주된 지표)를 현생인류와 공유하면서도, 초기 오스트랄로피테신의 몇 가지 형질도 공유하고 있었다. 즉, 그만큼 후대의 종으로서는 뇌의 크기가 현저하게 작았고, 나무 타기에 더 잘 적응된 손을 가지고 있었다. 이러한 이유로, 이 화석들은 **호모날레디**(*Homo naledi*)라는 새로운 종으로 분류되었다. 더 중요한 것은, 다른 유인원과 오스트랄로피테신의 뇌 크기를 가졌음에도 불구하고, 그들은 거의 현생인류에 가까운 인지능력을 가졌다는 주장이다. 이는 발견된 시신 십여 구가 동굴 단지 깊숙한 곳에 도달할 수 있었던 유일한 방법은 일종의 시신 처리 의례(mortuary ritual)✦를 통해 운반되는 것뿐이라는 점을 주요 근거로 삼았다. 즉, 그들이 어떤 종류의 종교를 가지고 있었을 것이라는 말이다.

이 주장이 사실이라면, 그림 9와 완전히 모순된다. 해당 종이 지닌 유인원 크기의 뇌는 이들이 다른 모든 대형 유인원들과 오스트랄로피테신처럼 2차 정신화에 제한되었음을 암시하기 때문이다. 하지만 그렇다면 이들은 어떻게 다른 유인원과 같은 인지능력을 가지면서 현생인류의 종교도 가질 수 있었을까? 이 둘은 단순히 양립할 수 없다.[14] 더욱이, 해부학적으로 이 종이 초기 **호모**이며 고인류가 아니라는 데 모두가 동의한다고 해도, 말하기를 지원하는 데 필요한 발성기관의 해부학적 구조를 가졌을 가능성은 매우 낮다. 이 경우, 그들은 시신 처리 의례

✦ 장례식(funeral)의 근원적인 형태로, 시신을 방치하지 않고 특정 장소에 보관하거나 일정한 방식으로 처리하는 의례적 행동을 한다.

의 의미와 중요성을 논의할 만큼 충분한 언어능력을 가지고 있지 않았을 것이고, 따라서 그렇게 복잡한 장례 의식에 필요한 모든 준비를 할 수도 없었을 것이다. 그토록 원시적인 종이 매우 늦게까지 살아남았다는 사실은 물론 흥미롭지만, 별로 새로운 것은 아니다.[15] 이는 그들이 반드시 완전히 현대적인 인지능력을 가졌다는 것을 의미하지 않는다. 결론은 고인류학자들의 초기 주장은 항상 조심해야 한다는 것이다. 그들의 주장은 화석 분석이 더 자세하게 진행됨에 따라 나중에 늘 수정되곤 한다. 그동안에는 판단을 유보하는 것이 보통 최선이다. 더 중요한 것은 그림 9에서 훨씬 더 큰 샘플의 화석종들이 보여 주는 매우 일관된 전반적 패턴이다.

이 장에서 다룬 모든 내용을 종합해 보면, 고인류도 언어를 가졌을 수 있지만, 그것은 현생인류의 언어처럼 완전하지는 않았고 그 정도의 섬세함을 갖추지도 못했을 것이다. 이는 그들이 고차원의 종교적 신념을 서로에게 전달할 수 없었음을 의미한다. 그들은 분명 트랜스 상태에서 또는 깊은 동굴과 같이 정신을 변화시키는 환경에서 경험한 것에 대해 서로 이야기할 수 있었을 것이다. 여기에는 동굴과 같은 자연적 특성을 점유하고 있는 영혼이나 보이지 않는 존재들에 대한 두려움을 포함할 수도 있다. 하지만 그들이 이 모든 것의 의미에 대해 나름의 유의미한 이론을 전개할 수 있었을지는 매우 의심스럽다.

고고학자들은 네안데르탈인이 샤먼을 가지고 있었고 강렬한 종교 생활을 했다고 때때로 자신 있게 주장해 왔다. 그러나 비교 민족지적 증거와 인지적 증거를 통해 볼 때, 그들이 실제로 내세나 저승을 믿었을 가능성, 특히 샤먼의 중재를 통해 현세에 영향을 미칠 수 있는 영적 존재들로 가득 찬 세계를 믿었을 가능성은 낮은 듯하다. 그러나 고인류, 특히 네안데르탈인과 같이 동굴을 주거지로 사용하고 사망한 이들을 처리하는 데에도 사용했던 고인류가 공명하는 공간에서 함께 부르는 노래의 마법적 특성과 이것이 트랜스 상태를 유도하는 방식을 발견했을 가능성은 있다. 트랜스는 애니미즘의 일부 형태에 대한 증거를 제공할 수 있지만, 트랜스 자체가 샤먼의 존재를 의미하는 것은 아니다. 그것은 단순히 공동체적 의례일 수 있다. 말하자면, 트랜스로 진입하는 능력은 그 자체로 현대인이 이해하는 '종교'가 아니다. 뭔가 더 필요하다. 요컨대, 우리가 아는 종교는 약 20만 년 전 해부학적 현생인류가 등장하기 이전에 진화했을 가능성이 낮다. 종교란 인간을 구별되게 하는 어떤 것이다.

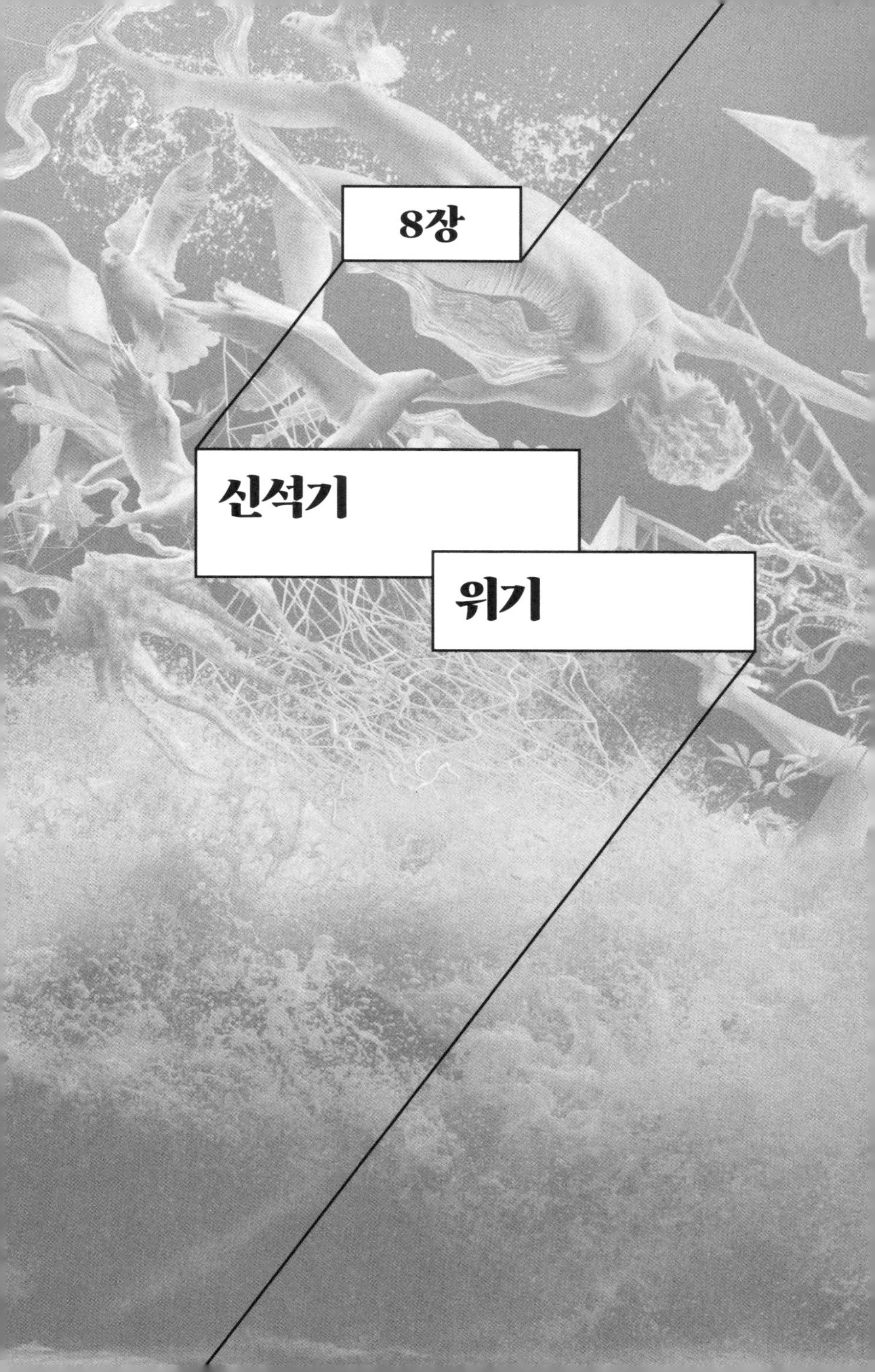
8장
신석기
위기

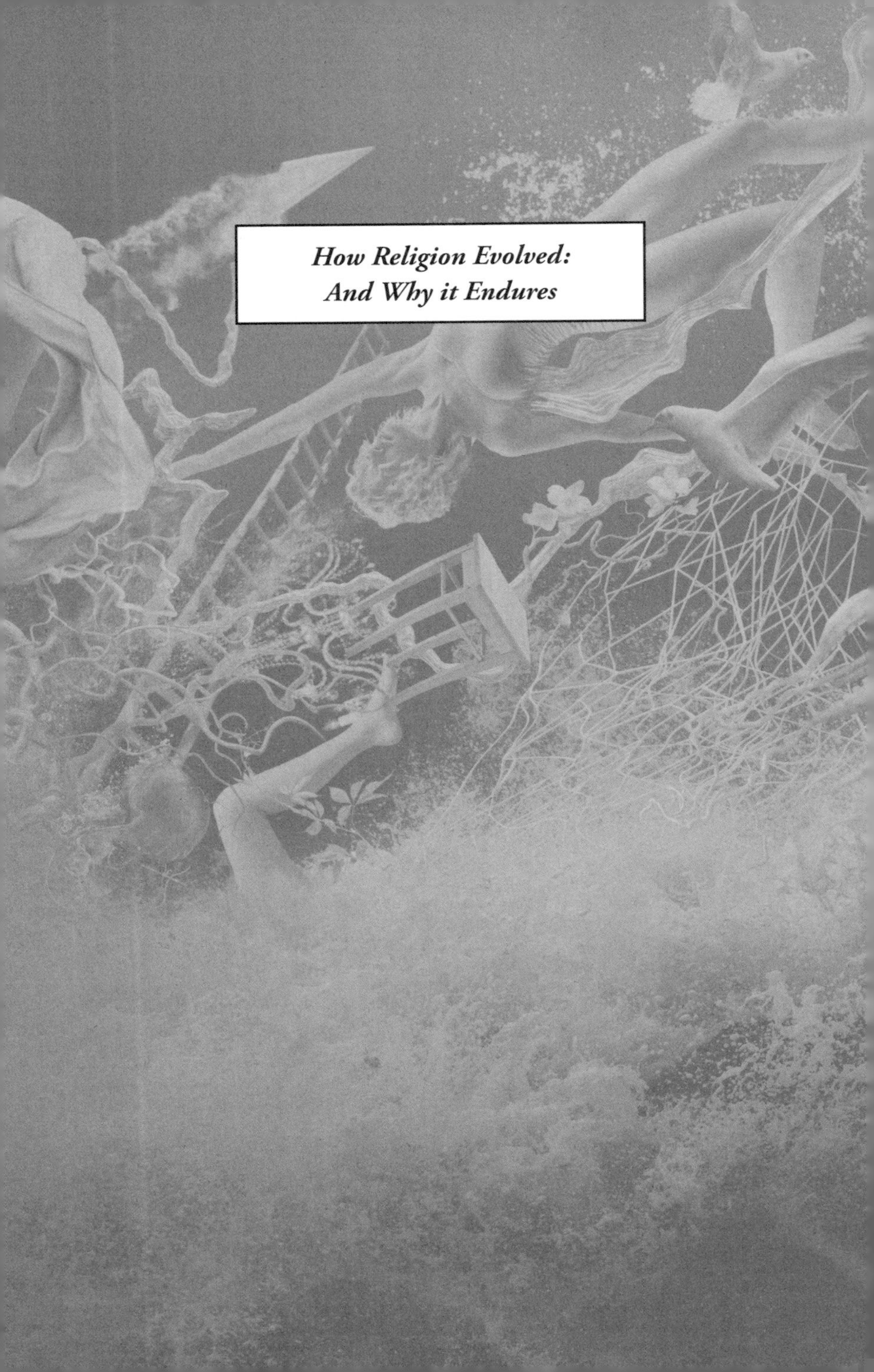

How Religion Evolved:
And Why it Endures

대략 1만 2000년 전(BP)부터 중동 및 기타 지역에서 일어난 새로운 발전은 신석기시대의 도래를 예고했다. 정착지들은 점토 바닥에 돌로 둘러싼 움집의 클러스터 형태로 나타나기 시작했다. 초기에 이 정착지들은 규모가 작았지만, 약 1000년 동안 규모가 극적으로 커졌다. 1만 1000년 전(BP) 예리코(Jericho)에는 주거지가 약 70개 있었고, 이는 약 300~400명 인구를 시사한다. 9000년 전(BP) 튀르키예의 차탈회위크(Çatalhöyük)는 5000~7000명 인구를 수용할 만큼 큰 규모였다.

가장 초기의 정착지들은 종교의 양식에서 현저한 변화를 보여 주지 않지만, 튀르키예의 괴베클리 테페와 차탈회위크에서 이루어진 발굴은 약 9500년 전(BP)부터 중대한 새로운 발전이 진행되고 있었음을 시사한다. 이 유적지의 일부는 주거지라기보다는 종교적 또는 의례적 기능을 가진 것으로 보인다. 예를 들어, 괴베클리 테페에는 무게가 10~20톤에 달하는 거대한 기둥이 수백 개가 있으며, 동물의 부조가 새겨진 것들이 많다. 이 기둥들을 채석장에서 최종 위치까지 500미터를 옮기는 데에는 500명 이상으로 이루어진 공동체가 필요했을 것으로 추정된다. 일반 주거지에서는 이 정도 거리를 이동하지는 않는다. 차탈회위크에서는 집 바닥 아래에 정기적으로 사망자들이 매장되었다. 벽에는 석고로 만든 동물 해골이 걸려 있었고, 일부 벽에는 사냥 장면이나 다른 활동 장면이 그려져 있었다. 돌로 조각되거나 점토로 구운 동물 머리와 인간의 형상도 흔하다.

이후의 발전 속도는 놀라울 정도로 빨랐다. 기원전 3000년경(5000년 전) 나카다 문화〔Naqada culture, 선사시대 이집트의 문화. 이집트 중남부 나일강 주변의 고고학적 유물을 통해 확인됨〕가 누비아와 상이집트를 통합하는 공식 국가로 발전했으며, 메소포타미아에는 아카드제국이 성립되었다. 이후 1000년도 채 되지 않아 중국 중부에 최초의 중국 제국인 하(夏) 왕조가 세워졌다. 개체군의 인구통계학적 구성에서 나타난 이런 극적인 변화는 개인들이 서로 관계를 맺는 방식에 매우 중요한 영향을 미쳤을 것이다. 이번 장에서 나는 바로 이러한 변화가 교리종교의 부상을 촉발했다고 주장한다. 어떻게 그리고 왜 이런 일이 발생했는지 이해하려면, 우선 분산된 수렵채집 생활 방식에서 도시적 생활 방식으로의 전환이 가져온 결과를 숙고할 필요가 있다.

마을 생활로의 전환

전통적으로, 신석기혁명은 경작의 숙달과 관련이 있으며, 정착 생활은 이런 목적에 맞는 노동력을 제공하기 위해 필요하다고 보는 것이 일반적이었다. 그러나 이는 거의 확실히 틀린 견해로, 세 가지 이유가 있다. 첫째, 대규모 노동력은 외부 시장을 대상으로 하는 산업 규모의 농업이 발달할 때까지 필요하지 않았으며, 이러한 농업은 수천 년이 지난 후에 등장했다. 자급 규모의 농업은 지금처럼 단일 가족의 노동력만으로도 충분하다. 둘째, 현재 고고학자들은 가장 이른 농작물 재배의 증거가 최초의 신석기 정착지보다 수천 년 앞선다는 데 동의한다. 더 중요한 것은 초기 정착단계에서는 수렵과 채집의 경제가 여전히 기본이었다는 점이다. 오로크스(Aurochs, 야생 소), 가젤, 기타 야생동물 등을 사냥했고 야생 곡물을 채집했지만, 곡물과 가축의 개량이 진행됨에 따라 이러한 관행은 시간이 지나면서 감소했다. 셋째, 농업이 더 적은 노력으로 영양을 크게 개선할 수 있기 때문에 유익했다는 널리 퍼진 가정에도 불구하고, 실제로는 그 반대가 사실이었던 것으로 보인다. 같은 지역에 거주한 수렵채집 인구와 초기 농업인구의 골격에서 나타난 생리적 스트레스 징후와 에너지 처리량(energy throughput) 계산에서 나온 증거는 농업인이 수렵채집인보다 훨씬 더 큰 영양 스트레스를 받았음을 뚜렷하게 보여 준다.[1] 농사는 극도로 힘든 일이었고 변덕스러운 기후와 야생동물 및 해충의 침해에 취약했다. 이러한 인구들은 선택의 여지가 거의 없었다. 원하든 원하지 않든 사냥꾼-채집인의 생활을 계속할 수 없었고, 그 대신 상당한 비용을 감수하며 정착지에서 살아가야 했다. 요컨대, 사람들은 농업을 발전시키기 위해 마을에 살았던 것이 아니라 마을에서 살기 위해 농업을 발전시켰다. 최소한 이러한 정착지가 상당한 규모에 도달하고 나서야 농업을 발전시켰다.

순서가 이런 식이라는 것을 알게 되면, 사람들이 왜 이렇게 갑작스럽게 전환을 했는지, 그리고 왜 이토록 빠르게 이루어 냈는지에 대해 명백한 질문이 제기된다. 그 답은 침략자들을 막아 내기 위해서인 것으로 보인다.[2] 인간 개체군은 초기 신석기시대에, 특히 아프리카 북동부와 근동 지역에서 급격히 성장한 것으로 보인다.[3] 이웃의 침략이 문제였다는 것은 대부분 정착지가 전방위 방어에 유리한 언덕 꼭대기나 바위가 많은 곳에 건설되었다는 사실로 볼 때 명백하다. 또한 이러한 초기 근동 정착지의 주택 출입구는 거의 항상 평평한 지붕에 있었으며(이 관행은 중동의 성서 시대까지 존속했다), 지상층에는 소수의 작은 창문들이 주로 안쪽을 향해 있었다〔벽이 아니라 평평한 지붕에 출입구가 있고 주택들이 서로 가깝게 붙어 있어, 사람들이 지붕 위에서 이동하고 활동할 수 있는 형태〕. 일부 정착지는 견고한 벽돌로 지어진 둘레벽을 가지고 있었다. 예를 들어, 예리코의 유명한 벽은 높이가 약 3.6미터에 바닥 폭이 1.8미터였다. 이러한 벽은 인력 측면에서 건설 비용이 많이 들었으며, 순수하게 장식적인 목적으로 세워졌을 가능성은 거의 없다.

방어진지의 사용은 신석기시대부터 역사시대에 이르기까지 널리 퍼져 있었다. 잘 알려진 역사적 예로는 북서 유럽 전역에 흩어져 있는 수많은 철기시대 언덕 요새들, 미국 남서부 호피족 및 다른 푸에블로인디언들의 고원 꼭대기(mesa-top) 마을, 페루의 마추픽추와 같은 **정복자** 시대(*conquistador*-period)의 잉카 언덕 꼭대기 도시 등이 있다. 때때로 고고학자들은 이러한 유적지가 방어와 관련이 있음을 인정하는 데 놀라울 정도로 주저하기도 했지만, 사실 이러한 정착지가 그 위치에 건설된 이유는 방어라는 것이 아주 명백하다. 실제로, 우리는 이 사실을 역사 기록을 통해서도 알고 있다. 서기 1000년 말에, 미국 남서부의 아나사지(Anasazi) 인디언들의 조상은 이전에 점유했던 개방적이고 취약한 위치에서 인근 고원 위나 협곡 벽의 능선처럼 방어를 더 잘할 수 있는 위치로 마을을 의도적으로 옮겼다. 이는 코만치(Comanche)와 나바호(Navajo)와 같은 북부 부족들이 그들의 영토를 남쪽으로 확장하기 시작하면서 점점 더 심해진 침략에 직접적으로 대응한 것이었다.[4] 이 지역에 있는 푸에블로 유적지 수천 개 중 다수가 암벽을 오르거나 밧줄을 사용해야만 접근할 수 있는 협곡 벽의 능선에 위치해 있으며, 돌출부가 있어 세 방향은 물론 위쪽에서도 거의 난공불락일 정도였다. 스페인 기록에 따르면, 1680년 스페인 지배자들에 대항한 푸에블로 반란 시기에 주니족(Zuni)은 산재된 여섯 개 큰 마을을 포기하고 2200미터 높이의 도와 얄란네(Dowa Yalanne) 고원(콘 마운틴)으로 이주해 평화조약이 체결될 때까지 3년 동안 그곳에 머물렀다.[5] 스페인 기록은 그보다 1세기 전인 1540년에 정복자 바스케스 데 코로나도(Vázquez de Coronado)가 멕시코 영토 북쪽의 땅을 병합하기 위해 원정을 나섰을 때에도 주니족이 같은 피난처를 사용했음을 알려 준다.

아프리카에서도 비슷한 일이 관찰되었다. 케네스 브래들리 경(Sir Kenneth Bradley)은 1920년대에 북로디지아(지금의 잠비아)에서 젊은 행정관으로 근무할 때, 당시 80대였던 체와족(Chewa) 족장이 해 준 말을 기록했다. 수십 년 전 자기의 삼촌이 족장이었을 때, 약탈자인 응구니족(Nguni)의 **임피스**(*impis*, 전투단) 때문에 이전에 살던 비옥한 강변의 평야로부터 언덕 위로 마을을 옮겼다는 것이다. 1830년대 줄루 내전 동안 샤카(Shaka)의 줄루 연합에 의해 치명적인 패배를 당한 후, 응구니 줄루족의 씨족들(clans)은 1833년 잠베지강 북쪽으로 도망쳐 이후 수십 년 동안 현재의 잠비아와 말라위 지역의 부족들을 공포에 떨게 했다. 체와족의 많은 사람들은 응구니족의 노예가

되었다. 인근의 툼부카족(Tumbuka)도 응구니족 약탈자들을 피해 언덕으로 도망쳤으며, 1907년 새로 설립된 영국 식민지 행정부가 응구니족의 침략과 노예사냥을 종식시킨 후에 비로소 평야의 조상 땅을 다시 점유했다. 마찬가지로 나이지리아/카메룬 국경의 만다라산맥에 사는 팔리족(Fali)과 다른 민족들도 더 비옥한 평야에서 덜 생산적인 산악지대로 피신했다. 풀라니(Fulani), 완달라(Wandala), 슈와 아랍(Shuwa Arab), 카누리(Kanuri)의 기마 노예사냥단을 방어하기 위한 일이었다. 이들의 괴롭힘(국내 노예화는 물론 사하라를 건너 북아프리카와 아라비아의 노예시장으로 수출)은 1920년대까지, 즉 대서양 노예무역이 영국 왕립 해군에 의해 억제된 지 1세기가 완전히 지난 후까지 계속되었다.[6]

우리는 선사시대 조상들이 평화롭게 생활하다가 간혹 사냥 원정을 떠나는 목가적인 삶을 살았다고 생각하는 경향이 있다. 사실, 이는 진실과 전혀 거리가 먼 이야기다. 지난 7만 년 동안 모든 대륙에서 사람들은 끊임없이 이동해 왔고, 시간이 지남에 따라 이러한 이주는 서로 다른 부족 간의 갈등을 점점 더 키우는 결과를 낳았다. 이러한 상호작용이 심각했음을 보여 주는 증거로는 1320년대에 사우스다코타에서 발생한 크로크리크(Crow Creek)대학살이 있다. 이는 당시 캐도안 중앙 평야 인디언 마을 전체가 만단족(Mandan) 이웃에 의해 학살당한 사건이다. 이 장소에서 고고학자들이 발굴한 남녀와 어린이 486명

중 90퍼센트 이상이 머리 가죽이 벗겨졌음을 확인할 수 있었다(두개골 측면에 있는 절단 자국이 증거). 또한 많은 이들이 팔 아래와 혀가 제거된 상태였다(이 또한 아메리카 원주민들이 하는 전리품 사냥의 일반적 형태로서 현대까지 지속됨). 캐도안족은 남쪽에서 침입한 사람들이었는데, 현지 만단족에게 심한 위협을 느껴 마을의 방어용 건조 해자 요새를 보수하는 과정에서 압도당한 것이다.[7]

유사한 대학살 현장이 중앙유럽의 많은 지역에서 발견되었는데, 그 시기는 기원전 7000년경으로 거슬러 올라간다.[8] 대부분은 아나톨리아에서 서쪽으로 이동하던 농부들이 초창기 유럽의 수렵채집인 부족 전체를 학살한 사건으로 보인다. 매장지에는 남녀와 어린이가 포함되어 있으며, 둔기로 두개골의 측면이나 뒷면을 폭행당해 사망한 명백한 증거와 시신들이 성의 있게 처리되지 못하고 방치된 흔적이 있다. 한 유적지에서 나온 유골의 절반 정도는 사망 전에 다리뼈가 고의적으로 부러진 흔적도 발견되었다(아마도 도망 방지용).

많은 매장지에서 젊은 여성들의 부재가 눈에 띄는데, 이는 그들이 분리되어 성 노예로 끌려갔을 가능성을 시사한다. 이런 관행은 전 세계 많은 사회에서 과거에도 있었고 지금도 계속되고 있다. 1960년대까지 아마존 인디언들 사이에서도 생식 가능 연령의 여성들은 약탈의 주요 전리품이었다.[9] 더 놀라운 사실은 수 세기가 지난 후에도 종종 이러한 사건들의 유전적 반향을 감지할 수 있다는 것이다. 칭기즈칸이 중앙아시아와 동유럽을 정복하고 8세기가 지난 후, 13세기 몽골제국의 지리적 범위에 현재 살고 있는 모든 남성 중 약 7퍼센트가 칸과 장군들의 Y-염색체 유전자 서명을 갖고 있다.[10] 마찬가지로, 5세기 앵글로색슨 침략자들의 유전자 서명은 현재의 잉글랜드 인구 집단에서 여전히 분명하게 나타난다. 잉글랜드 동부의 여성들은 토착 켈트족의 미토콘드리아 DNA를 가지고 있는 한편, 남성들은 전형적으로 앵글로색슨 Y-염색체(부계) 서명을 가지고 있다.[11] 역사 기록에 따르면, 앵글로색슨은 약 4세기 반 후에 앨프레드대왕이 법적 개혁을 단행할 때까지 로마노-브리티시(Romano-British) 원주민들에게 극심한 형태의 인종차별정책을 시행했는데, 그들의 법적 지위를 부정했을 뿐만 아니라, 색슨족 남성들이 원주민의 재산과 여성을 빼앗아도 처벌하지 않았다.[12] 비슷하게, 현재 아이슬란드 남성의 85퍼센트는 그 섬을 처음 식민화한 인구 집단인 노르드(Norse) 남성의 유전자 서명을 가지고 있는 반면, 아이슬란드 여성의 50퍼센트는 켈트족의 모계 서명을 가지고 있다. 이는 역사적으로 잘 정리된 사실로, 노르드족이 아이슬란드로 건너가는 길에 정기적으로 아일랜드와 스코틀랜드의 노예 소녀를 모았음을 반영한다.[13] 실제로, 아일랜드 침략자들이 영국 본토에서 저지른 노예사냥은 서기 1102년 런던 의회에서 이를 종식시키려는 명시적인 시도가 있었음에도 12세기까지 계속 성행했다.[14]

다시 말해, 침략자의 공격을 막아 내는 것은 아주 오랜 시간 동안 매우 심각한 과제였으며, 정착지 생활이 최선의 방어 수단을 제공했다. 하지만 문제는 어떤 크기이든지 집단에서의 생활은 스트레스를 받는 일이라는 것이다. 때때로 산 부시먼은 소위 '별 병(star sickness)'을 해소할 필요를 느낀다. 이는 집단을 장악하는 신비한 힘으로서 질투, 분노, 다툼, 증여 실패 등을 일으킨다.[15] 이러한 압력은 사람들을 갈라놓고 사회적 결속을 해친다. 반면, 트랜스 춤은 적대감을 완화시켜 사회적 구조를 복구한다. 또한, 사회적 마찰로 인해 생성된 스트레스는 여성의 월경 내분비(menstrual endocrinology)에 극적인 영향을 미쳐 일시적인 불임을 유발할 수도 있다. 이는 일반적으로 포유류, 특히 영장목, 나아가 인간의 사회집단 크기를 제한하는 주요 요인이다.[16]

나미비아의 산족(San) 간 분쟁의 원인을 분석한 결과, 불만의 가장 흔한 원인들은 경솔한 트러블 메이커의 행동, 소유물에 대한 질투, 지속적인 인색함 또는 나눔의 실패, 부적절한 성적 행동, 친족에 대한 의무 불이행 등이었다. 추방은 거의 사용되지 않는 궁극의 제재 수단으로서 그 사회에서는 사형선고와 같았다. 개인이 혼자 살면서 생존하는 경우는 거의 없었기 때문이다. 추방의 대다수 사례는 사회를 교란시키는 것으로 간주되는 행동, 특히 성적 행동과 관련이 있었다. 한 여성은 이웃 반투족 남성들과 자주 성관계를 맺었다가 공동체의 다른 구성원들로부터 받는 비판의 압력 아래 밴드를 떠났는데, 결국 사망했다. 또 다른 사례에서는 한 가족이 추방을 당했다. 아내는 자주 술에 취해 반투족 남성들과 문란한 성관계를 맺었고, 게다가 아이들도 다루기 힘들었다. 결국, 공동체 전체가 뭉쳐 그들에게 맞선 후, 그 가족은 다른 곳으로 이주했다. 그들은 여성이 사망한 후에야 다시 돌아올 수 있었다.[17]

어떤 사회에서도 이런 종류의 사소하거나 그리 사소하지 않은 불화는 결국 고조되어 직접적인 폭력이나 마녀사냥으로 이어지며, 이는 다시 보복의 정당성을 초래한다. 파푸아뉴기니의 게부시족(Gebusi) 원예농업인(horticulturalists) 사이에서 최근 역사적으로 발생한 모든 사망사건의 거의 3분의 1이 살인이었다. 게부시 남성은 대개 집단 간 분쟁과 습격 중에 살해될 가능성이 더 높았지만, 여성은 공동체 내부 분쟁으로 살해될 가능성이 더 높았는데, 그중 많은 경우가 마녀사냥과 결부되었다.[18] 수렵채집사회에서는 폭력으로 인한 사망 비율이 거주 집단 크기에 따라 선형적으로 증가한다(그림 10). 50인 집단에서는 폭력적 사망이 모든 사망의 거의 절반을 차지한다. 어떤 인구 집단도 이러한 규모의 인구통계학적 압력을 감당할 수 없다. 수렵채집인은 대체로 완전한 통제 불능 상태가 되는 것을 막을 수 있는 유연한 사회적 구조를 갖고 있다. 즉, 만약 관계가 너무 삐걱거리면 한 가족이 야영집단을 떠나 관계가 있는 다른 집단으로 이주해 함께 머물 수 있다. 따라서 현대와 역사적 수

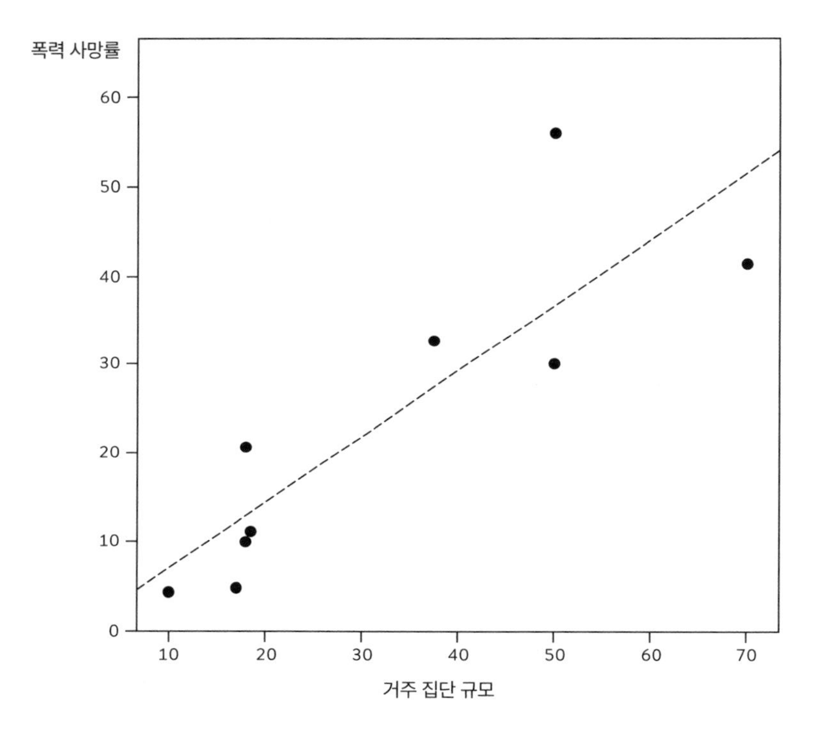

그림 10. 개별 수렵채집사회에서 폭력에 의한 성인 사망률. 거주 집단 평균 크기에 대비해 표시함. 점선은 데이터를 통과하는 회귀선이다.[19]

렵채집인의 거주 집단 크기 상한선이 대략 50인 정도인 것은 우연이 아닐 수 있다.

정착은 결과적으로 공동체나 부족을 한곳으로 집중시키기 때문에 영구적인 마을이나 도시에서 생활하는 것은 이 문제를 더욱 악화시킨다. 수백 명 개인으로 이루어진 마을에 사는 농부들은 수렵채집인보다 훨씬 높은 살인율을 경험하는데,

그중 많은 부분이 공동체 내부 분쟁으로 인한 것이다.[20] 소규모 공동체에서는 싸움이 통제를 벗어날 가능성이 훨씬 더 높은데, 이는 그 상황에 개입해 분쟁을 해결할 경찰력이 없기 때문이다. 상황이 이런 단계에 이르면, 옳고 그름과는 거의 관련이 없고 개인적 및 가족적 충성심과 훨씬 더 관련된 선을 따라 빠르게 양극화된다. 베네수엘라 야노마뫼(Yanomamö) 인디언들 간의 도끼 싸움을 분석한 미국의 인류학자 나폴리언 섀그넌(Napoleon Chagnon)은 마을 사람들이 분쟁의 주요 당사자 중 한 명이나 다른 한 명과 빠르게 동조했으며, 이는 주로 가장 밀접한 관계에 있는 사람이나 가까운 친척이 누구 편을 들었는지에 따라 결정되었다는 것을 발견했다.[21] 싸움은 상해나 사망의 위협이 심각해지면 편을 가르도록 강요하는데, 이는 공동체를 함께 유지하는 섬세한 유대를 필연적으로 파괴한다.

공동생활의 스트레스는 종종 집단 내 여성들 간의 충돌로 드러난다. 1950년대 미크로네시아 부건빌섬에서 시우아이족(Siuai)을 연구하던 인류학자 더글러스 올리버(Douglas Oliver)는 마을이 아홉 가구를 초과하면 불가피하게 분열을 겪었고, 이는 주로 여성들 사이의 다툼이 만들어 낸 긴장 때문이라는 말을 들었다. 이런 효과는 복혼제 가정(polygamous households) 내부에서도 감지될 수 있다. 자매 복혼제(sororal polygamy, 모든 아내들이 자매인 경우)를 행하는 부족에서는 여성들이 보통 같은 지붕 아래에서 함께 생활한다. 그러나 여성들이 아무 관계도 아닐 때에는 보통 각 아내가 남편의 경내에 자신만의 오두막을 갖는다. 그렇지 않으면, 그들 간의 관계는 너무나 삐걱거리게 된다.[22]

마을의 규모가 커지는 만큼 스트레스와 내부 폭력의 수준을 줄이는 방법을 찾는 것은 더 큰 정착지에서 살기 위해 매우 중요한 일이었다. 대규모 정착지에서 생활하는 부족사회는 이러한 파괴적인 힘들을 통제하는 다양한 전략을 보여 준다. 여기에는 공동체 유대 활동(춤, 잔치)의 빈도 증가, 계약 가족 간의 신붓값(bride-wealth) 교환을 포함하는 보다 공식적인 혼인 약정, 민주적 사회 양식으로부터 남성 위계와 공식적 리더십 역할로의 전환, 더 명시적인 의례, 공식적 종교 공간 및 종교 전문가를 포함하는 교리종교로의 전환 등이 포함된다.[23]

교리종교의 등장

의례 공간, 종교적 아이디어의 상징적 표상, 사제 계급, 신들, 도덕적(사회적이 아닌) 규범 등은 현대의 수렵채집사회에는 모두 결여되어 있지만, 신석기시대 동안의 도시환경에서는 그 모두가 매우 빠르게 나타난다. 예리코와 아인 가잘('Ain Ghazal, 예리코 동쪽 약 50킬로미터에 위치함)의 초기 유적지에서 발견된 일부 건물들은 의례적 기능을 갖고 있는 것으로 해석되었다. 특이한 반원형 또는 원형을 취하고, 다른 주거용 건물들에 비해 훨씬 작으며(때로는 지름이 2~3미터에 불과함), 분지와 제단처럼 보이는 것을 갖고 있고, 바닥 아래에는 수로(희생 제물의 피가 빠져나가도록?)가 있었기 때문이다. 아인가잘에서 이러한 '의례' 건물 네 채가 500년 기간에 걸쳐 축조되었는데, 한 번에 하나만 활성화되어 사용되었다.

이 초기 레반트 신석기 정착지✦의 주거용 건물 대부분은 바닥 밑 매장과 연관되어 있는데, 여기서 시신들은 때로는 세워져 있고 때로는 웅크린 자세로 묶여 있다. 이러한 매장지 중 일부는 너무 오래되어 나중에 이곳에 살게 된 주민들이 인식하지 못했기 때문에 후속 매장을 위해 무덤을 파다가 유골을 손상시키기도 했다. 이라크까지의 레반트 동쪽 전역에는 독특한 '두개골 숭배'가 있었다. 예를 들어, 어떤 경우에는 시신에서 두개골을 떼어 내 마을 가장자리나 건물 내부의 벽감(niches)에 있는 시신 보관 공간의 중앙 구덩이 주변에 배열했다. 일부 두개골은 석고로 얼굴을 재구성하여 섬뜩할 정도로 생생한 가면을 만들었다.

교리종교의 여러 구성 요소가 언제 처음 등장했는지를 확실히 알기는 어렵다. 그러나 기원전 2000년경 수메르에, 그리

✦ 레반트(Levant) 지역은 현재의 이스라엘, 요르단, 레바논, 시리아, 팔레스타인 등을 포함하며, 20세기 중반 이후로 이 지역에서 초기 농업과 정착 생활의 발달에 관한 중요한 유적들이 발견되었다.

고 대략 같은 시기의 이집트 고왕국에, 사제 계급이 존재했다는 증거가 알려져 있다. 어떤 경우들은 여성 사제일 수도 있는데, 이들의 다수는 귀족 출신으로서 종종 신전에서 신성한 창녀로 활동했다. 예를 들어, 엔헤두안나(Enheduana, 이름이 알려진 최초의 시인)는 기원전 2250년 이전 수십 년 동안 수메르의 도시국가 우르(Ur)에서 여신 이난나(Inanna)와 달의 신 난나-신(Nanna-Sin)의 여성 대사제였다. 엔헤두안나는 153행으로 구성된 「닌-메-샤라(Nin-me-Šara, 이난나 찬가)」를 비롯해 다양한 길이의 찬가를 만들었으며, 이 중 42편이 현재까지 남아 있다. 엔헤두안나는 왕족 출신이며, 고귀한 가문에서 선발된 **나디투**(*naditu*) 여성 사제들(신전 노예) 중 한 명으로 보인다. 이난나는 기원전 4000년경부터 수메르의 도시 우루크(Uruk)에서 숭배되었으나, 기원전 2300년경 아카드제국 설립 이후로는 특히 사랑, 아름다움, 섹스, 전쟁, 정의, 정치권력 등의 여신 이슈타르(Ishtar)로서 특별한 명성과 인기를 얻었다. '천국의 여왕'으로 알려진 이 여신은 아시리아 판테온에서 최고 순위의 신격이었을 뿐만 아니라, 메소포타미아 일부 지역에서는 최근 18세기까지도 계속 숭배되었다.

이 시기는 또한 공식적인 의례의 출현과도 일치하는 것으로 보인다. 공식적인 의례의 한 가지 특징은 정해진 대본을 따라 매번 정확히 동일한 방식으로 수행되어야 한다는 것이다. 그렇지 않으면 그 의례는 '힘'을 잃는다. 가장 초기의 사례로 알려진 것

중 하나는 이집트 제5왕조와 제6왕조(기원전 2686~2181년) 동안 사카라(Saqqara)의 피라미드 벽과 관에 새겨진 소위 '피라미드 텍스트'다. 이 텍스트는 사후 세계로 가는 망자의 길을 쉽게 하기 위한 기도, 주문, 지침 등을 명시하고 있으며, 그중 많은 부분이 사제에 의해 의례적으로 말해지게 되어 있다. 이 텍스트의 일부 문구는 제2왕조나 제3왕조(기원전 2890~2613년)까지 거슬러 올라갈 수 있다는 의견도 있었다.

의례의 가장 초기 형태는 주로 인간사에 대해 변덕스럽고 가혹한 관심을 보이는 신들을 달래는 일과 관련이 있는 것으로 보인다. 많은 전통 종교에서 신주(神酒) 빚기, 농작물 바치기, 동물 희생하기 등의 관행은 거의 보편적이다. 동물 희생은 예수 시대까지 이르는 제1성전기 및 제2성전기 유대교에서 흔했으며, 채소와 곡물을 바치는 행위도 마찬가지였다. 이는 현대 기독교에서도 추수감사절과 같은 형태로 지속하고 있다고 할 수 있으며, 이 시기에 시골 교회들은 경작물로 장식된다.

의례적 희생(ritual sacrifice)은 심지어 인간 희생 제물(victim)로 확장될 수도 있다. 서기 1세기에 잉글랜드 북서부의 켈트족은 20대 청년에게 최후의 의례적 식사로 탄 빵을 준 다음 교살하고 목을 베었으며, 마지막으로 당시 외딴 늪지였던 지금의 린도 모스(Lindow Moss)에 나체로 유기했다. 1984년에 '린도 맨'[또는 불경스럽게 '피트 마시(Pete Marsh)'로 알려짐]이 발견된 이래로, 영국의 늪지에서 시신이 총 140구 회수되었는데, 모두가 대략 같은 시기에 해당한다. 덴마크에서도 유사한 '늪지 사람들(bog people)'이 대량으로 발견되었는데, 이는 당시 북서 유럽에서 널리 행해진 관행이었음을 시사한다.✦ 이 시기는 로마가 영국과 라인강 북쪽의 유럽 대륙을 점령하기 시작한 시기와 일치하는데, 아무래도 의미심장하다. 이는 이러한 희생들이 중대한 사회적 혼란기에 신들을 달래기 위한 시도였을 가능성을 제기한다.

종교와 법치

앞에서 나는 스트레스를 관리하는 한 가지 방식으로 소규모 사회의 비공식적 종교에서 대규모 사회의 공식적 종교로 자연스럽게 나아가는 과정을 제안했다. 이러한 진전은 남아메리카에서 어느 정도 자세히 추적해 볼 수 있다. 볼리비아의 티티카카호수에 위치한 타라코(Taraco)반도에서 기원전 1500년에서 기원전 250년[티와나쿠(Tiwanaku, 티아우아나코) 국가 형성 이전 시기] 사이의 마을 규모를 재구성한 결과, 주로 자급농

✦ '린도 맨' '피트 마시' '늪지 사람들'은 모두 유해가 발견된 습지(marsh) 또는 늪지대(peat bog)를 상기시키는 별명이다. 일부에서는 고대의 유해에 이런 별명을 붙이는 관행에 반대한다. 이는 희생 제의와 희생자 들을 모두 무시하고 조롱하는 불경스러운 일이라는 것이다.

업경제였던 초기의 평균 마을 규모는 약 127명이었으며, 170명 규모에 도달했을 때 마을이 분리되는 경향이 있었다. 약 3000년 후, 북아메리카의 후터파도 거의 같은 규모에서 분리되었다(4장). 기원전 1000년경에는 평균 마을 규모가 약 275명으로 증가했으며, 마을들의 4분의 1은 400명을 초과했다. 기원전 800년경에는 이것이 완전히 발전된 종교 복합체로 알려진 야야-마마(Yaya-Mama) 종교 전통으로 이어졌다. 이는 새로운 형태의 공적 의식 공간(석고를 바른 함몰형 성소), 장식된 서빙 그릇, 세라믹 나팔, 향로, 그리고 독특한 스타일의 석상 등을 포함했다.[24]

아메리카 평원 인디언들은 또 다른 예를 제공한다. 그들 중 일부는 연간 주기에 따라 정기적으로 한 주에서 다른 주로 이동했다가 다시 돌아왔다. 이 부족들은 한 해 대부분을 대여섯 가족으로 구성된 소규모 이동 밴드(아마도 30~35명)로 생활했으며, 각 밴드마다 족장이 있었지만 공식 행사는 거의 또는 전혀 없었다. 그러나 매년 버팔로 사냥 시기에는 부족의 모든 밴드가 한 캠프에 모여 수천 명을 이루었다. 그리고 이 기간에만 각 밴드의 족장들은 강력한 협의회를 구성하고, 그들 중 한 명이 최고 족장으로 선출되었다. 이에 더하여 남성 비밀결사, 종교 행사, 행동 규칙 등을 엄격하게 준수하도록 하는 공식적인 경찰력이 존재했다. 분산된 시기에는 이런 것들 중 어느 하나도 나타나지 않았고 필요하지도 않았다.

경찰력에 의한 하향식(top-down) 규율의 부과는 확실히 공동체 구성원들(특히 젊은 남성들)의 문제 행동을 관리하는 데 효과적이다. 그러나 항상 더 효과적인 방식은 개인이 공동체에 헌신하는 느낌을 갖게 함으로써 상향식(bottom-up)으로 관리하는 것이다. 본질적으로, 이것이 바로 종교가 작동하는 최선의 방식이다. 이는 공유된 믿음과 공유된 의례를 통해 소속감을 창조함으로써 작동한다(5장에서 언급한 '일곱 기둥'). 실제로, '일곱 기둥'은 모든 이가 자발적으로 모자를 걸 수 있는 마을 중앙의 토템폴(totem pole)을 구성한다.✦ 여기에 인간의 행위를 감시하는 '도덕적 고위 신'과 종교적으로 정당화된 도덕적 명령(십계명 등)을 추가하면, 매우 강력한 '당근과 채찍' 효과가 창출된다. 도미닉 존슨(Dominic Johnson)의 분석에 따르면, 이런 부류의 신(오직 교리종교에서만 발견되는 부류)은 대규모 공동체에서 생활하는 사회 및 '공동체 수준 이상의 관할적 위계'를 지닌 사회(엘리트가 공동체를 지배하는, 정치적으로 더 복잡한 사회)에서 나타날 가능성이 훨씬 더 높다.[25] 다시 말해, 조직화된 종교는 더 큰 공동체가 존재할 수 있도록 말썽을 억제하는 기계장치의 일부인 것으로 보인다.

도덕적 고위 신(즉, 인간의 행동에 적극적으로 관심을 갖는 신)이 언제, 왜 등장했는지를 밝히려는 시도는 주로 경제적 또는 인구통계학적 맥락에 초점을 맞춰 왔다. 7장에서 언급했듯

✦ 자발적 참여에 기반한 사회적 결속을 묘사하는 비유적 표현.

이, 허비 피플스(Hervey Peoples)는 도덕적 고위 신에 대한 믿음이 목축 또는 농업 경제를 가진 부족 집단, 즉 재산을 보유한 사회에 다소 국한되어 있음을 발견했다. 그의 견해에 따르면, 도덕적 고위 신은 사회 내 엘리트가 타인의 노동 생산물을 통제할 수 있게 하는 보조 수단으로 등장했으며, 이는 목축(대다수 목축인은 가축 무리의 규모를 지위의 척도로 삼는다)과 집약적 농업을 하면서 실현 가능해진 일이다.

그러나 이 설명은 본말이 전도된 것처럼 보인다. 대다수 목축인에게 목축은 공동체의 일이 아닌 가족 사업이며, 가족관계의 정상적인 의무 내에서 관리될 수 있다. 목동들이 직면하는 가장 큰 문제는 다른 목축인들의 습격을 막아 내야 한다는 것이다. 가축의 이동성 때문에 전 세계 목축인은 끊임없이 약탈의 위협에 직면하는데, 이는 결과적으로 상당한 인명 손실(그리고 여성의 피해)을 불가피하게 초래한다. 실행 가능한 유일한 해결책은 이런 습격을 방어하고 보복할 충분한 수의 전사를 제공할 수 있는 대규모 공동체로 뭉치는 것이다. 도덕적 고위 신이 필요한 것은 공동체 내에서 목축 업무를 조정하거나 도난을 방지하기 위해서가 아니라, 상호 보호를 위한 공동체 응집력을 보장하기 위해서다.

최근의 많은 분석들은 고위 신에 대한 믿음이 정치적 복잡성의 출현 이전에 생겨났는지 아니면 이후에 생겨났는지에 초점을 맞춰 왔다. 많은 연구들은 초자연적 처벌(supernatural punishment)과 도덕적 고위 신을 두 가지 별도의 현상으로 구분한다. 초자연적 처벌은 일반적으로 변덕스러운 신격들을 달래기 위한 의례를 동반한다. 그 신격들은 인간의 도덕적 행동에는 별 관심이 없지만, 분노를 진정시키도록 설계된 희생과 기타 형태의 기원 의식을 요구하는 존재들이다. 아즈텍의 종교가 그러한 사례일 것이다. 피에 굶주린 전쟁의 신 우이칠로포치틀리(Huitzilopochtli) 같은 신격에게는 매우 많은 희생자들(전쟁포로나 노예)이 바쳐져야 했다(때로는 살아 있는 상태에서 심장을 뜯어 꺼내기도 함). 아즈텍의 강우 신인 틀랄록(Tlaloc)은 특히 어린아이 희생을 좋아했는데, 비를 만들기 위해 아이들의 눈물이 필요했기 때문이다. 반면, 도덕적 고위 신은 일반적으로 인간 숭배자들의 안녕과 행동에 적극적인 관심을 갖고, 자신이 정한 규칙을 따르는 이들에게는 상을 주고(보통 어떤 종류의 계시 과정을 통해), 규칙을 따르지 않는 이들에게는 벌을 내린다(현세나 내세에서). 아브라함 종교는 고전적인 사례를 제공한다. 변덕스러운 신을 섬기는 종교는 관련 의례의 수행을 **공동의** 의무로 보며, 신성한 처벌도 사회 전체에 무차별적으로 내려지는 경향이 있다. 그러나 도덕적 고위 신에 대한 신앙은 신의 응징을 **개인의** 문제로 간주하는 경향이 있으며, 여기에는 개인이 평생 쌓은 업적이 반영된다.

3장에서 언급한 오스트로네시아 문화에는 인간 희생의 출현과 이와 관련된 일련의 의식, 그리고 단순한 사회구조에서 계층화된 사회구조로의 전환 사이에 긴밀한 상관관계가 나타나는데, 이는 이러한 과정이 실제로 작동하는 사례를 제공한다. 희생을 새로운 의례 복합체로 채택한 문화들은 계층화된 사회구조로 전환할 수 있었고, 이는 다시 인구 규모를 키울 수 있게 했다. 분석의 결과는 매우 명확했다. 즉, 희생이 계층화보다 먼저 등장했다는 것이다. 사실상, 희생과 교리종교의 의례들이 사회 복잡성(따라서 인구 규모)을 증가시키는 관문을 제공한 셈이다. 이는 부분적으로는 규칙을 위반하는 사람들에게 가혹한 징계를 부과함으로써 이루어진다. 필요한 의례들을 개발하지 않으면 사회집단은 필연적으로 작아지고 분산될 수밖에 없다. 이런 맥락에서 인간 희생은 공동체의 일원이 되는 것에 대한 심리적 부담을 높이는 것으로 보이며 일종의 초월적 위협("우리 신은 **매우** 까다로우니, 피해자가 되지 않도록 조심하라")으로 작용하는 것 같다.

대안적인 접근은 특정 지역에서 시간에 따른 역사적 변화의 순서를 실제로 조사하는 것이다. 이 방식은 이 문제를 보는 다른 관점을 제공한다. 상대적으로 단순한 정착지에서 고전적 도시국가를 거쳐 대제국으로 발전하는 과정에서 나타난 인구통계학적 상태 및 경제적 상태의 변화에 그 공동체가 획득한 각기 다른 의례와 믿음을 연결시켜 볼 수 있게 해 주기 때문이다. 최근 연구 세 건이 이 접근법을 활용해 고위 신이 출현한 시기와 그 이유를 밝히고자 했다.

한 연구에서는 300개 이상 사회에서 수집한 지난 1만 년을 아우르는 데이터를 종합하여 사회 복잡성의 변화를 초자연적 처벌 및 고위 신[연구자들의 용어는 '도덕적 초자연적 처벌(moralizing supernatural punishment)']에 대한 믿음의 출현과 함께 매핑했다. 사회 복잡성은 인구 규모, 계층구조 및 법적 구조, 인프라(예를 들어 수로 및 도로), 달력, 문자 및 금속 화폐 등 다양한 특성들을 절충적으로 혼합해 정리했다. 연구 결과, 도덕적 고위 신은 전형적으로 사회가 구조적 복잡성의 정점에 도달한 다음 약 300년 후에 나타났다. 연구자들은 두 변수 사이에 직접적인 관계가 없으며 두 현상 모두 더 정교한 군사기술(특히 기병)과 농업(일부는 목축업)의 발달에 대한 반응이라고 주장했다. 그러나 정교한 군사력이 복잡한 종교를 강제하는 것인가, 아니면 타자들에게 지속적으로 공격받으면 군사화와 종교가 상관된 반응으로 나타나는 것인가 하는 질문에는 여기서 답하지 않았다.

아마도 더 중요한 것은 어떤 인과 가설이든지 두 가지 별개의 인과 경로가 존재한다는 점이다. 하나는 복잡한 사회가 발전**하려면** 먼저 복잡한 종교가 발전해야 한다는 것이고, 다른 하나는 복잡한 사회가 발전한 후에 사회를 안정시키는 수단으로 복잡한 종교가 발전한다는 것이다. 이상적으로는, 복잡한 '고위 신' 종교를 획득하지 못한 국가가 그것을 획득한 국가보다 더 빠르게 붕괴했는지 여부를 확인할 필요가 있다. 어느 경로

이든지, 데이터는 고위 신이 나타나는 주요 임계점이 약 100만 명 인구라는 것을 분명히 보여 준다. 이는 고위 신이 도시국가보다는 제국과 관련되어 있다는 것이며, 따라서 매우 대규모의 사회정치적 스트레스를 관리하는 일과 관련이 있을 가능성이 높다는 것이다.[26]

고위 신과 사회 계층화의 공진화(co-evolution)에 대한 소규모 연구는 이 과정을 더 심도 있게 조명한다. 이 연구의 제안에 따르면, 오스트로네시아 사회에서 초자연적 처벌은 사회 계층화 진화의 즉각적 전조이며, 도덕적 고위 신은 사회 계층화 **이후**에 나타난다.[27] 이 연구에 포함된 사회 중 인구가 10만 명 이상인 사회는 거의 없었다. 이는 이전 연구에서 제안된 도덕적 고위 신의 출현이 100만 명이라는 수치와 비교되는데, 실제로 도덕적 고위 신을 가진 사회는 거의 없었다. 이는 일련의 인구통계학적 한계가 하한선에 존재하는 것과 마찬가지로 상한선에도 유리천장이 얼마든지 존재할 수 있음을 시사한다. 각 단계에서, 사회는 제약을 돌파하고 사회 규모를 다음 수준으로 커지게 할 새로운 메커니즘이 필요하다. 이러한 종류의 분석에서는 인과적 논리를 올바르게 파악하는 것이 중요하다. 그 인과성은 사회적 복잡성이 도덕적 고위 신 종교의 진화를 촉진해 안정화 세력으로 삼는 것이어야 한다. 즉, 고위 신 종교가 복잡한 사회의 진화를 필연적으로 촉진하는 것은 아니다. 현실의 삶과 마찬가지로 진화에서도 해법은 문제가 발생한 후에 나오는 것이지, 미래의 문제를 예측해 나오는 것은 아닌 것이다.

현재 세계를 지배하는 몇 가지 주요 종교는 모두 중국의 황허와 양쯔강 유역, 인도 북부의 갠지스강 계곡, 그리고 동부 지중해 지역에서 기원했다. 왜 이 모든 대형 종교들이 지리적으로 멀리 떨어져 있는 이런 지역에서 거의 동시에[기원전 1000년 시기 이른바 축의 시대(Axial Age)] 등장해야 했는지는 오랫동안 역사가들을 당혹스럽게 했다. 사실 세 번째 연구에 따르면 축의 시대로의 전환을 가장 잘 예측하는 지표는 1인당 연간 에너지 생산량(본질적으로 농업 산출량)으로, 1인당 약 2만 킬로칼로리의 임계치를 지니며, 이것이 전환점을 식별한다. 이는 아마도 제국의 중심부 대도시들을 먹여 살리기에 충분한 농업 잉여물을 만들어 내는 생산수준을 나타낼 것이다(예컨대, 로마). 그다음으로 좋은 예측 지표는 인구밀도였다(물론 인구밀도는 에너지 잉여와 상관관계가 있음). 인구 규모, 주요 도시의 규모, 국가의 지리적 크기 등이 각각 미미한 영향을 미쳤지만, 실제로 이들은 거의 확실하게 상호 연관된 변수들의 단일한 복합체를 형성한다.[28]

이 마지막 연구의 저자들은 부의 증가가 사람들로 하여금 재산소유권을 보호하기 위해 더욱 친사회적인 태도를 개발하도록 자극한다고 주장했다. 그 결과로 사회적 협력이 강조되고 이기적인 경향이 억제되면서(예를 들어 타인의 물건을 훔치는 행위 금지), 대체로 법이 없던 사회에서 법의 지배가 적용되는 사회, 즉 시민들이 친사회적으로 행동하도록 장려하는 이데올로기가 발전하는 사회로의 전환이 촉진된다는 것이다. 저자들의 주장에 따르면, 이런 것들이 축의 시대를 특징짓는 대규모 교리종교에 반영되어 있다. 교리종교는 선한 행동 및 개인 행위의 책임을 강조한다. 이런 주장의 한 가지 문제점은 이것이 의심스럽게도 집단선택의 주장처럼 보인다는 것이다. 왜 억압받는 대중이 엘리트의 부를 보호하는 데 자발적으로 동의할까? 우리가 1장에서 본 것처럼 진화생물학자들은 의도적이든 우연적이든 집단선택을 암시하는 어떤 설명도 매우 경계한다. 게다가 농업생산만으로는 진화적으로 타당한 설명이 될 수 없다. 진화는 단순히 더 많은 식량을 생산하기 위해 일어나지 않는다. 생산은 다른 것의 대리물이거나 어떤 제약의 해결책으로서 개체의 적합도를 최대화하는 더 정교한 이데올로기가 출현하게 한다.

이 세 연구를 돌이켜 보면 두 가지 주요 결론이 나온다. 첫째, 도덕적 고위 신은 매우 늦게 발전했다. 이러한 변화들은 대부분 기원전 1000년대, 즉 '축의 시대'로 알려진 시기에 일어났다. 모두가 사회정치적 복잡성의 극적인 증가와 연관된 일이다. 그리고 이는 인구 규모가 100만 명 이상으로 폭증하면 이에 따라 공동생활의 스트레스를 관리하기도 더 어려워진다는 점과 불가피하게 연관된다. 앞 절에서 보았듯이, 이러한 스트레스에는 폭력, 절도, 학대, 다툼의 수준 증가가 포함된다. 둘째, 이에 앞서 종종 신의 응징을 둘러싸고 만들어진 복잡한 의례와 회유적 예배가 지속하는 긴 시기가 있었으며, 이로 인해 신을 달래야 할 필요가 지속적으로 제기되었다. 이는 약 10만 명 인구를 지닌 사회와 관련이 있는 것으로 보인다. 가장 이른 시기의 것들(아나톨리아 및 레반트)은 기원전 6000년경으로 거슬러 올라가지만, 대부분은 고위 신의 등장보다 약 2000년 전(즉, 기원전 2500년경) 정도 앞서 나타났다.

언급되는 경우는 드물지만, 거의 모든 경우에 이러한 의례 형태의 등장은 곧이어 사회 복잡성의 뚜렷한 상승과 일치한다. 이는 인구 규모가 급격히 증가하고 또 그것이 소수의 큰 중심지(마을과 도시)에 집중되어 나타난 결과다. 인구 규모의 증가는 이 지역의 기후와 농업 잉여생산 증가의 조건과 관련이 있는 것으로 보이며, 도시의 빠른 성장은 거의 항상 부와 권력 중심지의 경제적 기회가 농촌 지방에서 사람들을 끌어들이는 효과에 의해 촉진되는데, 이러한 효과는 현재까지도 계속되고 있다. 종교적 복잡성의 추가는 공동체 규모가 이런 수준으로 커지기 위해 필요한 것 같다. 여기서 우리는 일련의 '유리천장'에 대한 증거를 보고 있다. 공동체가 각 단계에서 해결책을 찾으면 불법과 내전을 통해 자멸하지 않고 다음 유리천장까지 규모를 키울 수 있으며, 해결책을 찾지 못하면 공동체 규모가 하위 수준에 그냥 머물거나 분열로 인해 더 낮은 안정점으로 퇴보하게 된다.

마지막으로 관련된 한 가지 관찰은 사회에서 사제 계급(종교 전문가)이 등장하는 상황에 관한 것이다. 진행 중인 프로젝트에서, 조지프 와츠(Joseph Watts)는 비교방법을 사용하여 전 세계의 다양한 현대 수렵채집사회를 대상으로 종교 전문가의 존재 여부에 관한 인류학 데이터를 분석했다. 그가 주로 관심을 기울인 것은 환경이 특별히 불확실할 때 종교 전문가들이 등장하는지 여부였다. 이는 점술사와 샤먼이 환경의 재난을 예측하고 통제하는 역할을 했을 수도 있다는 맥락이다. 그러나 그의 분석에 따르면, 환경의 불확실성은 종교 전문가의 존재와 직접적인 관련이 없는 것으로 보인다. 대신, 그들의 출현에 가장 직접적인 영향을 미치는 요인은 식량 저장소의 존재인 것으로 보인다. 식량 저장소는 남는 식량이 있었음을 시사하며, 이는 종교 전문가로 사는 데 시간을 헌납할 수 있는 개인들을 위해 식량을 따로 챙겨 두는 것이 가능할 만큼 사회가 충분히 부유했을 때 비로소 종교 전문가가 출현한다는 것을 의미한다. 이는 개별 샤먼이나 치유사의 경우와는 반대로, 사제 계급이 출현하는 것은 사회의 농업 생산량이 충분히 높아서 큰 규모의 인구 집단을 출현시키고 식량의 잉여를 생산할 수 있을 때라는 것을 시사한다. 물론, 인구가 이 규모에 도달하면 심각한 사회적 및 인구통계학적 스트레스를 경험할 가능성도 높다.

일신교와 축의 시대

주요 교리종교들은 인구 증가율이 높고 큰 국가들이 등장하던 지역에서 발생한 것으로 보인다. 그러나 이러한 인구통계학적 조건이 왜 그런 곳에서 그리고 그런 시기에 발생했을까? 눈길을 끄는 점은 모든 주요 세계종교들이 열대 바로 위쪽에 위치한 북부 아열대의 매우 좁은 위도권 안에서 등장했다는 것이다(그림 11). 각 아열대 지역은 위도상 12도 부근만을 차지하므로, 북부 아열대 지역은 세계의 거주 가능한 땅 표면의 약 10퍼센트에 불과하다. 그럼에도 불구하고 세계의 일신교 16개와 주요 국가 종교 14개가 이 지대의 내부나 가장자리에서 창시되었다. 물론 남회귀선 아래에는 땅이 거의 없고, 역사적으로 남반구 세 대륙의 남부 아열대 지역에 거주했던 모든 부족들(즉, 서기 1400년 이후 반투족이 남아프리카에 침략하기 전)은 인구밀도가 낮은 수렵채집인이었다. 따라서 대부분 종교들이 북부 아열대 지역에서 시작된 것은 놀라운 일이 아니다. 그러나 이렇게 좁은 아열대 기후권에서 왜 그토록 많은 주요 종교들이 나타났는지에 대한 의문은 여전하다.

이 질문에 대답하기 위해서는 위도와 여러 사회적, 생물학적 현상 간의 일반적인 관계에 주목할 필요가 있다. 열대지방이 병원체 진화의 온상이라는 사실은 오랫동안 알려져 왔다. 이는 주로 일정한 기후와 따뜻함, 심한 계절변화 결여 등에 기

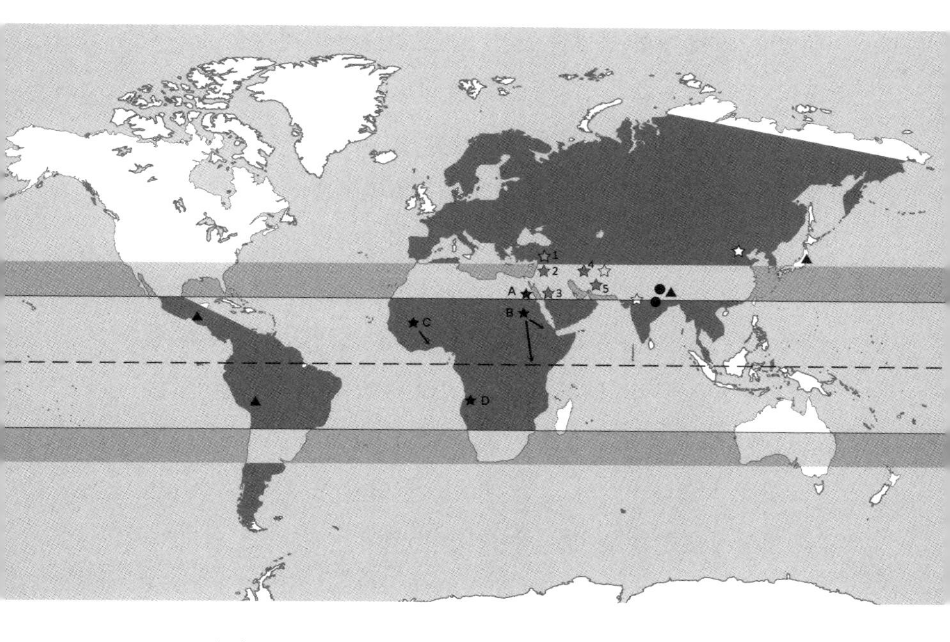

그림 11. 이 지도는 주요 일신교 및 주요 국가 종교의 기원 장소를 나타낸다. 점선은 적도이며, 위아래 실선은 열대 지역을, 회색 음영 지역은 아열대 지역을 나타낸다. (지도: www.Free-Printables.net)

- ★ 아프리카에서 일신론 종교가 기원한 장소: A. 아테니즘(Atenism, 파라오 시대 이집트); B. 북부 수단에서 기원한 쿠시트족(Cushites)과 닐로트-함족(Nilo-Hamitesic) [오로모족(Oromo): 현재 북서 에티오피아에 거주; 마사이족(Maasai) 및 기타: 현재 케냐와 북부 탄자니아에 거주]; C. 이보족(Igbo, 중앙 나이저평원에서 남동부 나이지리아로 이주); D. 힘바족(Himba, 반투어파 확장의 일원으로 현재 북부 나미비아에 거주).
- ★ 주요 아브라함 종교('성서의 민족들'): 1. 기독교; 2. 유대교; 3. 이슬람교; 4. 만다야교(Mandaeism); 5. 마니교(Manicheism).
- ☆ 아시아의 일신론 종교(왼쪽에서 오른쪽 순): 조로아스터교, 시크교, 중국 상 왕조의 상제 종교 및 이로부터 파생된 묵가(Mohism).
- ▲ 다신론 종교를 가진 기타 주요 국가들: 아즈텍(멕시코 남부), 잉카 및 직전의 티아우아나코 조상들(볼리비아, 티티카카호수), 힌두교, 신토(일본).
- ● 주요 비신론(non-theistic) 종교: 자이나교, 불교.

인한다. 이에 대한 생생한 증거가 필요하다면 열대지방 곳곳에 흩어져 있는 유럽인의 공동묘지만 봐도 알 수 있다. 18세기와 19세기에 서아프리카와 남아시아의 열대지방에서 많은 현지 질병에 대한 자연 저항력이 없었던 유럽인들은 기대수명이 몇 년이 아닌 몇 개월로 줄어드는 것을 경험했다.[29] 북쪽이나 남쪽의 극지방으로 다가갈수록 점점 길어지는 추운 겨울은 병원체 대부분의 번식과 종분화 능력을 억제한다. 실제로, 병원체와 질병의 유병률은 적도에서 높게 시작하여 열대지방을 벗어나면 급격히 감소하는 경향을 보이게 된다.

질병은 열대지방의 인간 개체군에 엄청난 압력을 가하므로, 병원체 부하를 줄이는 것이라면 무엇이든 결과적으로 강력한 선택이 작용하게 된다.[30] 치명적인 질병에 걸릴 수 있는 사람의 범위를 줄이는 것은 주로 거래하거나 혼인할 사람의 수를 줄이는 것과 통하는 문제다. 이를 가장 쉽게 하는 방법은 이웃과 다른 종교를 갖는 것이다. 이는 지역별로 상이한 부족종교의 수가 증가하면, 평균 신자 수가 질병 부하 함수처럼 감소한다는 사실에 반영된다(그림 12a). 이는 질병 부하가 증가함에 따라 지역공동체를 선호하는 사회적 태도가 점점 증가함으로써(즉, 더 집단주의적이고 덜 개인주의적이게 됨) 강화된다(그림 12b). 즉, 사람들은 낯선 사람과의 사회적 상호작용을 최소화하고 소규모 부족 기반 공동체를 중심으로 사회적 삶을 집중시킨다.

a)

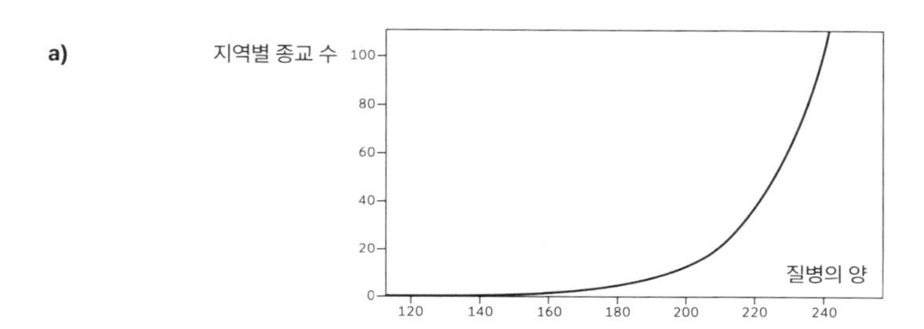

b)

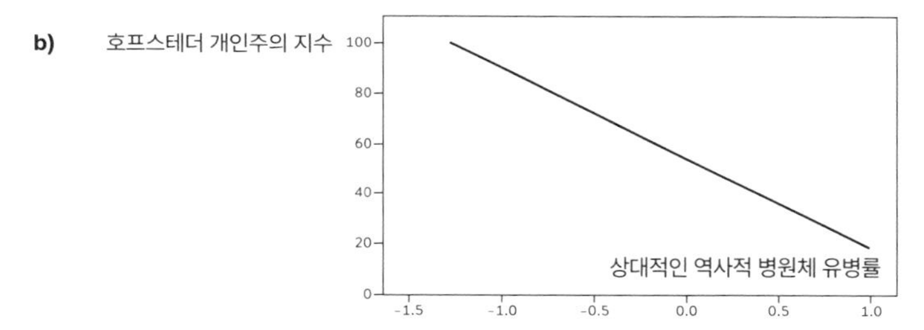

c)

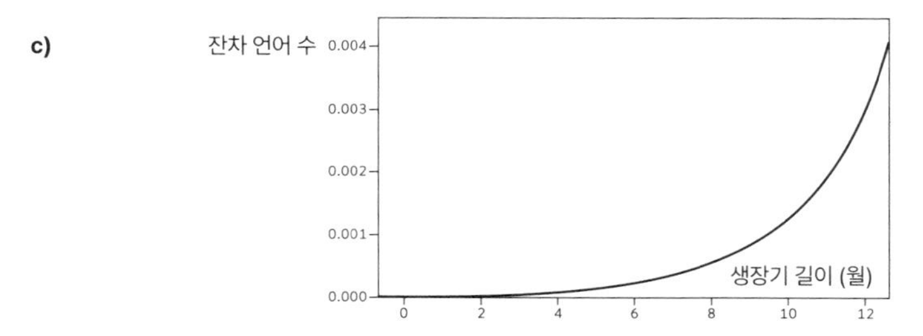

그림 12a. 국가별 부족종교의 수(국가 크기를 통제함)를 국가별로 기록된 기생충 질환의 수에 대비해 나타냄(177개국 데이터 기반).[31]

그림 12b. 개인주의(집단주의에 대비) 태도의 정도를 병원체 부하에 대비해 나타냄(67개국 데이터 기반). 개인주의 지수는 IBM 직원을 대상으로 한, 호프스테더모형의 전 세계 설문조사이며(0은 완전 집단주의, 100은 완전 개인주의), 병원체 부하는 주요 병원체 9종 합산 유병률이다(리슈마니아증, 트리파노소마증, 말라리아, 주혈흡충증, 필라리아증, 나병, 뎅기열, 장티푸스, 결핵).[32]

그림 12c. 열대지방 74개국의 1000제곱킬로미터당 언어 수(지역 크기에 맞춰 조정함)를 생장기의 길이(생태 예측 가능성의 척도)에 대비해 나타냄.[33]

열대 지역은 이러한 고립화 현상을 가능하게 하는 여러 특성들을 제공한다. 가장 중요한 것은 생장기가 보통 12개월 동안 지속된다는 것이다. 이는 한 해에 여러 번 작물을 수확할 수 있고, 집단들이 자급자족할 수 있어 서로 무역을 할 필요가 없음을 의미한다. 무역은 공통 언어에 의존하므로, 이는 특정 언어를 사용하는 사람들의 수에 반영된다. 그림 12c는 생장기의 길이에 따라 특정 국가에서 쓰는 언어의 수를 (국가 면적을 고려하여 조정한 후) 보여 준다. 고위도처럼 생장기가 짧은 경우에는 널리 사용되는 언어가 몇 개 없다(즉, 같은 언어가 매우 넓은 지역에서 사용된다). 적도(즉, 생장기가 최대로 긴 곳)에 가까울수록 사용하는 언어가 더 많아지고, 각 언어는 소규모 지역에서 소수의 사람들만 사용한다.

이 관계는, 종교 밀도의 경우와 마찬가지로, 지수적이라는 점에 주목하라. 생장기가 약 6개월을 초과하면 언어의 수는 갑자기 가파르게 증가하기 시작하는데, 이는 대략적으로 열대의 가장자리에 해당한다. 고위도에서는 식량 공급이 예측 불가능하기 때문에 충분히 넓은 지역에 걸쳐 무역 네트워크를 구축하는 것에 생존이 달려 있다. 접근 가능한 공동체 중 적어도 하나는 재난이 닥쳤을 때 피난처 역할을 할 수 있을 만큼 충분히 멀리 떨어져 있어야 한다. 이러한 종류의 무역 협상을 위해서는 공통 언어를 가지는 것이 중요하므로, 언어 공동체의 크기(한 언어의 사용자 수)와 그 언어 공동체가 차지하는 지리적 영역은 비례적으로 증가한다. 약 400만 제곱마일(1000만 제곱킬로미터)에 이르는 유럽 전체에 겨우 36개 정도의 독특한 언어가 있으며 각 언어가 넓은 지역에서 사용된다는 사실과 대조적으로, 적도 근방의 파푸아뉴기니는 겨우 18만 제곱마일(46만 제곱킬로미터)의 면적에 공식 언어만 850개가 존재한다. 같은 언어와 같은 종교를 가지고 있다는 것은 '우정의 일곱 기둥(5장)' 중 두 가지를 충족시킨다.

사실, 열대지방에 사는 사람들은 식량 공급에 어떤 제약이 있어서가 아니라 자연면역력이 없는 새로운 질병에 걸릴 위험이 높아지기 때문에 이웃으로부터 고립되려고 한다. 그들이 이렇게 할 수 있는 **이유는** 대부분의 시간 동안 생장 조건이 풍부하고 음식이 넘쳐 나기 때문이다. 고위도에서는 병원체 부하가 낮을 수 있지만, 기후의 계절성과 연간 기후변동이 훨씬 더 커서 사람들이 흉작을 경험할 위험이 증가한다. 따라서 적도에서 멀어질수록 광범위한 무역 네트워크가 점점 더 유리해진다.

질병의 영향과 식량 생산능력 사이에는 분명한 트레이드-오프가 존재한다. 인구성장은 이 두 과정 간의 차이에 의해 최적화될 것이다. 매우 높은 위도(즉, 극지방)에서는 환경이 너무 열악하여 역사적으로 수렵채집 경제만이 현실화될 수 있고, 인구밀도는 항상 낮을 것이다. 열대 지역 내부, 특히 적도 근처에서는 식량이 아니라 질병에 의해 인구가 제한되며, 질병 부하와 이를 완화하려는 사회 정치적 분열의 조합에 의해 인구밀도가 낮게 유지된다. 이 두 극단 사이 어딘가에서는 그 균형이 더 유리해질 것이다. 그림 13은 생장기의 길이와 현재의 질병 부하를 위도에 대비해 표시하여 이를 설명한다. 두 곡선의 형태는 두 요소 사이의 차이가 아열대 지역(23도와 35도 사이)과 그 바로 외곽에서 가장 클 것임을 의미한다. 이는 왜 축의 시대 종교들이 모두 이 좁은 지역에서 출현했는지에 대한 설명을 제공한다. 즉, 이 지역은 생장기가 여전히 적당했고 질병 부하가 낮아 빠른 인구성장에 완벽한 조건을 제공했다.

이 제안은 기후 온난화로 인해 기후대가 기원전 2000년 이래로 극적으로 변화했다는 사실을 기억할 때 더욱 설득력을 얻는다. 이전에는 북부 아열대 지역이 지금보다 훨씬 더 무성했다. 기후는 축축하고 다습했고, 중앙 사하라에는 많은 큰 호수와 영구적인 강이 있었으며, 물고기, 악어, 하마 등이 풍성했을 뿐만 아니라 지금은 더 이상 거기서 발견되지 않는 다양한 육상 포유동물(개코원숭이, 코뿔소, 멧돼지, 가젤 등)이 존재했다. 예를 하나만 들자면, 현재 숲개코원숭이의 서식 북방한계는 기원전 2000년에 비해 남쪽으로 850마일(1400킬로미터)가량 이동했다. 고대이집트에서 생식과 죽음의 신이자 문자를 발명한 신의 서기관인 토트(Thoth)는 종종 '망토(사막)개코원숭이(hamadryas, or desert baboon)'로 표상되었는데, 이는 이집트인들이 이 독특한 종에 친숙했음을 반영한다. 오늘날 이 특이한 개코원숭이의 가장 가까운 개체군은 남쪽으로 약 800마일

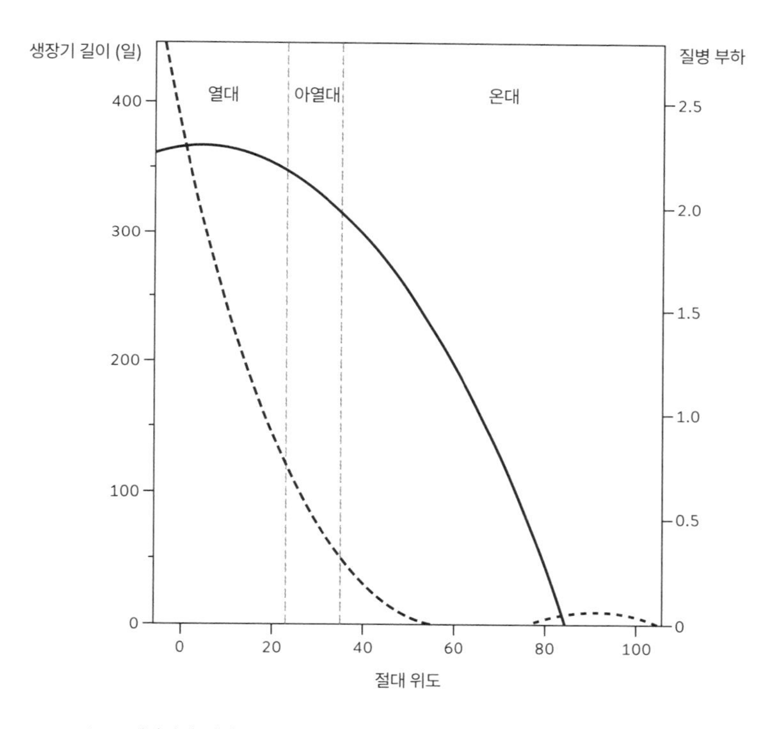

그림 13. 생장기의 길이(실선: 연속적으로 호수의 수온이 섭씨 9도 이상인 날의 수)와 현재의 질병 부하(검은 점선: 매개성 및 기생충성 질병)를 위도의 함수로 나타낸 그래프. 회색 점선은 아열대 지역의 한계를 표시한다.[34]

(1250킬로미터) 떨어진 북부 에티오피아에 서식하고 있다. 기원전 4000년경부터 사하라의 조건은 점차 건조해지기 시작하여, 기원전 2000년경에 현재의 사막 조건이 나타났다.

기후 및 식생의 측면에서 볼 때, 북부 아프리카와 레반트 지역은 기원전 8000년경 신석기 정착 시기 동안 상당한 인구를 지탱할 수 있었다. 이 조건은 인구가 폭발적으로 증가하고 서로를 약탈하기 시작하는 데 완벽한 환경을 제공했으며, 더 남쪽의 열대 지역에서 발생하는 질병 부하에서도 자유로웠다. 기원전 4000년 이후 발생한 급격한 기후 악화는 줄어드는 자원을 두고 경쟁함에 따라 공동체 간의 심각한 갈등을 유발했을 것이다. 이들은 약한 공동체를 약탈하면 부족분을 더 쉽게 채울 수 있다는 것을 발견했을 것이다. 이 시기 동안 동부 지중해 지역에 상당한 인구이동과 많은 해안 약탈이 있었다는 증거가 있다.

종교가 이러한 외부 위협에 직면한 공동체의 결속력과 협력을 강화하는 데 도움이 될 수 있다는 것은 97개국에서 추출한 190개 이상의 부족 또는 사회집단에 대한 연구에서 제안되었다. '종교적 주입(religious infusion)' 정도(예를 들어, 편견과 차별을 정당화하는 방식으로 종교가 사적 및 공적 생활에 침투하는 정도)는 사회의 세계관이 이웃과 얼마만큼 상충하는지 그리고 이웃과 경쟁하는 정도와 유의미한 상관관계를 보였다. 이 변수들 간의 인과관계 분석은 상충하는 가치관과 이웃에 대한 차별 의지 사이의 인과적 연결을 종교가 과장했음을 시사한다.[35]

허비 피플스가 목축인 사이에 도덕적 고위 신이 유난히 흔하다는 것을 발견한 것은 우연이 아닐 수 있다. 아열대 지역은 바로 소, 양, 염소(북반구), 라마와 알파카(남반구)가 처음으로 가축화된 곳이다. 마찬가지로, 아브라함 종교가 양과 소를 기르는 사람들 사이에서 기원한 것 역시 우연이 아닐 수 있다. 실제로 소 목축을 하는 동아프리카 쿠시트족과 닐로트-함족의 대부분은 일신교를 믿는다. 이들은 아열대 지대의 가장자리에 위치한 상부 나일 계곡에서 기원하여 지난 1000년 동안 에티오피아와 동아프리카로 남하했으며, 18세기 중반에 중부 동아프리카에 도착했다.

모든 영장목과 인간 사회의 진화는 서로 가까이에서 살아야 하는 스트레스 때문에 발생하는 생식력과 번식의 제약이 부여한 일련의 유리천장으로 이해하는 것이 최선이다. 진화 과정에서 일부 원숭이와 유인원 종은 이러한 유리천장을 뚫고 더 큰 집단에서 살 수 있게 해 주는 새로운 인지 및 행동 전략을 진화시켰다(주로 포식자에게 더 위험한 서식지를 점유하기 위해). 영장목에게 이러한 해결책은 그루밍 기반의 동맹, 다층 사회체계, 그리고 몇몇 경우에는 경찰력과 같은 사회적 역할의 형성을 포함한다.

우리 인간의 조상들이 더 큰 사회집단으로 진화하려고 했을 때, 이 과정은 새로운 형태의 공동체 결속 수단(노래, 춤, 잔치)을 찾아내야 했다. 그리고 일단 언어가 진화한 후에는 종교가 진화했다. 그럼에도 불구하고 이러한 수단들은 100~200명 규모의 비공식적으로 조직된 공동체만을 만드는 데 그쳤다. 공동체가 이 규모를 훌쩍 넘어서 진화하기 위해서는 사회구조화와 더 조직화된 형태의 종교 도입이 필요했다. 교리종교는 인간이 소규모 대면 사회를 넘어 오늘날 우리가 여전히 살고 있는 대규모 정치체제를 개발할 수 있게 해 주는 마지막 단계를 표시한다. 각 단계는 점점 더 복잡해지는 세속적 및 사법적 메커니즘과 연관되어 있고 이는 법과 질서를 유지하는 데 필요하다. 그러나 종교적 요소는 그 자체로 인간에게만 있는 독특한 특성을 나타낸다. 많은 세계종교에서 발견되는 도덕적 고위 신은 시민 단위가 매우 클 때만 나타나는 발전의 최종 단계를 대표하는 것으로 보인다.

9장

컬트, 섹트, 카리스마

How Religion Evolved:
And Why it Endures

모든 종교들은 카리스마(타인을 매료시키고 영향을 미치는 능력)가 있는 리더를 둘러싸고 구축된 컬트(cults)로 시작한다. 대부분의 경우 이들은 떠돌이 성자인데 아주 가끔씩 여성도 있다. 어떤 경우에는 새로운 컬트가 기존 종교 내 파벌 간의 분쟁으로 인해 생겨나고, 다른 경우에는 혼자 사색하며 시간을 보낸 후 인생과 신학에 대한 새로운 관점을 제시한 개인들에게 영감을 받아 생겨나기도 한다. 이 구분은 아마도 그리 중요하지 않을 것이다. 왜냐하면 어떤 새로운 종교의 창시자도 문화적 진공상태에 존재하는 경우는 거의 없기 때문이다. 그들은 모두 기존의 신념과 관행에 뿌리를 두고, 이를 새로운 방식으로 발전시키거나 대항한다.

이러한 카리스마적 인물의 대부분은 자신의 생애 동안과

그 직후의 짧은 기간에만 영향력을 가지며, 기억이 흐려지고 추종자들도 흩어져 버리면서 그들의 이름은 역사에서 사라진다. 그러나 소수의 인물들, 가령 고타마 싯다르타(불교 창시자), 구루 나나크(시크교 창시자), 예수그리스도, 또는 예언자 무함마드와 같은 인물들은 결국 세계 무대를 지배하는 종교운동을 창설한다. 아시시의 성 프란체스코 또는 성 이그나티우스 로욜라(St. Ignatius Loyola, 예수회 창시자) 같은 인물들은 엄청난 유산을 종교 교단(religious orders)의 형태로 남기며, 그 교단들은 특정 종교를 위한 선봉대 역할을 하게 된다. 사실상, 이들은 신학적 정통성을 보유한 교리종교 내부의 컬트다. 그러나 컬트는 종종 원래의 종교에서 신학적 이단이라는 이유로 추방되거나 스스로 떠난다.

모든 컬트는 그들이 속한 더 큰 종교적 경관의 어떤 측면에 대한 반작용이다. 따라서 기성종교 대부분은 컬트에 대해 양면적인 태도를 보여 왔다. 컬트가 충분히 성장해 주목을 끌게 되면, 어느 정도의 통제를 가하려고 노력한다. 종교가 표현의 다양성을 용인하고 컬트(대개 지역의 성인이나 신격을 둘러싸고 형성된 컬트)의 번성을 용인하는 경우는 극히 드물다. 가장 명백한 사례로는 힌두교가 있는데, 매우 다양한 신들과 종교적 전통들이 기꺼이 공존하는 것으로 잘 알려져 있다. 주요 종교 대부분은 내부의 신학적 일탈에 대해 그다지 너그럽지 않다. 중세의 카타리파[Cathari, 카타르파(Cathars) 또는 알비파

(Albigensians)]가 그 고전적인 사례를 제공한다.[1]

카타리파의 신학적 견해는 기성종교 세력을 무척 화나게 만들었다. 카타리파는 신에 대한 개인적 지식을 토대로 하는 영지주의적 성향이 강했고, 삼위일체에 반대하는 입장을 취했으며, 일종의 환생을 믿었다. 이런 견해의 많은 부분은 아르메니아와 발칸반도에서 9세기와 10세기에 번성했던 영지주의적 파울리시안(Paulician) 섹트〔파울리키우파, 바오로파〕 및 보고밀(Bogomil) 섹트에서 유래했다. 카타리파는 채식주의자였고(모든 살생을 죄로 간주함) 남녀 모두가 예식을 주관하는 등 놀랍도록 평등한 사회적 비전을 제시했지만, 별 도움이 되지는 않았을 것이다.[2] 주된 문제는 이들이 12세기에 남부 프랑스와 북부 이탈리아에서 강력한 정치세력으로 성장했다는 것이었다. 1209년에 교황 인노켄티우스(Innocentius) 3세가 그들을 진압하기 위해 알비십자군(Albigensian Crusade)을 발동할 정도였다. 랑그도크(Languedoc) 지역에서만 카타리파 신도 수만 명이 목숨을 잃었는데, 이는 주로 마을과 도시의 시민 전체가 교황군에 항복한 후에 이단자로 몰려 학살된 결과였다〔학살당한 인원을 20만~100만으로 추산하고 있다〕. 그 작전은 너무나 성공적이어서 카타리파는 종교운동으로서 더 이상 존재하지 않게 되었다. 그러나 카타리파의 소멸에도 불구하고, 그들의 견해는 베긴회(Beguines, 반 은둔 생활을 하던 평신도 여성들의 비공식집단)와 같은 서양 기독교 운동에 현대까지 계속해서 영향을 미쳤다.

이번 장에서는 종교적 컬트와 섹트에 대해 좀 더 자세히 탐구하고자 한다. 여기에는 두 가지 이유가 있다. 첫째, 컬트는 도대체 어떻게 그리고 왜 만들어지는가 하는 것이다. 사람들은 왜 컬트의 지도자를 따르는 것일까? 둘째, 심지어 최고의 기성 종교에서도 이상하리만큼 쉽게 컬트가 나온다는 점이다.[3] 많은 연구들이 새로운 종교운동의 전형으로서 개별 컬트의 역동성에 집중했으나, 왜 컬트가 끊임없이 거품을 일으키는지에 대해서는 거의 묻지 않았다. 종교들은 왜 이렇게 쉽게 서로 적대적인 섹트들로 갈라지는 것일까?

사례 연구: 메이블 발트럽과 파나세아 소사이어티

컬트 형성 과정에 대한 통찰을 제공하기 위해, 비교적 전형적인 컬트의 사례로 시작해 보고자 한다. 파나세아 소사이어티(Panacea Society)가 그것이다. 이 사례를 선택한 데는 몇 가지 이유가 있다. 첫째, 이 컬트는 기이한 면과 비전통적인 신학을 지녔음에도 불구하고 지역 교회 당국이 이것을 다소 특이한 정도로만 여겼다. 둘째, 이 컬트는 당시의 시대적 특성을 잘 반영하고 있는데, 다양한 출처에서 나온 주제들이 컬트 창립자의 사고 안에서 어떻게 결합되는지를 볼 수 있게 해 준다. 셋째, 이

단체는 그리 잘 알려져 있지 않다. 더 익숙한 컬트에 대해서는 종종 색안경을 끼고 보게 되지만, 이 사례는 그러한 편향 없이 더 중립적인 마음으로 접근해 볼 수 있다. 넷째, 여러 면에서 가장 중요한 것은, 아주 운 좋게도 파나세아 소사이어티에 관해 상대적으로 훨씬 많은 정보가 있다는 점이다. 과거의 더 이국적인 컬트들 대부분은 그 기원이 시간의 안개 속에 묻혀 버렸고, 관련 기록이 있었다고 해도 당국의 박해로 인해 억압되었다. 우리가 이 사례에 대해 아주 양질의 기록을 갖게 된 것은 대다수 관계자들이 교육을 잘 받아서 철저하게 기록한 문건들이 현재 작은 박물관에 보관되어 있기 때문이다.[4]

영국성공회가 제공하는 편안한 정통성에도 불구하고, 빅토리아시대 후기에는 특히 잉글랜드에서 비정통적인 철학과 컬트에 대한 관심이 높아지고 있었다. 일부는 강신술(spiritualism)처럼, 로마시대 이전까지 거슬러 가는 오컬트(occult)에 대한 오랜 국가적 집착에서 비롯한 것이다(머리말 참조). 다른 것들은 신지학(Theosophy)처럼, 주로 인도에서 유래한 이국적인 동양의 철학과 종교에 더 많이 노출됨에 따라 발전한 것들이다. 그 외의 것들은 소규모 컬트로서, 전통적인 종교와 자생적인 신념이 절충적으로 혼합된 독특한 견해를 가지고 있었다. 파나세아 소사이어티도 이들 중 하나로서, 1919년에 메이블 발트럽(Mabel Barltrop)이 베드퍼드에서 설립한 반폐쇄적(semi-enclosed) 천년왕국 공동체다.

메이블 발트럽은 영국성공회 성직자의 미망인이었다. 남편이 사망한 1906년 당시 발트럽은 현지 정신병원에서 멜랑콜리아(극심한 우울증) 진단을 받고 입원해 있었는데, 이는 아마도 남편이 만성질환을 앓고 영구적인 직위도 없었던 상황으로 인해 유발되었을 가능성이 있다. 발트럽은 아홉 살 때 아버지를 잃었고 반신불수인 어머니가 홀로 아이들을 키워야 했다. 그런데 이제는 남편의 건강도 악화되어서 어린 네 자녀와 함께 동일한 일을 겪게 될 것이 예견되는 상황이었다. 우울증과 망상에 시달려 두 번째로 병원에 입원한 후, 발트럽은 18세기의 농촌 예언자 조애나 사우스콧(Joanna Southcott)의 가르침에 영감을 받고, 베드퍼드(우연히 남편과 함께 살게 된 곳)가 에덴동산의 원래 위치라고 믿게 되었다. 남편이 사망한 후, 발트럽은 그 마을에 부동산을 구입해 사우스콧의 가르침을 기반으로 한 공동체를 여성 사도 열두 명과 함께 설립했다(발트럽은 예수가 제자들의 발을 씻겨 준 것을 모방하여 여성 사도들의 발을 의례적으로 씻겨 주었다).

사우스콧은 64세 때 자신이 「창세기」에 나오는 구약성서의 족장 야곱이 예언한 실로(Shiloh, 즉 메시아)를 잉태했다고 선언했다. 그러나 아기가 태어나지 않자 사우스콧은 대중의 관심을 잃고 곧 사망했다. 그런데 발트럽의 여성 동료 한 명이 발트럽이 사우스콧의 예언에 나온 실로라는 계시를 받았다. 이로 인해 발트럽은 자신을 그 아기가 성육신한 존재라고 여기게 되었고, 본인을 사우스콧 계보의 여덟 번째 예언자라고 자처하며 옥타비아(Octavia)라는 이름을 취했다.

파나세아 소사이어티는 사우스콧의 가르침에 바탕을 둔 페미니스트 신학을 채택했으며, 특별히 영국성공회의, 그리고 일반적으로 기독교의 남성 헤게모니에 도전하는 것을 목표로 삼았다. 발트럽은 성찬 예식을 주관하는 사제 기능을 직접 수행하기도 했는데, 당시로서는 성직 권위에 대한 엄청난 공격처럼 보였을 만한 일이다. 시간이 지나면서 자신을 '신성한 딸(Divine Daughter)'로 여기기 시작했으며, 이로써 하나님 아버지, 신성한 어머니(이전에는 성령), 신성한 아들(예수), 그리고 신성한 딸로 재구성된 삼위일체에서 네 번째 자리를 만들었다. 발트럽은 측근들과 함께 매일 오후 5시 30분에 딱 맞춰 신이 직접 하신 말씀을 받아쓰는 정기적인 '자동 쓰기(automatic writing)' 모임을 개발했다. 이때 쓰인 글들은 종종 이른 저녁 예식에 급히 전달되어 기대에 찬 회중 앞에서 낭독되었다.

1930년대에 이르러, 그 공동체는 상주회원 약 70명과 다른 곳에서 생활하는 추가적인 '봉인(sealed)' 회원(필수적인 훈련을 받고 멤버십 서약을 한 사람들) 1300명으로 성장했다. 누구든지 원하는 자에게 무료로 제공되는 중요한 혜택 중 하나는 발트럽이 축복한 작은 리넨(linen) 조각이었다. 이 리넨을 물 한 잔에 담가서 마시거나 목욕물에 넣어 사용하면 많은 질병이 치료될 것이라는 약속이 있었다. 전 세계적으로 거의 13만 명이

전쟁 사이 번성기 동안 이 리넨 조각을 신청했다.

상주 회원 대부분은 나이 든 여성들이었으며, 그중 다수는 영국성공회 성직자에게 실망한 아내, 미망인, 딸, 또는 자매들이었다. 이들 중 다수는 가장이 일찍 사망하면 경제적으로 큰 어려움을 겪는 사람들이었다. 1920년대 후반에는 몇몇 남성들의 가입이 허용되었는데, 현직에 있는 영국성공회 사제들도 포함되어 있었다. 그러나 남성의 존재는 추가적인 긴장을 만들어 냈고, 특히 로맨틱한 애착의 문제도 가끔 발생했다. 이는 대부분 문제를 일으킨 커플이 공동체를 떠나야 하는 결과를 초래했다. 한 미국인이 강제로 쫓겨났을 때, 그 근거는 그가 파나세아 소사이어티를 장악하려는 시도를 했다는 것 **그리고** 남성들 사이에 동성애 하위문화를 만든 책임이 있다는 것이었다. 에밀리 굿윈(Emily Goodwin)이라는 한 여성은 신성한 어머니의 도구로서 말한다고 주장하면서 그 미국인이 뉴욕에서 죽을 것이라고 예언했다. 공동체를 떠난 지 몇 달 후에 그가 실제로 뉴욕에서 사망했다는 소식이 전해지자, 굿윈은 지위가 확고해졌고 곧 옥타비아의 부관이 되었다.

공동체의 규모가 커짐에 따라 상주 회원 간의 관계를 관리하는 일은 더욱 힘들어진 것으로 보인다. 공동체 인원이 수십 명을 넘어서자 발트럽은 상주 회원들의 행동과 활동을 매우 세세하게 규제하는 보다 공식적인 규칙 일람을 만들어야 했다. 여기에는 화장실 사용 후 청소하고 수건을 단정하게 걸어 두기,

외투에 고리를 달아 걸 수 있게 하기, 방문객들이 건물을 확실히 떠나도록 하기 등이 포함되었다. 차를 어떻게 만들지, 무엇을 요리할지에 대한 특별한 지침도 있었다. 상주 회원은 공개적으로 자아비판을 해야 했으며, 다른 회원들의 반사회적이거나 불쾌한 행동을 신성한 어머니에게 보고해야 했다. 공동체는 대체로 사회로부터 단절되어 있었고, 발트럽 자신은 공동체에 머무는 동안 집에서 75야드〔약 69미터〕 이상 걸어 나간 적이 없었다. 아마도 공동체에서 가장 슬픈 회원은 그의 막내딸 딜리스(Dilys)였을 것이다. 딜리스는 스무 살부터 1968년 사망할 때까지 나이 든 여성들로 가득한 답답한 공동체에서 살아야 했다.

발트럽이 1934년에 사망한 후 공동체는 점차 쇠퇴하기 시작했다. 사망과 이탈로 인한 손실을 보충할 새 상주 회원들을 충분히 모집하지 못했던 것이다. 마지막 생존 회원이 2012년에 사망했을 때, 파나세아 소사이어티는 폐쇄되었고 자산은 자선단체로 전환되었으며 건물은 박물관으로 변모했다. 여러 면에서, 파나세아 소사이어티의 역사는 컬트의 고전적인 이야기다. 창립자 사망 후 한 세대 정도가 지나면 컬트 대부분은 살아남지 못한다. 이는 주로 그 대부분이 특정 시대의 산물이며, 이후 세대들은 더 난해한 교리와 관행을 받아들이기 힘들어하기 때문이다. 이후의 지도자들은 창립자만큼의 카리스마와 헌신이 종종 부족하며, 원래의 운동에 열정과 추동력을 제공했던 방향성을 제공하지 못한다. 또한 규모의 성장은 종종 공동체가 제대로 감당하기 어려운 조직적 스트레스를 초래하는데, 많은 경우에 이는 기질적으로 독재적인 개인 한 명에 의해 공동체가 지배되었기 때문이다.

이러한 소멸에도 불구하고, 파나세아 소사이어티는 이 책에서 다루는 많은 요점들을 잘 보여 준다. 그것은 전통적인 종교에 불만을 가진 한 회원으로부터 시작되었고, 비슷한 마음을 품은 많은 개인들을 유인했다. 창립자가 여성이었기 때문에, 전통적인 사회 네트워크의 강한 젠더 편향을 고려할 때,[5] 창립자가 주로 다른 여성들을 끌어들였다는 것과 남성들이 공동체에 합류했을 때 약간의 사회적 어려움이 발생할 징후가 있었다는 것은 놀랄 일이 아닐 것이다. 이 점에서 주목할 만한 것은 19세기 미국의 천년왕국 컬트들 중 다수가 회원들 간의 성관계를 금지하거나, 셰이커처럼 두 성별을 별도의 건물에 분리해 생활하도록 했다는 점이다. 다른 공통된 주제들 중 하나는 컬트의 창립자들이 점점 자신을 신성한 존재로 여기게 되는 경향이며, 이는 대부분 창립자의 의복과 다른 일상용품들이 치유력을 가졌다는 주장을 낳게 된다. 처음에 파나세아 소사이어티는 그 구조에서 상당히 비공식적인 것으로 나타났으나 회원들을 끌어들이는 데 성공하면서 곧 더 공식적인 구조가 필요하게 되었다. 그 결과 이 공동체는 더 위계적이게 되었고, 발트럽 부인은 주변에 소수의 측근을 두고 이들의 도움을 받은 것으로 보인다. 발트럽이 신적인 페르소나('신성한 딸')를 채택하고 '자동 쓰기'를 통해 신과 직접 소통할 수 있는 통로를 확보한 것은 고전적인 장치들이다. 이는 개인적 권위의 외관과 동시에 그 권위를 집행하는 수단을 모두 마련했다.

발트럽의 사망 후 한 세대 만에 공동체가 결국 소멸된 것은 두 가지 별개의 요인이 결합된 결과로 보인다. 하나는 더 폭넓게 포교하거나 다른 곳에 새로운 공동체를 설립하도록 장려하는 진지한 노력이 없었다는 것이다.[6] 이는 부분적으로 발트럽 자신이 은둔적인 성향을 지녀서 '소사이어티'의 지역을 떠나 외부 청중에게 설교하는 것을 꺼린 탓일 수 있다. 그러나 이는 두 번째 요인에 의해 강화되었다. 즉, 발트럽의 후계자 중 그 누구도 변화하는 세상에 맞춰 '소사이어티'의 원칙을 수정할 수 있는 재능이나 카리스마를 갖추지 못했다는 사실이다. 이 대조는 기독교의 초기 역사에서 유대교 내의 한 섹트로 남고자 했던 전통주의자들(주로 원래의 제자들 중 일부)과 그 섹트의 매력을 더 넓은 그레코로만(Graeco-Roman) 세계에까지 확장하고자 했던 이들(주로 타르수스의 바울 같은 외부인) 사이의 분열에 잘 나타난다. 전자는 한 세대 정도 만에 흔적도 없이 사라졌지만, 후자는 역동적인 종교로 발전하여 우리가 지금 알고 있는 기독교를 만들어 내었다.

이것은 두 가지 흥미로운 질문을 제기한다. 왜 어떤 개인들은 카리스마적 리더가 되는가? 그리고 왜 다른 사람들은 이러한 개인들에게 끌리고 그들을 따르게 되는가?

카리스마적 리더

무엇이 카리스마적 리더를 만드는지, 혹은 무엇이 누군가에게 카리스마를 부여하는지는 완전히 명확하지 않다. 크게 보면, 이는 카리스마란 실제로는 추종자들에 의해 누군가에게 부여된 어떤 것이지, 필연적으로 개인의 속성인 것은 아니기 때문이다. 카리스마적 개인들은 분명히 다른 사람들이 존경하는 속성들을 갖고 있고, 그것이 추종자들을 끌어들인다. 그러나 이러한 속성들이 무엇인지 항상 명확한 것은 아니다. 그럼에도 불구하고, 종교적이든 세속적이든 카리스마적 개인 대부분은 아마도 두 가지 관련 특성을 공유할 것이다. 첫째, 그들은 자기가 어떤 특수한 능력이나 소명을 가지고 있다고 확신한다(종교적, 정치적, 또는 신체적으로. 여기서 신체적이라는 것은 운동능력, 군사적 기량, 혹은 단순한 육체적 매력일 수도 있음). 둘째, 그들은 표현하는 데에 어느 정도 자신감을 가지고 있다. 이는 외향적이라는 것과는 다르며, 그들이 역할을 수행할 때(예를 들어 설교를 하거나 어떤 다른 방식의 수행을 할 때) 확신에 차서 활발해지고, 청중에게는 눈부셔 보인다는 것을 의미한다.

종교적 카리스마를 지닌 많은 인물들에게, 이 두 가지 특성의 기초는 그들의 영적 메시지이다. 그들 대부분 자기가 신에 대한 특별한 지식을 가지고 있거나, 사람들을 구원으로 이끌라는 신의 명령을 받았다고 주장한다. 놀랍도록 많은 경우에, 그들은 자기가 신이거나, 적어도 신이 보낸 메시아라고 주장한다. 중세 시대는 특히 이러한 인물들로 가득했다. 6세기 초에는 이미 남부 프랑스에서 자칭 '제보동의 그리스도(Christ of Gévaudon)'는 (그가 마리아라고 부른 여성 동반자와 함께) 치유사이자 점술사로서 상당한 추종자를 끌어모았는데, 돈 많은 여행자들을 강탈해 가난한 이들에게 자선을 베풀라고 추종자들을 격려하는 로빈 후드 같은 인물이기도 했다.[7] 8세기에 수아송의 알드베르(Aldebert of Soissons)는 자신을 살아 있는 성인으로 선언했다. 그는 심지어 예수그리스도가 직접 보낸 편지를 가지고 있다고 주장했다. 그는 너무 많은 추종자를 얻어서 지역 교회 당국이 로마의 교황 자카리아스(Zacchary)에게 그를 처리해 달라고 호소할 정도였다. 12세기에는 방랑 설교자 안트베르펜의 탄켈름(Tanchelm of Antwerp)이 한발 더 나아가 자신이 신이라고 선언했다. 그는 매우 큰 대중적 인기를 얻어 파리 외곽의 들판에서 성모마리아와 결혼하기로 결정했을 때 추종자들이 약 1만 명 참석했다고 한다.[8]

후세의 예로는 1640년대의 초기 퀘이커 교도 중 한 명인 제임스 네일러(James Naylor)가 있다. 그는 당나귀를 타고 여성 광신도들(그가 예수의 화신이라고 믿음)과 함께 브리스톨에 입성했는데, 앞길에 종려나무 잎을 흩뿌렸다. 1840년대에는 헨리 프린스 목사(Rev. Henry Prince)가 자신이 엘리야 선지자라고 주장하여 주교에 의해 파면당했다(그는 나중에 자신을 신으로 격상시켰다). 그는 여러 번 '영적 결혼'을 맺었고, 예식을 집전할 때는 마치 신들린 듯 행동했다. 이는 이전에는 매우 작았던 농촌 회중의 규모에 우연히도 극적인 영향을 미쳐 일요일에 예배가 두 번 필요할 정도가 되었다. 이러한 사례에 메이블 발트럽과 그 이전의 조애나 사우스콧도 물론 추가할 수 있다. 이들은 거대한 빙산의 일각에 불과했다.

유럽 외부의 다른 문화에서도 비슷한 행동이 기록된 바 있다. 카리브해 지역의 아프로-기독교(Afro-Christianity) 연구에서 크리스토퍼 파트리지(Christopher Partridge)는 19세기와 20세기 초 자메이카의 원주민 침례교회 목사들[1830년대의 새뮤얼 샤프(Samuel Sharpe), 1900년대의 알렉산더 베드워드(Alexander Bedward), 1920년대의 마커스 가비(Marcus Garvey)]이 카리스마가 엄청났다고 한다.[9] 그들 중 다수는 자신이 신이거나 검은 메시아 — 자신의 민족을 포로에서 해방시켜 약속의 땅으로 인도할 검은 모세 — 라는 믿음에 빠졌다. 베드워드는 자신이 예수그리스도의 환생이라고 주장했으며, 어느 시점에 하늘로 승천할 것이라고 발표하고 나무에 매달린 의자에 앉아 승천을 기다렸다. 그는 결국 정신병원에 수용되어 1930년에 사망했다.

억압받는 가난한 사람들 중 한 명이 일어나 그들을 억압자로부터 구한다는 모티프는 유럽에서 반복적으로 나타난다. 1760년대 러시아의 스콥치 섹트의 창립자 콘드라티 이바노비

치 셀리바노프(Kondratiy Ivanovich Selivanov)는 도망친 농노였는데, 그는 자신을 '신의 아들'이자 '구원자'라고 칭했다. 그 역시 오랜 기간 정신병원에서 보냈고, 취약한 농민들에게 더 이상 영향을 미치지 못하도록 수도원에 강제로 감금되어 생을 마감했다.

많은 경우, 특별한 사명에 대한 이런 믿음은 개인의 심각한 심리적 혼란 시기와 관련이 있는 것으로 보인다. 예수는 그의 사역을 시작하기 직전 광야에서 유혹을 경험했고, 메이블 발트럽은 남편의 상황에 대한 불안으로 멜랑콜리아형 우울증을 겪었다. 1838년 일본에서 문맹인 농부의 아내 나카야마 미키(Nakayama Miki)는 여러 자녀들이 사망하고 집안의 파산이 임박했을 때 쓰키히(Tsukihi, 月日)신에 빙의하는 경험을 했다. 이후 나카야마 미키는 치유사이자 광인으로 알려졌지만, 결국 많은 추종자를 끌어모아 덴리교(天理教)로 알려진 종교운동을 일으켰다. 그 후 150년이 지난 지금 덴리교는 약 1만 7000개 교회와 200만 회원을 자랑한다. 전설에 따르면, 고타마 싯다르타(부처)는 귀족인 부모가 그를 보호하기 위해 가둬 놓았던 가문의 궁전 밖으로 결국 나가게 되었을 때 세상에서 발견한 고통에 깊이 괴로워한 나머지 수도 생활을 시작했다고 한다. 강렬한 종교적 경험과 위기 회심(crisis conversions)은 삶의 모순과 비극이 실존적 위협을 만들 때 흔히 나타나는 반응으로 보인다.

컬트가 성공적으로 시작되려면 리더가 어느 정도 카리스마적 성격이 있어야 하고, 자신이 구원의 열쇠를 쥐고 있다는 깊은 확신을 가질 필요가 있는 것 같다. 이 깊은 확신의 장점은 견해 조정을 거부하는 컬트의 리더가 결국 전체 인구가 그 뒤를 따를 정도로 충분한 지지를 끌어모으기 시작한다는 데 있다. 상당수 사람들이 모여 카리스마적 리더를 따르게 되면, 리더 주변에 엘리트 내부 서클을 가진 계층적 구조가 형성되며, 이는 리더와 추종자 사이의 연결 통로 역할을 함과 동시에 리더에 대한 접근을 통제하는 문지기 역할을 하게 된다.[10] 이 시점에서 컬트의 리더는 추가적인 신비감과 거리감을 획득해 매력이 증폭되는 듯하다. 특히 거리감은 추종자가 접근 허가를 받았을 때 특권의 감각을 증대하는 역할을 한다. 메이블 발트럽과 오리건 라즈니쉬푸람(Rajneeshpuram)으로 유명한 바그완 슈리 라즈니쉬(Bhagwan Shree Rajneesh) 주변의 내부 서클을 떠올리게 된다. 물론 12사도들도 떠올리게 한다.

하지만 실존적 위기 상황에서, 왜 어떤 사람들은 카리스마적 리더가 되고, 다른 사람들은 그렇지 않을까?

많은 컬트 리더들의 행동은 정신병과 편집증에 가까운 것으로 보인다. 짐 존스 목사[Rev. Jim Jones, 인민사원(Peoples Temple)과 존스타운대학살로 유명함]와 데이비드 코레시[David Koresh, 다윗파(Branch Davidians)와 웨이코대학살로 유명함]는 둘 다 내면적으로 불안정한 인물이었다. 그들은 권위에 대한 내부 경쟁자와 정부 기관의 습격 위협에 편집증적

일 정도로 예민했다. 1970년대에 어빌 르배런(Ervil LeBaron)은 탈퇴한 모르몬교인 다처제 모르몬 컬트의 리더가 되었다. 이 컬트는 1920년대에 그의 아버지가 멕시코에서 창립했다.✦ 그는 신학적 또는 사회적 의견 불일치가 있었던 공동체 구성원 최소 열 명(그의 만형 조엘 포함)의 살해를 주도했다. 여러 살인이 그의 아내(다수는 미성년자일 때 그와 결혼함) 열세 명 중 일부에 의해 실행되었다.[11] 1980년대에는 오하이오주 커틀랜드의 또 다른 탈퇴 모르몬 컬트의 리더였던 제프리 런드그렌(Jeffrey Lundgren)이 자신의 컬트 구성원들의 충성도에 관해 편집증을 겪게 되어 한 가족 전체의 살해를 주도했다(이로 인해 결국 2006년 독극물 주사로 사형이 집행됨).

1970년대에는 로크 테리오(Roch Thériault)가 제칠일안식일예수재림교회(Seventh-Day Adventist Church) 신앙을 바탕으로 퀘벡의 오지에 소규모 컬트 '앤트힐키즈(Ant Hill Kids)'를 설립했다. 그는 배신하거나 자신을 감시하거나 컬트를 떠나려는 사람들에게 심각한 수준의 통제와 폭력을 가했다. 처벌로는 스스로 자기 다리를 망치로 부수게 하거나 서로의 어깨에 총을 쏘게 하거나 죽은 해충을 먹도록 하는 것 등이 포함되었

✦ 모르몬교, 즉 예수그리스도후기성도교회는 초기에는 다처제를 인정했지만 1890년에 일처제를 공식화했다. 어빌 르배런의 아버지인 알마 다이어 르배런(Alma Dayer LeBaron)은 다처제 실천으로 인해 1924년에 모르몬교에서 파문을 당했으며, 그 이후에 자신의 다처제 공동체를 설립했다.

다. 그는 자신의 치유 능력을 과시하기 위해 아이들과 성인들에게 마취 없는 아마추어 수술을 시행했다. 그의 행동으로 인해 직접적 혹은 간접적으로 아기 한 명과 여성 세 명이 사망했다. 다른 이들은 끔찍한 부상을 입었다(치아 여덟 개를 강제로 뽑히기도 했고 한 여성은 전기톱으로 어깨에서 팔을 절단당했다). 이 모든 일에도 불구하고, 일부 추종자들은 그가 유죄판결을 받고 수감된 후에도 계속해서 그에게 충성했다.[12]

그렇다면, 흔한 패턴은 심각하게 문제가 있는 성격이며, 이는 종종 정신병적 경향을 특징으로 한다. 이러한 경향에는 시간 왜곡, 공감각(synaesthesia), 청각적 및 시각적 환각, 자기와 대상의 경계 상실, 사회적 은둔, 그리고 갈등과 불안의 느낌에서 갑자기 '이해'로 전환하여 새로운 자아감을 갖는 것 등이 포함될 수 있다. 이러한 상태들은 종종 강렬한 자기혐오와 관련이 있다. 두 가지 새로운 종교운동[하레 크리슈나(Hare Krishna)와 드루이드(druids)]의 구성원들을 정신병 환자 및 일반 대조군과 비교한 연구의 결과, 새로운 종교운동에 속한 사람들은 망상적 사고[13]에서 대조군보다는 더 높은 점수가 나왔고, 정신병 환자 샘플과는 비슷한 수준이었다.[14] 종교적이고 세속적인 정상 대조군 구성원들은 서로 차이가 없었다.

종교성과 심리적 특질들 간의 관계를 자세히 검토한 연구에서, 정신과의사이자 인류학자인 사이먼 디엔(Simon Dien)은 조현병(schizophrenia)과 종교적 경험이 뇌에서 동일한 인지과정을 활용한다고 제안했다. 조현병환자들의 최대 70퍼센트 정도는 청각적, 시각적 환각을 경험한다. 종교적 망상(신의 목소리를 듣기, 악마의 조롱을 받기, 자기가 신의 사자이거나 심지어 신 자체라고 믿는 것 등)은 조현병의 가장 흔하고 지속적인 증상 중 하나인데, 특히 그 개인이 종교적으로 활동적인 경우 더욱 그렇다. 또한 조현병환자들은 음모론을 더 자주 표현하거나, 해를 끼치려는 의도를 지닌 사람들에 의해 자신이 박해를 받고 있다고 믿을 가능성도 더 높다. 그러나 대다수 컬트 리더들이 어느 정도 이러한 특성을 보임에도 불구하고, 그들이 본격적인 조현병환자인 경우는 드물다. 대신에, 그들은 아마도 조현형 성격(schizotypal personalities), 즉 조현병 형질이 약화된 형태로 나타나는 사람들로 더 잘 설명될 것이다.

이러한 심리적 특질들은 신경학적 차이에서 기원할 수 있다. 예를 들어, 신경영상 연구는 조현병환자들이 더 큰 뇌실(ventricles, 뇌실액으로 채워진 뇌 내부의 공간)을 가지고 있으며, 측두엽과 전두엽의 회백질의 감소가 나타난다는 것을 제안한다. 측두엽뇌전증, 특히 측두엽 안쪽 깊은 곳에서의 미세 발작은 조현병환자들에게 흔하며, 종종 종교적 경험 및 트랜스와 비슷한 상태와 연관된다. 예를 들어, 피오 신부는 미사를 집전할 때 종종 꼼짝하지 못하게 되고 트랜스 상태에 빠지는 것처럼 보였고, 이에 회중은 그가 환상에서 다시 깨어날 때까지 참을성 있게 기다려야 했다. 중세 가톨릭 성인들에 대해서도 비슷한 행동이 보고된 바 있다.

임상 및 신경생물학적 증거를 종합하면 조현병, 양극성장애의 조증 단계, 그리고 과도한 종교적 행동에서 동일한 뇌 중심이 과활성화된다는 결론이 나온다.[15] 여기에는 기저핵과 편도체, 피질하 변연계(subcortical limbic system), 전전두 피질(특히 안와전두피질 및 배내측 피질) 그리고 우측 측두엽이 포함되는데, 이들은 모두 정신화와 사회적 관계에 중요하다. 간단히 말해, 앞에서 언급한 디폴트 모드 신경 네트워크인 것이다. 이 회로가 자극을 받으면 일종의 엑스터시를 경험하게 된다. 그리고 이러한 경험은 다양한 종류의 종교적 실천과 다양한 유형의 개인에서 두루 나타난다. 회로가 과도하게 자극을 받으면 종교적 이상 현상이 발생한다. 정신화 네트워크의 피질 단위가 활성화될 때는 신념 체계에 변화가 일어나고, 고전적인 디폴트 모드 네트워크의 중뇌 단위가 활성화될 때는 의례적 행동(기도 및 종교적 실천의 강박적 수행)에서 변화가 일어나는 것으로 보인다.

중요한 것은 조현형 성격과 조현병은 개인에게 있거나 없는 특정 카테고리가 아니라는 점을 인정하는 것이다. 다른 성격 유형과 마찬가지로, 오히려 그것들은 단지 우리 모두가 속한 정규분포(normal distribution) 범위의 한 극단에 불과하다. 이는 단지 조현형 성격의 개인들이 종교적 현상을 더 강렬한 형태로 경험하므로 종종 개종과 강렬한 종교적 경험을 촉진하는 것으로 보이는 정체성의 위기에 특별히 취약할 수 있다는 것일 뿐이다.

많은 카리스마적 리더들이 고아였거나 열악한 환경에서 자랐다는 주장도 있었다. 여기에는 예언자 무함마드, 공자, 모세, 아빌라의 성 테레사 등이 포함된다. 예수 역시 포함될 수 있다. 그가 열두 살이 된 이후로는 그의 아버지 요셉에 대한 언급이 없기 때문이다. 아리스토텔레스, 칭기즈칸, 로베스피에르, 메넬리크 2세(Emperor Menelik II, 19세기 후반 현대 에티오피아의 설립자), 조모 케냐타, 야세르 아라파트, 장제스, 맬컴 엑스 등 수많은 영향력 있는 정치지도자와 사상가, 작가(도스토옙스키, 존 키츠, 에드거 앨런 포, 프랑스 극작가 라신 등), 예술가(미켈란젤로, 살바도르 달리) 그리고 음악가(J. S. 바흐, 안톤 브루크너, 엘라 피츠제럴드, 루이 암스트롱, 존 레넌)가 고아였다는 것은 놀랍게도 사실이다. 샤이엔 평원 인디언(Cheyenne Plains Indians)의 전쟁 추장들(전쟁 중 부대를 이끄는 사람들)은 언제나 고아였다. 고아가 된다는 것은 노예 및 전쟁포로와 함께 사회계층의 최하위에 속하는 것을 의미했기 때문에, 전투에서의 기량만이 결혼을 포함해 인생에서 성공할 수 있는 유일한 방법이었다.[16]

인생의 이른 시기에 가난하고 불안정한 어린 시절의 트라우마를 견디고 극복하는 법과 자립적인 사회에 도전해야 할 필요성을 배우는 것은, 역경과 조롱에 맞서 승리하는 데 필요한 일종의 심리적 회복력을 만들어 낼 수 있다. 개인이 정치적이고 지적인 목표를 향할 것인지 종교적 목표를 향할 것인지는 환경의 우연성에 의해 달라질 수 있다. 문화적 환경, 개인이 영향을 받는 사람, 심리적 트라우마의 정도, 또는 심지어 그 개인이 추종자를 끌어들이는지 여부 등이 그러한 우연성이다.

샤먼들은 물론 일반적으로 신비가들도 종종 비정상적인 개인으로서 흔히 관찰된다. 그들은 종종 정신적 병리 현상을 겪는데, 이것이 그들로 하여금 트랜스 상태에 빠지기 쉽게 한다. 많은 경우 그들은 신체적으로나 행동적으로 이상하게 보이며, 많은 이들이 정신병 환자로 판정되기도 한다. 그럼에도 불구하고 사람들은 그들을 믿는다. 사람들이 그들을 믿는 한 가지 이유는 사람들은 군중에서 눈에 띄는 자에게 자신을 헌신할 의향이 생기기 때문일 수 있다. 사람들이 종종 샤먼에게 초인적 능력이 있다고 여긴다는 것은 분명해 보인다. 기독교 성인들도 마찬가지다. 공중 부양을 하거나 동시에 두 곳에 존재할 수 있는 능력이 이런 개인들에게 흔히 귀속된다. 기독교 성인들 중에 이러한 주장이 만들어진 것은 대표적으로 아시시의 성 프란체스코, 아빌라의 성 테레사, 쿠페르티노의 성 요셉(St. Josef of Cupertino) 등이 있으며, 그리고 20세기에는 심지어 피오 신부도 포함된다. 물론, 예수는 갈릴리호수 물 위를 걸었다. 우주의 알려진 법칙과 일상 경험을 거스르는 기적을 만들어 내는 능력은 거의 모든 종교에서 이러한 개인들에게 귀속되는 특징이다(물론 가톨릭교회에서 성인으로 선언되기 위한 필요조건 중 하나이기도 하다). 이는 인지종교학의 '최소한으로 반직관적(minimally counterintuitive)'이라는 개념이 표명하는 것이기도 하다. 이는 알려진 물리법칙을 위반하되, 그러나 너무 많이 위반하지는 않음을 의미한다(그렇지 않으면 믿기 어려운 일이 됨).

무엇이 추종자들을 움직이는가?

컬트나 종교의 구성원들이 신념을 위해 기꺼이 목숨을 건다는 사실보다 그들의 헌신을 확인하는 데 더 인상적인 증거는 없다. 1977년 인민사원의 회원 약 1000명이 목사 짐 존스의 지시에 따라 캘리포니아를 떠나 가이아나로 이주했으며, 원시 정글에 완전히 새로운 공동체를 건설했다. 그리고 불과 18개월 후인 1978년 11월, 그들 대부분은 집단자살을 했는데, 자녀들(공동체의 약 3분의 1)에게 시안화물〔청산가리〕이 함유된 포도주스를 먼저 먹이고 자신들도 마셨다. 비슷하게, 1993년 2월에는 데이비드 코레시의 다윗파 공동체 회원 79명이 텍사스주 웨이코 근처 마운트캐멀 부지에서 연방주류담배화기단속국(ATF) 요원들과 총격전을 벌이다 함께 사망했다. 심리적인 문제가 있었고 때로는 추종자들과 불화를 겪었음에도 불구하고, 존스와 코레시는 추종자들에게 절대적인 충성을 얻어 냈다(두 인물 모두 신의 지위 또는 메시아의 지위를 주장했음).

시간이 흐름에 따라, 여러 모호한 종말론적 천년왕국 또는 뉴에이지(New Age) 컬트에 속한 최소한 세 가지 다른 그룹의 개인들이 캘리포니아(천국의문 컬트, Heaven's Gate Cult)와 스위스 및 캐나다(태양사원, Solar Temple)에서 자발적으로 자살했다. 2000년 초 십계명복원운동(Movement for the Restoration of the Ten Commandments)의 회원 778명(가톨릭교회에서 파문된 여러 사제들 및 수녀들과 함께 최근에 이탈한 사람들)은 우간다에서 대량 살인 및 자살을 저질렀다. 이러한 사례들 다수는 이상이나 종교적 신앙에 대한 헌신보다 오히려 카리스마적 리더에 대한 헌신으로 보인다.

캘리포니아의 '천국의문' 컬트는 다음과 같은 사실을 우리에게 상기시킨다. 즉, 컬트 신앙은 꽤 이상할 수도 있지만(적어도 외부인에게는 그렇게 보일 수 있음), 그래도 여전히 구성원들의 완전한 헌신을 끌어낼 수 있다는 것이다. 1974년에 마셜 애플화이트(Marshall Applewhite)와 보니 네틀스(Bonnie Nettles)에 의해 창립된 이 컬트는 기독교 금욕주의, 영지주의 신앙, 동양의 신비주의를 절충적으로 끌어낸 신앙 체계를 개발했는데, 여기에는 지구를 구원할(또는 멸망시킬) 외계인이 올 거라는 보다 현대적인 천년왕국 신앙도 결합되어 있었다. 이와 더불어 이 컬트에는 두 창립자를 기반으로 하는 인물 숭배가 얽혀 있었다. 그들은 자신들이 신약성서 「요한계시록」에 언급된 사자들이라고 믿었다(비록 시간이 지나면서 애플화이트는 나중에 자신을 예수로 격상시켰다). 이것은 1960년대와 1970년대의 '영적 히피들'에게 어필할 수 있는 종류의 혼합이었다. 1997년, 생존한 구성원들은 애플화이트의 요청에 따라 집단자살을 저질렀다. 지구에 접근 중인 헤일-밥(Hale-Bopp) 혜성을 따라오는 우주선에 탑승한 외계 세력에 합류할 수 있을 것이라고 기대했기 때문이다.

여전히 맴도는 질문은 어떤 동기가 사람들로 하여금 카리스마적인 섹트 지도자를 믿게 하고 심지어 목숨까지 기꺼이 바치게 하는가 하는 것이다. 경제학자들은 특정 종교나 심지어 특정 교회에 가입하거나 탈퇴하는 개인의 결정을 최적 쇼핑의 문제로 다루는 여러 모델을 개발했다. 각 교회는 평가할 손익을 제공하며, 사람들은 가입에 따르는 혜택이 가장 크거나 비용이 가장 적은 교회를 선택한다. 어느 정도까지는 이것이 사실이다. 실제로 사람들은 회원 자격을 유지하는 비용이 너무 높아지거나 혜택이 너무 낮아지면 다른 교회나 종교로 충성심을 옮기기 때문이다. 예전에는 종종 선교사들이 선교 병원에 접근하는 대가로 회원가입을 요구하거나, 새로운 교회나 종교가 더 매력적인 예식을 제공하면 그 때문에 개종이 발생하기도 했다. 일본은 모든 사람들이 불교도 믿고 신토도 믿는 곳인데, 일반적으로 결혼은 신토 의식으로 하고(다소 따분한 불교 결혼식보다 신토 결혼식이 더 화려하기 때문), 장례는 불교 의식으로 한다(훨씬 풍성한 행사를 제공하기 때문). 그러나 이런 모델이 사람들의 선택을 아무리 잘 예측한다고 해도, 사람들이 처음에 종교를 갖게 되는 이유까지 제대로 포착하지는 못한다. 사실, 이런 모델들은 사람들이 종교적임을 그저 가정한다. 또한 이런 모델들은 많은 사람들로 하여금 특정 종교나 교회에 가입하고 계속 머무르게 만드는 감정적 경험을 설명하지 못한다.

종교적인 사람들은 일반적으로(항상 그렇지는 않지만) '빅파이브성격차원(Big Five personality dimensions)'✦에서 우호성과 성실성 점수가 높게 나타나는 경향이 있다.[17] 그러나 많은 사람들이 자신이 속한 종교를 따르는 이유는 단순히 그 종교의 울타리 안에서 태어나 자랐기 때문이다. 그들은 종교가 제공하는 소속감에 만족하여 그 가치를 의심하지 않는다. 일부의 경우, 소중한 사람의 의견과 우정을 잃고 싶지 않아서 그냥 따라갈 준비가 되어 있기도 하다. 많은 경우, 컬트에서 추방되거나 컬트 리더가 사망하면 상실감을 느끼고 방향감각을 잃기도 하는데, 이는 이혼이나 연인의 죽음에서 경험하는 것과 유사하다. 이런 경우 자살이 더 나은 선택처럼 보일 수도 있다. 1970년대 히피 공동체에서 자란 많은 사람들은 이러한 공동체에서 십 대와 청년으로서 느꼈던 우정과 소속감을 인생 최고의 시간으로

✦ 성격심리학에서 개인의 성격을 외향성, 우호성, 성실성, 안정성, 개방성 등 다섯 가지 차원을 활용해 설명하는 이론적 모델.

묘사한다. 이것을 특징짓는 것은 친숙함과 친밀한 보호의 느낌이다.[18]

그러나 사람들은 개종(conversion) 과정을 통해 종교에 가입하기도 한다. 개종 과정은 종종 지적인 시련으로 제시되는데, 일부의 경우는 그럴 수도 있다. 하지만 대부분의 경우, 그것은 사실상 감정의 여정이다. 그리고 이 과정을 종종 시련으로 느끼게 되는 것은 새로운 헌신이 과거 삶의 어떤 측면들을 포기할 것을 요구하기 때문이다 — 과거의 습관과 즐거움을 포기하는 것이든, 오랜 친구와 가족을 버리는 것이든 간에. 개종이 트라우마를 일으키고 심리적 고통을 수반할 수 있는 한, 이러한 과정은 엔도르핀 시스템과 강한 소속감의 심리적 과정을 자극할 가능성이 높아 보인다. 새로운 종교나 섹트에 가입하는 것은 삶의 위기에 빠진 사람들에게 심리적 지원을 제공하기 때문에 매력적일 수 있다. 그러나 의례를 통해 엔도르핀 시스템이 활성화되어 생기는 즐거움과 진정 효과도 돌봄의 팔에 안기는 듯한 느낌을 만들어 내는 데 분명히 중요한 역할을 할 것이다.

왜 추종자들이 종교적 리더와 세속적 리더에게 초인적 능력을 종종 부여하는지는 결코 만족스럽게 설명되지 않았지만, 이는 공동체 결속의 자연스러운 심리의 일부를 형성할 수 있다. 공동체 리더는 소속감의 초점으로 기능하기 때문이다. 무척 많은 경우에, 이것은 리더를 접촉함으로써 힘을 얻고자 하는 매우 인간적인 욕구를 불러일으킨다. 성인의 유물, 혹은 심지어 조각상이나 상징물에 입맞추거나 만지려는 널리 퍼진 경향에서 이를 볼 수 있다. 우리는 '왕의 손길(Royal Touch)' 개념에서도 이것을 발견하는데, 이는 18세기까지 널리 퍼져 있었던 믿음이다. 사람들은 영국과 프랑스의 군주들이(남녀 모두) 단지 손을 얹는 것만으로도(심지어 그들의 옷을 가볍게 접촉하는 것만으로도) 스크로풀라(scrofula, 결핵의 일종) 같은 질병을 치료할 수 있다고 믿었다.

남아시아의 힌두교의 카리스마적 컬트에서 구루(guru)는 종종 신성화되고 '특별한 재능'을 가진 것으로 여겨졌다. 신봉자들(특히 여성 신도들)은 구루를 접촉하고, 구루 가까이에 있고, 구루가 남긴 음식을 먹고, 구루가 입었던 옷을 입고, 구루가 잤던 곳에서 자고 싶어 하는 압도적인 욕망을 느낀다.[19] 이것을 **근접 욕망**(proxemic desire)[20]이라고 하는데, 이는 여성들(남성은 거의 없음)이 종종 연인의 옷을 빌려 입는다는 사실을 떠올리게 한다. 많은 구루 컬트에는 구루와의 신체적 근접성에 따라 암묵적인, 때로는 명시적인 위계가 존재하는데, 이것이 공동체 내부의 지위를 부여한다. 나는 이것이 가장 가까운 관계에서 경험하는 자연스러운 신체성 및 여기에 관여하는 접촉의 정도에서 직접적으로 파생하는 것이라고 추측한다.[21] 또한 여기에는 부모-자녀 관계의 요소도 분명히 존재하는데, 이는 비정상적으로 긴 인간의 유년기가 청소년기로 확장되는 동안 부모가 음식과 위안, 그리고 지침의 제공자 역할을 한다는 점에서 그리 놀라운 일이 아닐 것이다.

우리는 사회적 관계에서 접촉이 얼마나 중요한지를 과소평가한다. 심리학자 로버트 스턴버그(Robert Sternberg)는 그의 영향력 있는 '사랑의 삼각형 이론(Triangular Theory of Love)'에서 로맨틱한 관계를 세 가지 핵심 차원, 즉 친밀감, 헌신, 열정의 교집합으로 특징지었다. 친밀감은 사랑하는 사람의 물리적 현존 안에 머물고자 하는 욕구를 반영하며, 헌신은 친근감, 연결감, 유대감의 감정으로 특징지을 수 있다.[22] 이는 나중에 아서와 일레인 애런(Arthur and Elaine Aron)에 의해 일반화되었는데, 그들은 모든 종류의 관계를 '가까이 느끼기(feeling close)'와 '가까이 행동하기(behaving close)'라는 두 가지 핵심 차원으로 환원했다.[23] 가까이 있다는 느낌은 매우 본능적이며, 이는 사회적 그루밍이 중요한 역할을 했던 우리의 영장류 조상 시절을 분명하게 상기시킨다. 그 중요성은 물론 접촉이 CT 뉴런 시스템을 통해 엔도르핀 시스템을 활성화시켜 신체적인 따뜻함과 친밀감을 만들어 내는 방식에 있다(5장에서 설명됨).

이와 관련해 뚜렷한 성차가 존재한다. 여성은 남성보다 훨씬 더 '접촉을 중시하는' 것은 물론, 정신화(관계의 직관적 관리를 뒷받침하는 인지 메커니즘)와 같은 사회 인지적 능력에서도 더 뛰어나다.[24] 이는 종교심리학에서 가장 일관된 발견, 즉 여성이 남성보다 더 종교적이며 결과적으로 컬트의 추종자가 될 가능성이 더 높다는 것에 대해 한 가지 가능한 설명을 제시한다. 예를 들어, 2014년 퓨리서치센터보고서(Pew Research Center Report)는 미국 여성의 60퍼센트가 자신의 삶에서 종교를 매우 중요하게 여긴다고 응답한 반면, 남성은 47퍼센트만이 그렇다고 답했다. 약 64퍼센트 여성이 매일 기도한다고 답했으며(남성은 47퍼센트), 40퍼센트 여성은 적어도 일주일에 한 번은 종교적 예식에 참석한다고 답했다(남성은 30퍼센트). 나중에 나온 보고서에서는 유사하지만 다소 작은 차이가 더 넓은 범위의 세계종교에서 나타났다.[25] 중세 유럽의 안트베르펜의 탄켈름과 자유정신(Free Spirit) 섹트에서는 추종자들 중 여성의 비율이 높았다. 빅토리아 중기 잉글랜드의 엄숙한 사회환경에서, 헨리 프린스 목사는 그를 사모하는 여성 제자들을 많이 끌어들였다. 주교의 반대에도 불구하고 추종자가 약 60명에 이르는 자신만의 종교 공동체를 설립했다. 그 공동체는 대부분 여성으로 구성되었고, 그는 이들을, 그리 역설적이지 않게, '주님의 신부들(Brides of the Lord)'이라고 칭했다.[26]

세속적 맥락에서 신체적 접촉, 감정적 느낌의 강도, 성 등을 고려하면, 컬트 리더와 직접적인 신체접촉을 원하는 욕구가 섹스로 이어지기 쉽다는 것은 아마도 그리 놀랍지 않을 것이다. 심지어 그러한 관계를 적극적으로 추구하지 않는 경우에도 말이다. 남성 컬트 리더들은 이를 악용하게 될지도 모른다. 예수그리스도후기성도교회(모르몬교)의 창립자인 조지프 스미스는 오랫동안 고통받은 아내의 반대에도 불구하고 젊은 두 번째 아내를 가정에 들이려 했을 때, 남성은 다처제로 결혼해야만 한다고 명령하는 신의 편리한 계시를 받은 것으로 유명하다. 그 후 스미스는 신이 부여한 의무를 매우 진지하게 받아들여, 연령 범위가 14세에서 40세에 이르는 여성 30명과 결혼했다고 알려져 있다. 물론 성직자의 부도덕은 역사적으로 모든 교리종교에서 개혁자들이 품은 불만의 주된 내용이었다.

20세기 초기 수십 년 동안, 이제는 잊힌 일련의 컬트 리더들은 모두 성적 비행의 혐의와 자유연애를 묵인한 혐의로 비난을 받았다. 그들 중에는 조슈아 2세[Joshua the Second, 1900년대 '홀리롤러스(Holy Rollers)' 컬트], 브러더 12세[Brother XII, 1920년대 밴쿠버섬의 '아쿠아리안파운데이션(Aquarian Foundation)'], 크리슈나 벤타[Krishna Venta, 1950년대 '캘리포니아 세계의 분수(Californian Fountain of the World)' 컬트] 등이 포함된다. 로크 테리오는 그의 '앤트힐키즈' 컬트의 여성 9명과 함께 자녀를 20명 두었다. 데이비드 코레시는 그의 다윗파 공동체에서 자녀를 최소 21명 두었다고 주장했는데, 대개 공동체의 모든 여성들과 잠자는 것이 자신의 권리라고 주장함으로써 일어난 일이다. 그 여성들이 회중의 다른 회원과 결혼했는지 여부는 문제가 되지 않았다. 바그완 슈리 라즈니쉬가 아무 이유 없이 '섹스 구루'라고 불리는 것은 아니다. 젊고 카리스마 넘치던 시절, 많은 여성 추종자들이 그의 말을 듣고 사랑에 빠졌다고 한다. 코레시와 마찬가지로, 그와 잠을 잔 여성들의 다수는 공동체 구성원의 아내들이었다. 구루와 잠자는 것은 신성한 접촉, 구원과 행복으로 가는 관문이었다. 종교적 권력의 매력은 교리종교와 그들의 컬트에만 국한된 것이 아니다. 인류학자 리처드 카츠(Richard Katz)는 쿵족(!Kung)의 샤먼 토마 조(Toma Zho)가 여성들은 치유사를 정말 좋아한다고 언급한 것을 인용한다. 토마는 어느 날 그에게 다음과 같이 말했다. "**눔**(*num*, 트랜스 댄스 중의 치유 에너지)을 얻고 있는 사람을 볼 때마다 나는 '저 남자가 갖게 될 성관계를 생각해 보라'라고 해요." 여기에는 1960년대와 1970년대에 록밴드를 둘러쌌던 여성 광팬(groupies)의 현상에 필적하는 어떤 것이 있어 보인다.

많은 경우, 컬트의 리더는 추종자들에게 난교를 컬트의 관습으로 채택하도록 설득했다. 16세기 독일에서는 클라우스 루트비히(Klaus Ludwig)의 '뮐하우젠 크리스테룽' 공동체와 얀 보켈손의 '뮌스터 재세례파'가 모두 자유연애를 옹호했다. 1650년대 영국 크롬웰 연방(Cromwellian Commonwealth) 동안에 '랜터파'는 방탕함으로 널리 알려져 있었는데, 이는 반대파들의 선전만은 아니었다. 차르 러시아 시대 '러시아 흘리스티(Russian Khlysty)' 섹트의 의례는 참여자들이 불이나 물통 주위를 돌며 열광적으로 춤을 추고 찬송가를 부르다가 엑스터시 상태에서 자유롭게 성행위를 하는 것을 포함한다고 알려져 있다.[27]

존 험프리 노이스(John Humphrey Noyes)는 여러 면에서 가장 계몽된 컬트 리더 중 한 명이었으며, 인맥이 가장 좋은 인물이기도 했다(그의 사촌 러더퍼드 헤이스가 미국의 19대 대통령이었다). 그는 1848년 뉴욕주 북부에 설립한 '오나이다 공동체(Oneida Community)'에서 난교를 옹호했다.[28] 20세기 후반에는 모지스 데이비드[Moses David, 개명 전 이름은 데이비드 버그(David Berg)이며, 현재의 '패밀리 인터내셔널(The Family International)'의 전신인 '하나님의 자녀들(The Children of God)' 섹트의 창립자]와 찰스 맨슨[Charles Manson, 불운했던 '맨슨 패밀리(Manson Family)'의 창립자]도 완전한 방종을 옹호했다. 이는 사람들을 유혹하여 가입하게 하는 방법[소위 '플러티 피싱(Flirty Fishing)']이었을 뿐만 아니라 개인의 자아를 해체하여 공동체에 대한 회원들의 헌신을 강화하는 본질적인 수단이었다(물론 카리스마적 리더에게 성적 혜택을 제공했다).

나는 19세기 미국의 천년왕국 공동체들이 의도적이든 아니든 섹스를 금지한 이유 중 하나가 부부 간의 헌신(나아가, 자녀에 대한 헌신)과 공동체에 대한 헌신 사이의 분열과 갈등을 피하려는 것이었다고 생각한다. 전자는 항상 후자보다 우선하며, 특히 여성들에게 더욱 그럴 것이다. 이는 공동체의 안정을 위해서라면 완전한 자유연애(한 사람과 '사랑에 빠지는' 자연스러운 경향에 반함)를 하거나 성관계가 전혀 없어야 함을 의미할 수도 있다. 문제는 성관계가 흔히 결속된 헌신을 야기한다는 점이며, 이를 피하기는 어려울 수 있다는 점이다.

한 가지 해결책은 컬트의 리더만이 추종자들과 성관계를 갖도록 하는 것일 수 있다. 추종자가 리더와 사랑에 빠지면, 이는 리더에 대한 헌신을 강화하는 데 유익할 것이며, 결과적으로 공동체 프로젝트에 대한 헌신도 강화될 것이다. 단, 추종자들 간의 질투가 어떤 식으로든 관리될 수 있다면 말이다. 종교성에서의 젠더 비대칭 및 친밀한 관계의 역학에서 보이는 확연한 성차는 컬트의 리더가 남성인 경우에만 이것이 작동할 것임을 의미할 수 있다. 여성들은 연인 관계는 물론 최고의 동성 친구 관계에서도 남성들에 비해 훨씬 더 강렬하고 친밀한 관계를 형성한다. 남성들의 관계는 가볍고 일시적인 경향이 있다.[29] 관계에 대한 이런 심리학적 차이는 지위와 높은 영적 권력에 대한 기대와 결합될 때 여성들을 성적 착취에 더 취약하게 만들 것으로 보인다. 반대로, 물론 이것은 세속적 및 영적 권력의 원천에 대한 독특한 접근경로를 여성들에게 제공한다. 남성들에게는 그런 경로가 거의 허용되지 않는다.

나는 소규모 공동체의 역학이 종교적 맥락에서 자연스럽게 카리스마적 리더를 중심으로 형성되는 경향이 있다고 제안했다. 카리스마적 리더십은 그런 강렬한 친밀감의 관계에 특히 취약하여, 좋든 나쁘든 쉽게 성적인 관계로 번진다. 이것은 수도원이 항상 단일 성별로만 구성되는 이유이자, 셰이커 공동체가 남녀를 별도의 기숙사 건물로 분리한 이유일 수 있다. 그러나 이는 남녀 모두 단일 성별 그룹을 사회적으로 더 편안하게 느낀다는 사실을 반영하는 것일 수도 있다.[30]

생각해 보면, 섹스가 종교로 번져 가는 사실에 너무 놀라지 않아야 할지도 모른다. 5장에서 우리는 얼마나 많은 신비가들이, 특히 여성 신비가들이, 신에게 몰입되어 있는 경험을 로맨틱한 사랑과 매우 유사한 용어로 부끄러움 없이 묘사했는지 보았다. 8장에서는 동부 지중해와 중동 지역의 신전에서 사제들이 종종 신전 창녀로 활동했음을 언급했다(아마도 주로 신전 사제들의 이익을 위해). 이는 종교와 종교 기관이 사회적인 현상이며, 사회적 세계를 현재의 모습으로 만들어 내는 것과 동일한 심리적 과정에 의해 뒷받침된다는 것을 상기시킨다.

우리는 하나의 종으로서 강력한 사회성을 가지고 있으며, 이는 모든 유인원 영장류 친척들과 마찬가지다. 이러한 사회성은 우리의 진화적 성공의 원동력이었을 뿐만 아니라 우리가 존재하고 행하는 모든 것의 원동력이기도 하다. 종교는 단지 그 혼합물의 일부일 뿐이다. 물론, 종교가 단지 성적인 기회를 위한 맥락에 불과하다는 말은 아니다. 대형 종교에 속한 대다수 사람들은 초월적 세계에 대한 믿음에 관련된 전통적인 정직한 동기로 그렇게 한다. 하지만 그 거품 아래에는 일상적인 사회생활을 현재의 모습으로 만드는 모든 어두운 열정과 동기가 있다. 특히 그 거품은 카리스마, 의례, 노래와 춤에 관련된 신체적 노력, 엔도르핀 활성화, 향정신성 약물의 강렬한 혼합이 있는 컬트의 친밀한 울타리 안에서 나타나기 쉽다. 그것은 항상 성적 착취의 맥락이 될 것이다.

10장

분열과 분파

How Religion Evolved:
And Why it Endures

앞 장으로부터 두 가지 중요한 결론을 끌어낼 수 있다. 하나는 카리스마적 리더의 매력이 컬트 형성에 결정적인 역할을 한다는 것인데, 이는 거의 항상 스승과 제자 간의 매우 사적인 관계다. 다른 하나는 모든 교리종교들 또는 계시종교들은 컬트 형성으로 인한 '풀뿌리 분열'에 맞서 끊임없이 싸워야 한다는 것이다. 이 두 가지는 모두 우리 마음이 매우 작은 규모의 사회적 세계만을 다루도록 설계되었다는 사실에서 비롯하는 것으로 보인다. 더 큰 규모의 공동체를 만들기 위해 사용하는 하향식 메커니즘은 더 넓은 세계를 작은 규모의 친밀한 집단 단위로 쪼개려는 우리의 자연스러운 경향을 충분히 거스르지 못한다. 우리가 정말 의미 있게 느끼는 것은 이 작은 관계들이며, 이는 신뢰감과 의무감, 그리고 헌신의 느낌을 도입해 사회집단이 효과적으로 기능할 수 있게 해 준다. 즉, 우리는 소규모 그룹에서 더 편안하게 느끼고 더 많은 것을 얻는다. 이 마지막 장에서는 이런 주제들을 모아, 우리가 종종 간과하는 교리종교의 한 가지 주요 특징을 설명해 보고자 한다. 그것은 세련된 신학의 우아한 상부구조 아래에 깊은 역사를 지닌 조상 대대의 샤먼종교가 도사리고 있다는 사실이다. 이 오래된 형태의 종교는 신앙인이 되는 데 심리적 기초를 제공하는 중대한 역할을 한다. 심층에서, 종교는 대체로 지적이기보다는 감정적인 현상이기 때문이다. 동시에, 이는 왜 교리종교들이 '풀뿌리' 내부에서 끊임없이 출현하는 컬트와 섹트로 인해 골치 아파하는지를 설명해 준다.

종교가 분열하는 이유

종교가 분열하는 속도는 특히 조직화된 행정 계층구조가 없어 규율을 강제할 수 없는 새로운 종교운동에서 잘 드러난다. 우리는 앞 장에서 일본 텐리교 섹트의 창립자인 나카야마 미키를 만났다. 그 섹트는 1860년대에 공식적으로 설립되었다. 그러나 텐리교의 공식적인 스승-제자 교육 체계는 이후로 수많은 다른 컬트들을 낳았으며, 그중 많은 컬트가 자체적으로 상당한 성공을 거두었다. 1920년대, 파산 직전에 몰린 또 다른 농가의 어린 아들 오니시 아이지로(Onishi Aijiro)는 모친의 사망 후 덴리교로 개종했다. 그는 덴리교 포교사로서 13년간 엄청난 실패를 겪고 난 후, 우울증에 빠져 6개월 동안 집에 틀어박혀 지냈다. 그런 생활 끝에 그는 자신이 덴리교의 **감로대**(*kanrodai*), 즉 나카야마 미키의 원래 거주지(덴리교의 종교적 및 행정적 중심)에 세워진 기둥의 살아 있는 현신이라고 확신하게 되었다. 그는 1930년에 반역죄(자신이 일본의 진정한 지도자라고 주장함)로 체포되었지만, 심신미약을 이유로 무죄판결을 받았다. 덴리교 지도부에 의해 파문된 후, 그는 천년왕국 섹트인 덴리혼미치(Tenri Honmich)를 설립했으며, 이는 오늘날까지도 상당한 회원 수를 유지하며 활동 중이다.✦ 1962년 오니시 아이지로가 사망한 후, 그의 딸 오니시 다마(Onishi Tama)는 신이 세계를 구원하기 위해 자신을 도구로 선택했다고 확신하게 되었다. 오니시 다마는 미로쿠(Miroku, 세계를 구원하러 올 미륵보살을 가리키는 일본어)라는 이름을 취하고 덴리혼미치에서 탈퇴하여 불교 정토진종(淨土眞宗)의 명상 실천과 혼미치의 교리를 결합한 혼부신(Honbushin) 섹트를 창립했다. 현재 이 섹트는 약 100만 명 신도를 자랑하며, 규모 면에서 원래의 덴리교 섹트와 맞먹는다.[1]

✦ 덴리혼미치(天理本道)는 1920년대 말에 오니시 아이지로(大西愛治郎)가 설립한 천리연구회(天理研究会)에 기반을 둔 섹트로, 간단히 '혼미치'라고도 부른다.

우리는 앞 장에서 르배런 가문에 대해서도 알게 되었다. 그들의 '분파 모르몬' 섹트는 1924년에 조지프 스미스의 개인 비서였던 벤저민 존슨(Benjamin Johnson)의 손자 알마 다이어 르배런(Alma Dayer LeBaron)에 의해 창립되었다. 르배런은 모르몬 교회가 연방정부의 압력에 굴복하여 다처제를 포기할 때 이 문제로 주류 모르몬 교회와 갈라섰다. 1951년에 그가 사망한 이후, 장남 조엘(Joel)이 리더십을 이어받아 새로운 재단을 '충만한 시대의 장자 교회(Church of the Firstborn of the Fulness of Times)'로 명명했고, 이와 동시에 동생 웨슬리(Wesley)가 별도의 '장자 교회(Church of the Firstborn)'를 설립했다. 한편, 가족의 여섯 형제 중 두 번째로 나이가 많은 아들로서, 당시 조엘의 부관이었던 어빌(Ervil)은 조엘이 아니라 자기가 진정한 리더라고 주장하기 시작했다. 1972년에 어빌은 경쟁 단체인 '하나님의 어린양 장자 교회(Church of the Firstborn of the Lamb of God)'를 설립하고 조엘에 대한 적대적인 활동을 시작했으며, 이는 결국 조엘의 살해로 이어졌다. 네 번째 형제인 벌란(Verlan)이 조엘을 이어받아 '충만한 시대(Fullness of Times)' 분파의 수장이 되었지만, 그가 교통사고로 사망한 후에 이 섹트는 또 다른 아들 알마 주니어(Alma Jr.)가 이끄는 새로운 분파 '하나님의 경제 정부(Economic Government of God)' 교회를 낳았고, 그의 형제 플로렌(Floren)은 별도의 리더가 없는 분파를 설립했다. 또한 르배런 가문이 아닌 인물들에 의해 적어도 두 번 분리가 발생했다. 결국, 반세기 조금 넘는 시간 동안 '분파 모르몬' 교회는 적어도 여섯 가지 컬트를 낳았지만, 그중 어느 것도 상당한 규모에 도달하지는 못했다.

이 사례들은 모두 카리스마적 리더를 중심으로 구성된 컬트의 형태를 가지고 있으며, 바로 이 점에서 모든 대규모 교리 종교의 기원과 유사하다. 이 사례들은 모든 주요 종교가 규모의 증가에 따라(모집이나 생물학적 재생산을 통해) 내부 스트레스를 겪는다는 사실을 반영한다. 이러한 스트레스는 공동체의 단합을 위협하는 분쟁에서 비롯된다. 이러한 분쟁 중 일부는 단순히 파벌 리더들 사이의 인격 충돌에 불과하다. 하지만 다른 사례들은 의례적 관행의 변화나 도덕적 규제의 해석에 대한 입장 차이를 포함할 수도 있다. 가끔씩, 난해한 신학적 문제에 관한 분쟁도 있다. 그러나 이런 경우에는 분쟁의 사유가 파벌의 광범위한 회원층과 직접적인 관련성을 갖기 힘들다. 그들의 관심은 거의 항상 카리스마적 리더의 견해나 '우리가 여기서 항상 해 왔던 방식'에 집중된다.

기독교와 이슬람에서 발생한 주요 분열(schisms)의 대부분은 당대의 관행을 개혁하려는 시도에서 비롯되었으며, 특히 성직자들의 관행 또는 도덕성이 해이해졌다는 인식에 기인했다. 1500년대 초반 마르틴 루터(Martin Luther)가 일으킨 개신교 종교개혁도 바로 이런 문제에서 비롯한 것으로 유명하다. 지난 3세기 동안 수니파 이슬람에서 순차적으로 등장한 와하비(Wahabi), 살라피스트(Salafist), 데오반디(Deobandi) 운동 모두 역시 점점 커져 가는 해이함에 맞서 순수한 형태의 이슬람으로 돌아갈 것을 주장했다. 또는 시아파 이슬람에 대한 집단적 반대 운동의 경우에는, 카리스마적 성인에 대한 애착의 증가를 알라(Allah), 즉 '유일한 참 하나님'에 대한 숭배에서 벗어나 지역의 '신들'에 대한 숭배로 표류하는 것으로 간주했다.

기독교의 고전적인 초기 사례 중 하나는 서기 269년 데키우스(Decius) 황제의 칙령에 따라 모든 시민으로 하여금 로마 신에게 제사하도록 한 이후 발생한 격렬한 분쟁과 관련이 있다. 데키우스의 칙령은 로마제국 내에서 커져 가는 기독교의 인기를 약화시키려는 여러 시도 중 하나였다. 노예가 되거나 처형을 당하지 않으려고 황제의 요구에 응한 많은 기독교인들은 '진정한 헌신' 없이 단순히 시늉만 했을 뿐이라고 주장했다. 그러나 그들은 로마 신에게 제사하기를 거부한 사람들로부터 격렬한 비난을 받았고 심지어 파문을 당하기도 했다. 칙령에 저항한 자들에게 굴복은 그 자체로 기독교 원칙에 대한 배신이었다. 이 내부 분쟁은 로마의 기독교인들 사이에서 이전에 발생했던 분열과 빠르게 이어졌는데, 이는 그 자체로 교계가 간통과 음행을 치명적인 죄의 범주에서 용서받을 수 있는 더 경미한 죄의 범주로 전환하려는 시도의 결과였다. 일반적 견해에 따르면, 이는 성직자 자신의 부도덕한 잘못을 은폐하려는 시도에 불과한 것이었다. 이는 3세기 초에 히폴리투스(Hippolytus) 장로가 로마의 라이벌 주교로 선출되는 결과를 낳았다. 그는 많은 대립교황〔antipopes, 합법적으로 선출된 교황에 반대하면서 별개의 교황권을 내세운 인물들〕 중 첫 번째였다.

사실상, 기독교 교회의 초기 역사는 각 지역에서 카리스마적 지위를 획득한 특정 인물의 견해를 반영하는 '이단' 집단들과 끊임없이 싸운 과정이기도 했다. 서기 150년부터 정교회를 탄생시킨 1054년의 '대분열(Great Schism)'까지, 기독교에는 22번에 이르는 주요 분열이 있었다. 대부분은 흔적도 없이 사라졌지만, 일부[콥트교회, 아르메니아교회, 마론파(Maronite) 교회 등]는 독자적인 기독교 분파로 자리 잡았다.

크게 보면, 이러한 섹트 창출의 경향은 단순히 기독교 공동체가 지닌 거대한 규모에 따른 결과였으며, 여기에는 기독교의 지리적 확산과 기원후 1000년 동안 불가피했던 느린 의사소통이 결합되어 있었다. 이런 조건들은 오래된 지역 종교에 영향을 받은 독특한 신앙과 실천 또는 지리적으로 인접한 종교로부터 유입된 사상을 지닌 새로운 컬트의 등장을 촉진한다.

기원후 첫 500년 동안 열린 많은 교회 공의회들은 이단으로 인식된 대상을 규제하는 입법을 위해 소집되었다. 325년 제1차 니케아공의회는 니케아신조(Nicene Creed)를 만들어 기독교 신앙을 정의했는데, 이는 알렉산드리아의 장로 아리우스(Arius)가 전파한 반삼위일체론인 아리우스주의와 싸우기 위한 것이었다. 431년에 열린 에페소공의회는 네스토리우스주의(Nestorianism)와 싸우기 위해 소집되었는데, 마리아를 위한 '신의 어머니'라는 개념을 거부하고 삼위일체의 일부로서 예수의 지위를 의심하는 것으로 보였기 때문이다. 451년 칼케돈공의회는 그리스도가 오직 하나 (신적인) 본성만을 가졌다는 단성론(monophysite claim)을 규탄하기 위해 소집되었다.[2] 이러한 공의회의 대부분은 이단을 진압하거나 초기 교회의 일부가 떠나 별개의 공동체로 자립하는 결과를 낳았다.

비슷한 과정이 소규모의 개별 수도회에서도 작동하는 것을 볼 수 있다. 1209년 아시시의 성 프란체스코가 설립한 프란체스코회[Franciscans, 프란치스코회, 공식 명칭은 '작은형제회(Friars Minor)']가 그 예이다. 프란체스코가 사망한 지 10년 만에 빈곤과 재산소유권의 정의(수도회의 정의 기준)에 대한 내부 분쟁이 발생했다. 이는 이탈리아 수도회 중앙의 직접 통치를 받는 것에 반대하는 북유럽 수도사들의 반란을 물리치기 위해 교황이 개입해야 하는 지경에 이르렀다. 교황의 개입에도 불구하고 이러한 불화는 이후 3세기 동안 계속되었고, 그 결과 분리파가 최소한 6개 생겼다(일부는 나중에 교황의 명령에 따라 진압됨). 이는 1517년 관습주의자들〔Conventuals, 수도회의 규칙을 유연하게 적용해야 한다는 입장〕과 개혁적 엄수주의자들(Observants, 수도회의 나머지 부분이 너무 해이해졌다고 느낀 자들)〔수도회가 본래의 엄격한 규칙, 특히 빈곤의 원칙을 더 철저히 지켜야 한다는 입장) 간의 큰 분열로 귀결되었다. 통합을 장려하려는 교황의 거듭된 시도에도 불구하고 분열은 계속되었고, 다음 세기 동안에는 맨발회(Discalced), 회개파(Recollects), 개혁파(Riformati), 카푸친회(Capuchins) 등 여러 분파들이 생겨났다. 심지어 오늘날에도, 19세기 말 교황 레오 13세가 통합을 위한 대대적인 노력을 기울인 끝에 작은형제회, 꼰벤뚜알 작은형제회, 카푸친 작은형제회(독특한 두건을 사용하는 관습을 지시함) 등 개별적이고 뚜렷한 프란체스코 수도회 세 개가 남아 있다. 각 수도회는 고유의 전통을 갖고 있으며, 무엇이 성 프란체스코의 메시지를 정확하게 구성하는지에 관해서도 독자적인 견해를 갖고 있다.

로마 중앙 교계의 역사적 관심은 신학적으로 정통적이지 않은 견해를 공표했다는 이유로 개인들이 교회의 권위자들 앞에 끌려간 빈도에 반영되어 있는데, 그들 중에는 이후 성인으로서 상징적인 지위를 얻은 인물도 많이 있다. 이들 중 다수는 당대의 유명한 신비가로서, 이들에 대한 교회의 기소는 통제되지 않은 신비주의에 대한 중앙 당국의 일반화된 두려움을 반영하는 것으로 보인다. 당국의 비난을 받은 이들 중에는 도미니크회 신학자이자 신비가인 마이스터 에크하르트(소속된 프란체스코회 경쟁자들에 의해 기소되었지만, 후대의 신학자들과 사상가들에게 중요한 영향을 끼친 인물), 피터 월도(Peter Waldo, 페트뤼스 발데스, 12세기 리옹의 상인이었지만 속세의 재산을 포기하고 평신도 설교자로 변신한 인물. 교회 교리와 실천에 대한 그의 견해는 훗날 마르틴 루터의 주장을 예견했음), 베나의 아말릭(Amalric of Bena, 12세기 파리대학교의 유명한 철학자로서, 그의 범신론, 천년왕국론, 자유연애 등이 심한 비난을 받았고 그로 인해 추종자 10명이 화형당함), 성 잔 다르크(St. Joan of Arc, 잉글랜드에 대항해 성공한 이력이 아니라 이단 혐의로 화형당함), 성 이그나티우스 로욜라(예수회 창시자), 유명한 중세 잉글랜드의 신비가 마저리 켐프(Margery Kempe), 17세기 스페인의 신비가 미겔 데 몰리노스[Miguel de Molinos, 17세기 고요주의(Quietists)의 창립에 영감을 준 인물로서, 기도 의례보다 신비주의적 명상을 선호함] 등과 아시시의 성 프란체스코도 당연히 포함된다.

16세기 개신교 종교개혁은 컬트와 섹트의 진정한 '쓰나미'를 위한 기회를 제공했다. 잘 알려진 것으로는 타보르파(Taborites), 후스파(Hussites), 재세례파(Anabaptists), 메노파(Mennonites) 등이 있으며, 모두 창시자의 이름을 따라 명명되었다. 영국의 랜터파, 침례교, 감리교, 퀘이커교 등은 모두 신비주의적 또는 준-신비주의적 컬트로 시작해 광범위한 인기를 얻었으며, 마지막 세 개는 오늘날에도 존중을 받고 있다. 그러나 당시에는 수상한 관행과 의례로 인해 지역 교회 당국에 의해 깊은 의심을 받았다. 이후 19세기에는 영국과 미국에서 무수히 많은 모호한, 혹은 그리 모호하지 않은 컬트들이 생겨났다. 존 노이스의 '오나이다 공동체'와 뉴욕의 '점핀 지저스 매슈스(Jumpin' Jesus Matthews)'〔로버트 매슈스(Robert Matthews)가 일으킨 종교운동으로, 부유한 상인들의 재정적 지원을 받았으나 범죄 연루로 인해 많은 논란을 빚음〕의 추종자들, 빅토리아시대 서머싯의 보다 도시적인 환경에서 활동한 헨리 프린스 목사의 아가페모나이트〔Agapemonites, 1846년 영국 서머싯주 스팩스턴에 설립된 종교 단체〕 등과 같이 대부분 조용히 사라졌다. 그 외에 조지프 스미스의 모르몬 공동체와 뉴욕주 북부의 셰이커 공동체처럼 창립자들의 생애를 넘어 오래 번성한 경우도 있다.[3]

왜 일부는 모르몬교처럼 살아남고 다른 일부는 오나이다 공동체처럼 없어지는지는 명확하지 않다. 아마도 두 가지 특징이 중요했을 것이다. 첫 번째로 모르몬교는 조직구조를 성공적으로 개발하여 일정 수준의 신학적 규율을 부과할 수 있었다는 사실이다. 두 번째로 그들은 외부지향적이었고 적극적인 모집 프로그램을 개발했다는 점이다. 셰이커의 운명은 몇 가지 통찰을 제공한다. 그들은 초기에 매우 성공적이어서 19세기 중반까지 미국에 18개 큰 공동체와 수많은 작은 공동체가 있었다. 하지만 회원 모집의 실패로 단 한 가지 공동체[메인주의 '안식일 호수셰이커빌리지(Sabbathday Lake Shaker Village)']만이 살아남았다. 그 이유는 아마 세 가지일 것이다. 첫째, 그들의 공동체는 준-독립적 상태를 유지해 중앙 권위가 통일성을 강제하는 데 실패했다. 둘째, 그 공동체들은 대체로 내부지향적이었고, 개종을 촉진하고 새로운 공동체를 설립하는 일관된 전략을 섹트 전체가 가지고 있지 않았다. 셋째, 다수의 더 모호한 컬트 및 공동체와 마찬가지로 셰이커는 결혼을 금지하고 남녀가 따로 살도록 요구했다.

출생을 통한 회원 모집은 섹트의 성장을 위해 가장 중요한 전략일 것이다. 종교나 컬트에서 자란 아이들은 그 섹트의 기풍을 쉽게 흡수하고 평생 그 영향을 받게 마련이기 때문이다.[4] 실제로 종교적 추종의 상속률(또는 한 세대에서 다음 세대로의 모방 충실도)은 문화적 학습의 힘 덕분에 약 70퍼센트로, 대부분 유전적으로 상속되는 생물학적 형질의 상속률보다 훨씬 높다(키의 상속률은 20퍼센트에 불과함).[5] 따라서 종교 같은 문화적 형질 대부분은 생물학적 형질에 비해 세대 간 복제 충실도가 훨씬 높다.✦ 많은 소규모 컬트들은 성관계를 금지했기 때문에(때때로 컬트 리더는 예외), 자연적인 회원 모집이 거의 제로에 가까웠고, 컬트의 생존을 전적으로 외부 회원 모집에 의존했다. 결과적으로, 유행의 변화와 더 넓은 세계에 대한 관심으로 인해 흔히 파나세아 소사이어티(9장 참조)처럼 회원 모집이 고갈되었다.

✦ 학습과 모방에 의한 문화적 형질의 복제 충실도는 생물학적 형질의 유전에서 DNA 수준의 세대 간 복제 충실도에 비해 훨씬 낮지만 표현형 수준의 세대 간 복제 충실도보다는 높을 수 있음을 지적하는 내용이다.

이슬람에서도 유사한 분열이 있었는데, 이는 예언자 무함마드의 사망 후 몇 달 만에 시작되었다. 예언자의 권위를 누가 이어받을 것인지에 대한 초기의 분쟁은 수니파와 시아파로 나뉘었고, 이어진 몇 세기 동안에는 특히 시아파 이슬람 내에서 진정한 마지막 이맘(Imam, 예언자의 영적 후계자)의 정체에 대한 다양한 견해에 따라 여러 분파로 분열이 반복되었다. 십이 이맘파는 신의 명령을 받은 참된 무함마드 후계자 열두 명을 인정하는데, 그들 중 정점을 이루는 마흐디(Mahdi)가 은폐된 상태로 들어갔다가 종말의 시기에 돌아올 것이라고 믿는다. 이 시기는 예수의 재림과 일치할 것인데, 예수는 마흐디의 최종 준비 과정을 돕게 된다. 다섯 이맘파[또는 자이디파(Zaidis)]는 첫 다섯 이맘까지 받아들이며, 이스마일파(Ismailis)는 첫 여섯 이맘까지 받아들인다. 이스마일파는 이후에 많은 독립적인 분파로 나뉘었는데, 여기에는 니자리(Nizaris, 아가 칸의 종교적 리더십을 따름), 보흐라(Bohras), 드루즈(Druze), 사트판트(Satpanths, 14세기와 15세기에 힌두교도들이 이슬람으로 개종한 그룹) 등이 포함되며, 일곱 이맘파(일곱 이맘을 인정함)와 하피지(Hafizis)처럼 현재는 사라진 몇몇 분파도 포함된다. 마찬가지로, 수니파 이슬람은 자체 학파들을 발전시켰는데, 이들은 주로 의례 수행의 엄격성과 간결함에서 서로 차이를 보인다.

유대교 역시 마찬가지로 자체적인 분파들을 만들어 냈다.

구약에 언급된 인물 외에도 나사렛예수 시대보다 1세기 정도 앞선 시기부터 수많은 예언자와 메시아가 등장했고, 예수 시대 이후에도 마찬가지로 많은 인물들이 나타났는데, 대체로 로마 제국의 팽창으로 인한 정치적 혼란에 대한 대응이었을 것이다. 후기 메시아 중 가장 유명한 인물로는 서기 2세기에 잠시 유대인의 독립국가를 세운 시몬 바르 코크바(Simon bar Kochba)가 있다. 그는 스스로 메시아라고 주장한 적은 없지만 예루살렘의 일부 랍비 학파에서는 그를 재림 메시아로 여겼다. 이후 수백 년 동안에는 자칭 메시아가 많이 등장했는데, 5세기 크레타 섬의 모세(Moses of Crete)와 마지막 유대인 신비가로 널리 알려진 삽바타이 세비(Sabbatai Zevi, 1626~1676)가 여기에 포함된다. 각 인물은 꽤 많은 추종자를 끌어모았고, 명성의 절정기에는 지중해 동부 전역에 영향을 미쳤다. 삽바타이 세비는 1666년 격분한 튀르키예인들의 처형을 피하기 위해 이슬람으로 개종했지만, 망명 중에 사망한 후에도 그의 명성은 오래 지속되었고, 18세기에는 그의 이름으로 섹트를 부활시키려는 시도가 한 번 이상 이루어졌다. 이러한 카리스마적 인물들을 제외하고도, 유대교는 디아스포라 이후 크게 정통파, 보수파, 개혁파로 구분되는 여러 준-독립적인 분파로 분열되었으며, 각 분파는 자체적으로 더 세분화되었다.

1960년대의 반문화(counterculture)는 동양의 명상법과 서양의 게슈탈트 인본주의 심리학을 결합한 '인간 잠재력 운동

(Human Potential Movement)'을 둘러싼 다양한 운동과 공동체를 탄생시켰는데, 이는 보다 현대적인 통찰을 제공한다. 이러한 운동 중에서 가장 영향력 있는 것은 아마도 1962년 스탠퍼드대학교 졸업생인 마이클 머피(Michael Murphy)와 딕 프라이스(Dick Price)가 캘리포니아의 빅서(Big Sur)에서 설립한 에살렌연구소(Esalen Institute)와 연관되어 있다.[6]

프라이스는 캘리포니아에서 향정신성 약물 실험을 한 후 '인간 잠재력' 개념에 대해 강의한 올더스 헉슬리에게 영향을 받았으며(2장 참조), 머피는 인도의 한 아쉬람에서 몇 달을 보낸 적이 있다.[7] 머피의 할머니로부터 빅서에 있는 공터를 빌린 후 그들은 인간의 의식을 탐구하는 대면 그룹을 이용해 공동체를 설립하고,[8] 심신 연결, 동양의 철학과 종교, 게슈탈트심리학, 대체의학 등에 중점을 둔 대안교육을 제공했다. 에살렌연구소의 주요 목표는 인간을 새롭고 더 높은 의식의 차원으로 끌어올리는 데 있었다. 여러 면에서 에살렌연구소의 성공은 많은 주요 지식인, 음악가, 심지어 과학자가 세미나 및 수련회에 참여하여 이들 중 다수가 그 철학을 열렬히 지지한 덕분이다.[9]

이 연구소는 1970년대의 반문화와 1980년대 뉴에이지운동의 발전에 큰 영향을 미쳤다. 이후의 운동들은 대개 신학적으로 절충적이었고(그러나 보통 오컬트 지식과 동양의 신비주의 철학을 강조함), 종종 인간이 다양한 방법을 통해 소통할 수 있는 어떤 종류의 영적 존재를 식별했으며, 컬트적인 감각을 뚜렷하게 가졌고, 종종 새로운 '물병자리 시대(따라서 뉴에이지)'가 도래할 것을 예상하는 천년왕국 관점을 보였는데, 그때가 되면 현대사회를 괴롭히는 질병과 불평등이 제거되고 더 평등한 사회모델로 대체될 것이라고 기대했다.

이러한 지상의 열반 상태는 사람들이 더 높은 의식의 차원을 달성함으로써 새로운 심리적·영적 잠재력을 개발할 때에만 실현될 것이라고 그들은 계속해서 주장했다. 물론, 이를 위한 길은 해당 컬트의 새로운 통찰에 의해 제공되었다. 많은 경우, 컬트들은 오래된 동양의 컬트들이 깨달음을 얻기 위해 요구하는 힘든 정신적, 신체적 노력을 종종 향정신성 약물을 사용해 단축할 수 있다고 주장했다. 이러한 뉴에이지 컬트들은 대부분 내부지향적이었으며, 외부의 넓은 세계와의 접촉을 피하고 종종 고의적으로 외딴 장소로 이주하여 세속적 세계와의 접촉을 피하고자 함으로써 생명을 다했다.

간단히 말해, 우리는 자연의 인간 공동체와 교회 회중의 크기에 대한 4장의 논의에서 배운 것과 동일한 교훈을 많이 발견한다. 관건은 회중, 교회, 종교가 모두 인간의 조직이며, 다른 형태의 인간 사회집단들과 마찬가지로 사회적 뇌가 부과하는 동일한 인구통계학적 및 심리학적 제약에 종속된다는 점을 상기시키는 것이었다. 이러한 조직에는 개인들이 포함되어 있는데, 각자의 장치에 내버려둔다면, 이들은 자연스럽게 독특한 믿음을 개발하고, 결국 문화적으로 그리고 지적으로 서로 멀어진다.

공동체의 규모가 대략 150명 이하인 경우라면 이러한 의견 불일치는 대면 토론을 통해 처리될 수 있다. 서로 잘 아는 개인 간에 존재하는 상호적 의무로 인해 결과적으로 타협이 이루어질 수 있기 때문이다. 하지만 공동체 규모가 이 수치를 현저히 초과하면 이런 메커니즘은 작동하지 않는다. 사람들은 문화적 일관성을 유지할 만큼 충분히 자주 만나지 않는다. 어떤 형태의 하향식 규율이 부과되지 않는 한, 의견 불일치와 이로 인한 스트레스는 조직의 구조를 찢어 버릴 것이다.

두 종교 이야기

이 책을 시작하면서 나는 크게 두 가지 종류의 종교 — 샤먼종교 또는 몰입종교와 교리종교 — 를 구분할 수 있다고 제안했다. 우리의 놀랍도록 제한된 정신 능력은 세상을 이해하기 쉽게 이분법적으로 구분하도록 늘 강요한다. 그러나 실제로는 그 사이에 많은 회색 음영이 존재할 뿐만 아니라, 한 상태에서 다른 상태로의 전환이 즉각적으로 일어나는 경우도 거의 없다. 더 중요한 점은, 이러한 단계들 혹은 국면들을 인구통계학적으로 부과된 일련의 유리천장에 대처하기 위한 시도로 이해하는 게 가장 좋다는 것이다. 아마도 네 가지 국면으로 구분할 수 있을 것이다.

첫 번째 국면의 조상종교는 비공식적 몰입종교였다. 이는 35~50명씩으로 분산된 캠프에서 생활하는 수렵채집인 100~200명 소규모 공동체를 결속하기에 적절하다. 이 종교에는 어떤 종류의 공식적인 신도 없었지만, 자연현상과 관련된 정령이나 트랜스를 통해 들어갈 수 있는 영적 세계는 존재했을 수도 있다. 이러한 종교들은 도덕이나 도덕적 규범과는 별로 관련이 없으며, 모든 것이 공동체 결속과 관련되어 있다. 종교처럼 인지적으로 더 정교한 장치를 채택하도록 장려한 것은 (적어도 영장류 기준으로는) 점점 더 커지는 집단을 결속해야 할 필요성 때문이었다. 부분적으로 이는 다음과 같은 사실의 부산물이었을 수도 있다. 즉, 더 큰 집단의 관계 요구를 처리하는 데 필요한 더 큰 뇌가 더 높은 수준의 정신화를 가능하게 했고, 이는 호기심이 많은 일부 개인으로 하여금 자신이 사는 세상과 그 이면에 무엇이 있는지를 다른 동물은 할 수 없는 방식으로 궁금하게 했다는 것이다. 또한 인간의 높은 정신화 능력은 자신과 유사한 마음을 가진 영적 존재의 관점에서 더 넓은 세상과 트랜스 세계를 보게 했을 수도 있다.

두 번째 국면은 전문적인 치유사와 점술사의 출현으로 정의된다. 여전히 샤먼종교 또는 몰입종교의 세계에 굳건히 자리 잡고 있기 때문에 아직 공식적인 신학은 없다. 특정 영적 존재들은 불임, 유산, 쌍둥이 출산 또는 기형아 출산과 같은 질병 및 상태와 관련이 있다. 이러한 상황들은 특히 수렵채집사회에서 여성에게 상당한 부담을 주며 불운이나 마법에 걸렸다고 여겨진다. 단순한 신체적 치료법만으로 치유할 수 없는 심리적 또는 정신적 상태는 이러한 측면에서 특히 중요한 것으로 보인다. 일부 샤먼들은 영계에 개입할 수 있다는 평판을 얻고 그 능력을 이용하고자 먼 곳에서 찾아오는 고객을 유치했을 가능성이 높다. 그들은 심지어 캠프의 추종자들을 수련생으로서 그리고 주인을 섬기고 싶어 하는 숭배자들로서 확보했을 수도 있다.

약 1만 년 전 신석기시대의 시작과 함께 일어난 영구 정착으로의 전환은 공동체가 대처해야 했던 스트레스에 근본적인 변화를 가져왔으며, 특히 공동체 규모가 300~400명을 크게 넘어선 이후에는 더욱 심해졌다. 흐름상 세 번째 국면에 해당하는 이 시기의 초기에는 지역 신을 특징으로 하는 더욱 공식적인 종교들이 등장했다. 더 공식화된 의례, 의례 전문가(사제), 의례 공간(신전) 등이 결합된 형태였다. 신은 보통 여럿이었는데, 이는 경관의 특성들을 트랜스 여행 중에 마주친 정령들의 집으로 간주하는 오랜 경향에서 채택되어 온 것이다. 이 신들은 종종 악의적인 성격과 선한 성격이 조합되어 있지만, 인간사에 대한 관심은 주로 신들을 달래기 위해 필요한 희생 제사를 하지 않았을 때의 처벌로 제한될 수 있다. 아직 규모는 크지 않지만, 이러한 종교들이 진화함으로써 개인적인 대면 관계와 동료의 압력만으로는 조정과 통제를 할 수 없을 만큼 규모가 커진 공동체에 일종의 하향식 집단 통제를 제공하게 되었다.

이는 마르크스가 구상한 의미의 정치적 통제가 아니라, 밀접 생활에서 발생하는 스트레스와 비용을 완화함으로써 공동체가 외부 위협에 대해 집단 방어를 할 수 있도록 하는 문제다.

약 4000년 전 우리는 네 번째 국면의 시작을 보게 되는데, 이는 정착지 규모 및 정치체제의 극적인 성장과 관련되어 있다. 이 국면은 최초의 도시국가와 제국이 출현하는 시기와 일치한다. 이는 이전의 수천 년 동안 북부 아열대 지역에서 이례적으로 나타난 온화한 기후 조건과 인구 증가의 장기적 결과로 보인다. 이는 대체로 무관심한 신들에게 바치던 희생 제사로부터 훨씬 더 복잡한 의례로, 그리고 각기 다른 임무와 책임에 관련된 일련의 더 구체적인 신들에 대한 독점적 숭배로의 전환과 연관되어 있다.

이는 전문적인 사제와 의례는 물론 공식적인 신전도 필요한 일이다. 이러한 형태의 종교는 본질적으로 공통의 세계관에 의해 구성원들이 서로 결속된 클럽을 구성한다. 이는 공식적인 의례 실천과 신학적 신념 체계, 신학적으로 정당화된 도덕 체계, 사제 계급 등을 포함하며, 신학적 올바름과 선한 행동을 규제하는 중앙집중식 관료주의와 결합한다. 회원 자격은 다른 구성원들을 개인적으로 아는지가 아니라 단순히 회원이라는 사실, 즉 소속에 대한 지식에 기반을 두고 있다. 여기에 도덕적 고위 신이 추가된 것은 훗날, 즉 약 2500년 전 북부 아열대 지역의 '축의 시대' 동안 이루어진 일로 보인다. 유일신 종교는 필연적으로 더 표준화된 형태와 더 특수한 신학을 가지므로 다른 종교들에 대한 적대감이 증가하기 시작할 수도 있다.

도덕적 고위 신을 숭배하는 일신교가 목축 경제와 특별히 연관된 것으로 보인다는 사실은 호기심을 자극하며, 이런 종교들이 기원한 시기를 추정하는 데 도움이 된다. 가축(소)은 약 9500년 전(BP)에 나일 계곡과 인접한 사하라 습지대에서 흔하게 되었고, 양과 염소의 사육은 약 7700년 전(BP) 이후에 등장했다. 이 시기는 상대적으로 안정된 공동체 및 자급 농업과 연관되어 있었던 것으로 보인다. 명백한 목축 사회는 6000년 전(BP) 이후에 등장한다.[10] 일신론적 종교는 이 시퀀스의 늦은 시기에 출현한 것으로 추정되는데, 아마도 4500년 전(BP) 근처일 것이다. 이때는 급격한 기후변화가 아열대 지역의 사막화 증가를 초래하여 점점 줄어 가는 영구 수원지와 방목지에 접근하기 위한 부족 집단 간 경쟁이 심화되던 시기다. 이 단계의 목축 사회는 여전히 주로 사헬(Sahel), 즉 사하라와 인접한 건조한 계절성 초원 지역에 국한되어 있었으며, 약 2000년 전 즈음이 되어서야 비로소 새로운 목초지를 찾아 나일 계곡을 통해 동아프리카로 확장하기 시작했다. 일신론적 종교는 신학적으로 더 제약되었기 때문에, 큰 지리적 공간에 걸쳐 매우 큰 공동체를 결속시킬 수 있었고, 따라서 전통적인 부족의 한계를 훨씬 뛰어넘는 방어동맹을 만들어 낼 수 있었던 것으로 보인다.

네안데르탈인과 다른 고인류에게 초기 비공식 종교의 국면이 있었을 가능성을 제외하면, 이 모든 발전들은 우리 종, 즉 해부학적 현생인류(**호모사피엔스**)와 배타적으로 연관되어 있다. 우리 종이 살아온 약 20만 년 동안 뇌의 **인지적** 기능과 연관된 유전적 변화는 거의 없었기 때문에, 그 발전들은 유전자 수준에서 중요한 진화적 변화를 표상하지 않는다. 물론 이 기간 동안 우리 종 내에 유전적 변화가 전혀 없었다는 것은 아니다. 개별 개체군이 지역 환경조건에 적응하면서 사소한 유전적 변화는 많이 있었으며, 이는 체형, 피부색, 질병 감수성, 심지어 시각체계와 연관된 유전자들을 포함한다.[11] 그러나 이러한 변화들 중 어느 것도 인지능력에는 영향을 미치지 않는다. 오히려 종교의 변화 시퀀스는 문화적으로 유도되었을 것이다. 그리고 이는 지역에 제한된 인구통계학적 조건에 의해 발생한 스트레스에 대한 반응이었다.

시간이 지남에 따라 지식이 성장하는 것과 마찬가지로 종교의 국면들은 역사의 여러 단계에서 인류를 괴롭혀 온 사회적, 환경적 위협에 대한 해결책을 찾아낸 사례에 불과하다. 이는 인구 규모가 증가함에 따라 발생하는 스트레스에 대한 연속적인 해결책을 나타내며, 이는 인구 증가에 따른 식량 수요에 대응하여 점점 더 효율적인 농업 관행을 개발해 온 것과 마찬가지이다. 전통적인 생물학적 진화(1장에서 보았듯이, 여기에는 방향성이 없음)와는 대조적으로, 종교 진화의 이러한 국면들은 자연스러운 순서를 형성한다. 즉, **환경조건이 필요로 한다면**, 모든 사회는 그 순서를 따라 순차적으로 진화한다. 이는 일반적인 환경적 도전에 대한 종 수준의 대응이 아니라, 역사적 시간에 걸쳐 점점 규모가 커지는 공동체의 사회적 결속 문제에 대한 공동체 수준의 해결책이었기 때문이다. 이는 인간 종의 놀라운 표현형 적응(유전적 적응이 아님) 능력의 일부를 나타낸다.✦

이 책의 핵심 주장은 종교의 진화가 신비주의적 입장(mystical stance)에 의해 뒷받침된다는 것이었다. 이는 부분적으로 현생인류에게만 나타나는 고차원의 정신화 기술에 의존하고, 또 부분적으로 엔도르핀 시스템의 역할에 의존하는 역량이다. 이는 우리 자신을 넘어선 의식 상태에 강렬하게 몰입하는 느낌을 경험하는 트랜스 상태를 만들어 낸다. 초월적 세계와 교감하는 이러한 역량은 두 가지 이유에서 중요해 보인다. 첫째, 그것은 사회적 유대감의 신경생물학적 기초를 촉발해, 추상적인 이데올로기적 신념으로는 달성할 수 없는 헌신의 감각을 만들어 낸다. 보이지 않는 초월적 세계와 그곳에 사는 존재들에 대한 믿음은 심리적으로 특별히 매력적인 것 같다. 그 존재들이 누구인지는 개별 문화의 믿음에 따라 달라질 것이다. 둘째, 종교적 차원은 다른 어떤 결속 행동들보다 규모 확장에

✦ 표현형 적응(phenotypic adaptation)은 환경 변화에 반응하여 생물의 생리적, 형태적, 행동적 특성이 변화하는 것이다. 즉, 이미 존재하는 유전적 잠재력이 환경에 의해 조절되는 현상이다. 반면, 유전적 적응(genetic adaptation)은 자연선택을 통해 개체군 수준에서 유전자 풀에 변화가 일어나 특정 형질이 세대에 걸쳐 확산되는 것이다.

효과적인 것으로 보인다. 웃음, 대화, 춤, 이야기, 잔치 등은 모두 규모에 한계가 있으며, 그다지 크지 않은 규모의 공동체를 결속하는 데만 효과적이다. 노래 부르기는 더 나은 성과를 내지만, 종교의 대규모 확장성은 없어 보인다. 종교는 '우정의 일곱 가지 기둥' 중 하나로서, 수많은 낯선 사람들을 단일 차원 클럽(one-dimensional club)으로 묶는 데 효과적으로 기능한다.

이 책이 제시한 두 번째로 중요한 주장은 종교 진화의 단계들이 한 형태의 종교가 다른 형태로 전면적으로 대체되는 것이 아니라, 오래된 핵심 주변에 새로운 층들이 추가되는 과정이라는 것이다. 종교의 가장 초기 국면들은 교리종교 내에 여전히 굳건하게 자리 잡고 있으며 사라지지 않았다. 이는 덜 세련된 구성원들의 믿음과 행동만이 아니라 교리종교의 많은 관행과 의례에서도 명백하게 드러난다. 이것들은 개인의 신념과 헌신에 대한 감정적 기초를 제공함과 동시에 교리종교 내에서 공동체의식의 심리적 토대를 제공하는데, 이는 앞선 샤먼종교 국면에서도 마찬가지였다. 일본인들이 신토와 불교 사이를 자연스럽게 오가며 종교적 모순을 문제 삼지 않는 것처럼, 우리도 샤먼종교와 교리종교 사이를 자유롭게 넘나든다. 이는 성직자 계층이 샤먼종교를 승인하지 않더라도 어쩔 수 없는 일이다. 우리가 신학적 정당화를 위해 선호하는 교리종교에 대한 감정적 애착을 만들어 내는 것이 바로 이러한 몰입형 종교다. 이러한 요소가 없었다면 교리종교는 아마도 존재하지 않았을 것이다.

조상 시대의 몰입형 종교가 여전히 교리종교의 근간을 이루고 있다고 주장하는 한 가지 이유는, 소규모 공동체를 결속하는 데 사용되는 요소들 대부분이, 그리고 샤먼종교 또는 몰입형 종교의 일부를 형성하는 요소들이, 모든 교리종교에 여전히 존재한다는 사실 때문이다. 여기에는 노래, 춤, 동기화 행동, 감정적으로 고양된 스토리텔링(예를 들어, 창시자가 직면한 시련과 역경), 의례적 금식, 잔치 등이 포함된다. 이들은 모두 엔도르핀 시스템을 활성화하기 때문에 중요하며, 이는 영장류와 인간의 주요 결속 메커니즘으로서 쌍방적 우정(dyadic friendships)의 수준과 공동체 수준에서 모두 작용한다.

엔도르핀 시스템은 이 모든 것에서 중심적인 역할을 수행하는데, 여기에는 세 가지 별개의 측면이 있다. 첫째, 엔도르핀 시스템은 개인들을 결속시키며, '친구의 친구' 연쇄작용을 통해 공동체 감각을 만들어 낸다. 둘째, 엔도르핀 시스템은 긍정적인 정서를 증대하고 면역체계를 미세 조율한다. 따라서 이는 질병에 대한 개체의 저항력을 높이고 우울증과 같은 부정적인 심리 상태를 완화하여, 변화무쌍한 상황에 더 잘 대처할 수 있게 해 준다. 셋째, 엔도르핀 시스템은 공동체가 지원 네트워크(support network)로서 효과적으로 기능할 수 있도록 친사회적 성향을 불러일으킨다. 마지막 두 가지 이점은 결속된 집단생활의 부산물인데, 공동체 결속의 중심 기능을 강화함으로써 공동체 수준의 이익을 강화하는 피드백 고리로 작용한다.

이러한 요소들을 종합하면 교리종교의 두 가지 놀라운 특성을 설명할 수 있을 것이다. 첫째로 회중의 최적 규모가 놀라울 만큼 작으며, 둘째로 모든 세계종교들은 끊임없이 컬트와 섹트로 조각나는 경향이 있다는 사실이다. 만약 종교가 초대형 공동체를 만들고 결속시키기 위한 것이라면, 종교가 그토록 쉽게 분열된다는 것은 매우 당혹스러운 일이다. 왜냐하면 분열은 보통 마지막의 일로 생각되기 때문이다. 하지만 분열은 종교가 명백하게 보여 주는 것이다. 그러나 종교의 근간을 이루는 심리가 단지 100~200명 남녀 및 아이들로 이루어진 단위를 근본 공동체로 삼았던 조상 사회에 적응된 것이라면, 이 모든 것이 훨씬 잘 이해될 것이다.

이는 또한 공동체가 이 규모를 넘어섰을 때 발생하는 균열을 감싸기 위해 교리종교가 진화했지만, 완벽한 해결책은 아니었다는 사실을 설명할 수 있다. 교리종교는 효과가 있지만, 한계가 있다. 그렇게 형성되는 공동체는 ('일곱 기둥' 중 하나만을 기반으로 형성된 클럽처럼) 결속력이 약하다. 결과적으로, 원래 종교가 진화해 결속하려던 자연의 공동체 규모를 반영한 컬트들이 아래로부터 끊임없이 분출하는 상황에 취약해진다. 이러한 컬트들은 예외 없이 카리스마적 특성을 지니며, 종종 강력한 신비주의적 요소나 청교도적인 경향을 지니고 있다. 물론, 후자의 기초를 이루는 고난과 규율도 신비주의적 요소만큼이나 엔도르핀 반응을 유발하는 데 효과적이다.

이로부터 두 가지 일반적인 결론을 도출할 수 있다. 하나는 순전히 조직적인 측면이다. 회중의 최적 규모는 상충하는 요구들의 트레이드-오프로서 존재한다. 이는 소속감을 창출하는 것과 회원 교체를 견딜 만큼의 큰 규모를 유지하는 것 사이의 균형을 찾아 집단의 생존 가능성을 위기에 빠트리지 않는 것이다. 최적 규모는 약 150명으로 상당히 정밀하게 특정된 것으로 보이며, 회중의 규모가 조금만 초과해도 가차 없이 일관성의 손실로 귀결될 가능성이 높다. 약 300명 이상에서는 조직구조에 변화가 필요하다. 그러나 그 규모를 유지하거나 확대하려면 소속감이 점차 약해지는 대가를 치를 수밖에 없다.

두 번째 이슈는 사회학적인 측면이다. 종교는 소규모 공동체를 통합하기 위해 진화했기 때문에, 주로 '우정의 일곱 기둥'에서 파생된 자연스러운 '우리 대 그들'의 심리를 이용한다. 이는 매우 작은 규모에서 아주 잘 작동하는데, 그 이유는 강렬한 소속감을 창출하기 때문이다. 이는 공동체의 통합성을 유지하고, 공동체가 효과적인 동맹으로 기능하게 한다. 그러나 신석기 시대를 거치며 인구 규모가 기하급수적으로 성장함에 따라 대중심리의 군중 효과는 매우 쉽게 종교갈등으로 격화되었다. 이것은 지난 수천 년 동안 모든 대규모 종교에서 예외 없이 나타난 끔찍한 전투적 폭력의 역사를 초래한 원인이다. 종교가 개인적 차원에서는 유익한 역할을 해 왔지만, 다른 종교의 구성원들에 대한 군중폭력을 불러일으키는 능력은 어떤 세속 철학보다도 훨씬 더 강력했다. 종교가 항상 직면해 온, 그리고 여전히 풀어야 할 도전 과제는 점점 더 글로벌화되는 세상에서 이 두 가지 문제를 동시에 어떻게 해결할 것인가 하는 문제다.

이는 아마도 두 가지 마지막 질문을 제기한다. 종교가 공동체 결속을 위해 그토록 유익한 역할을 해 왔다면, 왜 특히 서구에서 종교성이 명백히 감소하는 것처럼 보일까? 그리고 만약 정말로 그렇다면, 이는 장기적으로 어떤 결과를 초래할까?

첫 번째 질문과 관련해서는 두 가지 관찰을 해야 한다. 첫째, 세계 역사상 종교가 퇴조한 것은 이번이 처음이 아니라는 점이다. 경제적 상황이 좋고 부의 불평등이 낮을 때 종교에 대한 관심이 감소한다는 제안도 있다. 빈곤과 억압의 고통을 덜어 줄 필요성이 줄어들면 종교는 위안으로서의 가치가 감소한다. 둘째, 종교가 모든 곳에서 퇴조하고 있는 것은 아니라는 점이다. 지구상에는 여전히 종교가 퇴조하지 않는 곳이 많다. 게다가 종교가 퇴조하고 있다는 곳(주로 서구 선진국)에서도 일부 종교에만 해당되는 일이다. 서구에서 주류 기독교는 확실히 쇠퇴하고 있지만, 가정교회 운동이나 카리스마적 오순절 섹트와 같은 비공식적 분파들은 활기를 띠고 있으며, 이슬람교는 여전히 건강한 인기를 유지하고 있는 것으로 보인다. 두 경우 모두 대체로 사회의 덜 부유한 계층에서 나타나는 일이다. 기독교와 이슬람교는 모두 아메리카, 아프리카, 남아시아 등 부의 분배가 더 불평등한 지역에서 비교적 활발하다.

역사는 종교들이 시간이 지남에 따라 썰물과 밀물의 단조로운 흐름처럼 부침을 겪는다는 것을 말해 준다. 역사적으로 가장 성공적이었던 종교 중 일부는 거의 사라졌다. 중동과 동부 지중해에서 한때 엄청난 성공을 거둔 마니교는 오래전에 없어졌으며, 그 경쟁 상대였던 만다야교(Mandaeism, 만다교)도 거의 사라져 가고 있다. 또한 그들의 위대한 선구자 조로아스터교는 세가 크게 줄어든 상황이다. 이 세 가지 경우 모두, 주로 이슬람의 급격한 부흥에 압도당한 결과다. 고대이집트의 신들과 과거 남부와 북부 유럽을 각각 지배했던 로마와 북유럽의 신들은 대략 1000년 전 기독교의 선교 열정에 부딪혀 사라졌다. 교리종교 대부분이 겨우 2000년 정도밖에 안 됐다는 점을 감안하면, 2000년 후에는 매우 다른 종교의 조합을 보게 될지도 모른다.

그러나 19세기 프랑스 사회 이론가들이 희망했던 것처럼 만약 종교가 쇠퇴하고 있다면, 그것은 어떤 결과를 초래할까? 종교가 유대감을 형성하고 이를 통해 공동체 결속은 물론 심리적, 육체적 건강과 웰빙 측면에서 진정한 혜택을 준다는 증거를 고려할 때, 종교는 여전히 유효할 수 있다. 종교는 또한 잠재적 친구를 만날 수 있는 경로를 제공한다. 예배소는 낯선 사람들이 같은 생각을 가진 사람을 만날 수 있는 장소를 제공한다. 또한 종교를 믿든 믿지 않든, 종교는 국가 의례에 의미를 부여하며 초대형의 공동체 결속을 뒷받침하는 역할을 한다. 단지 엄숙한 느낌만으로도 효과가 있다. 공동체 의례 및 국가 의례에 종교적 상징을 통합하면 순전히 세속적인 의식으로는 복제하기 어려운 특별한 무언가를 추가할 수 있다. 믿음은 필요 없다. 그래도 종교의례에서 느끼는 웅장함, 장엄함, 호화로움은 대체하기 어렵다. 이와 유사하게, 전 세계의 종교음악은 세속적 장르에서는 드물게 달성되는 아름다움과 감정적이면서도 진정시키는 요소를 함께 지닌다. 이런 감동적인 음악 작품을 작곡한 모든 사람이 신앙인이었던 것은 아니다.[12]

아마도 이는 풀리지 않는 질문을 남긴다. '세속적 종교'란 가능한 것일까? 즉, 초월적인 세계에 대한 믿음을 요구하지 않으면서도 동일한 고양감을 제공할 수 있는 어떤 것이 가능할까? 19세기와 20세기에 인본주의 종교(humanistic religions)를 창조하고자 했던 다양한 시도의 역사는 그다지 고무적이지 않다. 20세기 여러 공산주의 체제가 종교를 박멸하고 그것을 세속 철학으로 대체하는 데 실패한 것도 이러한 가능성을 부정한다. 때때로 국가주의의 형태로 잠시 성공한 세속 종교가 있었지만, 종교적인 외양을 갖추고 있음에도 불구하고 전통적인 종교만큼의 지속력을 가지지 못했다. 나치들은 신화적 별세계의 개념인 **폴크**(*Volk*), 퍼레이드, 대규모 노래와 연설, 카리스마적 리더들, 새로운 미래를 예견하는 감각 등으로 세속 종교적 열정의 진정한 느낌을 창출하는 데 아마도 가장 가까이 접근했을 것이다. 만약 그들이 고의적으로 전쟁을 일으키지 않았다면 더 성공적이었을까? 알 수 없는 일이다.

뉴에이지운동 중 일부는 인류를 구원하고 새로운 종류의 의식을 도입할 수 있다는 전망을 제시하면서 1960년대 반문화가 한창이던 시절에 충분히 잘 작동했다. 그러나 결국 대부분 열성팬들은 카리스마적 리더들의 행동에 환멸을 느끼고 그들이 반항했던 기존 세계로 돌아갔다. 환경운동과 그 최신 형태인 '멸종 반란(Extinction Rebellion, 멸종 저항)'은 선견지명의 목적, 카리스마적 인물들, 집단행동의 동일한 감각을 일부 공유한다. 하지만 그 세속적 초점은 항상 광범위한 인구 집단의 지지를 받지 못하게 했다. 이런 운동이 진정한 지속력을 가질지, 아니면 1960년대 반문화처럼 사그라질지는 시간이 말해 줄 것이다. 그런 주장들은 새롭지 않고, 그 초점은 너무 좁고 인간의 사회적 세계와 동떨어져 있어 종교의 무게를 감당할 수 없다. 중앙 관리 조직의 부재는 내부 분열의 무게로 인해 붕괴될 위험을 남긴다.

간단히 말해, 인간 사회에서 종교를 대체할 어떤 것이 있다는 설득력 있는 증거를 찾기는 어렵다. 종교는 철저히 인간적인 특성이다. 종교의 내용은 장기적으로 분명히 변화하겠지만, 좋든 싫든 그것은 우리와 함께 남을 가능성이 크다.

주석

머리말

1 유대교, 기독교, 이슬람교를 포괄하는 용어. 구약성서의 족장 아브라함으로부터 나온 공통의 계보를 반영한다.

2 아브라함 계통의 종교들 외에도 다른 일신론적 종교로는 시크교, 조로아스터교, 야지디족(Yazidis)과 드루즈족(Druze)의 종교, 만다야교(Mandaeism), 바하이 신앙(Bahá'í Faith), 라스타파리아니즘(Rastafarianism), 고대 중국의 상제 종교, 그리고 나미비아의 힘바족(Himba), 나이지리아의 이보족(Igbo), 북동 아프리카의 쿠시트족(Cushites) 등의 부족종교가 있다.

3 대승불교(불교의 두 가지 주요 학파 중 하나)에서, 보살은 불성을 성취하는 깨달음의 최종 단계에 이르렀으나, 인간이나 그 외 다른 중생들의 깨달음을 향한 개인적 투쟁을 돕기 위해 자발적으로 그 최종 전환을 미루기로 결정한 자를 의미한다.

4 그들의 예식은 불 주변에서 알몸으로 추는 춤을 종종 포함했으며, 이 의례는 19세기 마녀 집회에 의해 부활되었다. 아담파는 서기 2세기부터 4세기까지 거의 200년 동안 존속했다. 중세 유럽의 여러 후기 섹트들도 같은 관행을 채택했다. 15세기 보헤미아의 타보르파(Taborites)와 네덜란드의 자유영혼형제단(Brethren of the Free Spirit)은 구원이 아담과 이브가 타락하기 전의 원죄 없는 상태로 돌아가는 것에 있다고 주장하며 공공장소에서도 완전한 나체를 옹호했다.

5 이 섹트는 1740년대부터 1940년대까지 존속했지만, 신체 훼손의 관행은 1900년경에 사라진 것으로 보인다.

6 이원론의 요소는 이전의 철학에서도 나타나지만, 이 개념은 보통 17세기 프랑스 철학자 르네 데카르트(René Descartes)와 연관되어 있어서 흔히 '데카르트 이원론'이라고 부른다.

7 내 마음 바깥에는 아무것도 존재하지 않는다라는 철학적 주장이다.

1장 종교를 어떻게 연구할 것인가?

1 John Dulin (2020).

2 1906년에 73세의 나이로 사망한 리처드 먼슬로(Richard Munslow)는 잉글랜드 최후의 '죄 먹는 사람'으로 알려져 있다. 그의 무덤은(2010년에 공공 기부금으로 복원됨), 슈롭셔의 래틀링호프 마을에 있는 세인트마거릿교회 묘지에서 찾을 수 있다.

3 2018년 버밍엄 중심부에 있는 19세기 파크스트리트 묘지의 발굴 작업(새로운 커즌스트리트 HS2 철도역을 건설하기 위한 발굴) 중에 이런 접시 12개가 매장지에서 발견되었다. 처음에 고고학자들은 당혹스러웠지만, 곧 누군가가 웨일스 변경의 '죄 먹는 사람들'을 떠올렸다.

4 이에 관한 자세한 내용은 나의 1995년 책, 『과학 세계의 곤란함(The Trouble With Science)』에서 볼 수 있다.

5 크리스마스의 날짜가 12월 25일로 고정된 것은 서기 336년이지만, 신학자 알렉산드리아의 클레멘트(Clement of Alexandria)는 한 세기 이상 앞서 이 날짜를 제안한 바 있다. 이 날짜를 선택한 주된 이유는 신학자들이 이미 춘분(분점의 세차운동으로, 당시의 춘분은 3월 25일이었음)을 수태고지 축일(Feast of the Annunciation, 예수가 잉태되었다고 추정한 날)로 정했고, 동지를 편의상 그로부터 9개월 후로 정했기 때문이다.

6 Pascal Boyer (2001), Justin Barrett (2004), Scott Atran & Ara Norenzayan (2004), Jesse Bering (2006, 2013) 등을 참조하라.

7 17세기 프랑스 수학자 블레즈 파스칼(Blaise Pascal)은 신이 존재하지 않을 수도 있지만 신을 믿는 것이 합리적이라고 주장했다. 왜냐하면 틀린 결정을 했을 경우의 비용(후회하기에는 이미 늦어 버린 경우에만 확인할 수 있음)이 이 세상에서 신을 믿기 위해 약간의 희생을 감수함으로써 잃는 것보다 **훨씬** 크기 때문이다.

8 James Jones (2020).

9 진화 이론에 관해 더 자세한 내용은 나의 최근 책, 『진화: 누구나 알아야 하는 것(Evolution: What Everyone Needs To Know, 2020)』을 참고하라.

10 리처드 도킨스(Richard Dawkins)는 이를 '**밈**(*meme*)'으로 명명했다. 밈은 생물학적 형질의 문화적 등가물이다. 이는 생물학적 형질과 마찬가지로 다른 개체로부터 상속된다. 다만 이 경우는 문화적 전달을 통해(사회적 학습이나 모방

을 통해) 상속된다.

11 바이러스나 문화가 동기나 의도를 가진 존재라고 말하려는 게 아님을 명확히 하고 싶다. 진화생물학자들은 자연선택이 마치 의도적인 행동**처럼** 작동하기 때문에 편리한 약어로 이런 표현을 사용한다. '적합성을 극대화하는 선택작용'이라는 용어로 모든 것을 서술할 수 있지만, 그렇게 반복적으로 표현하면 지루하고 불필요한 장황설이 된다.

12 여러 면에서 이는 매우 불교적으로 들린다. 불교에서는 모든 것이 연속적인 환생을 거치며, 이는 결국 깨달음과 '보편적 원리'에 몰입할 때 끝나게 된다. 유일한 차이점은 불교에는 '사다리'뿐만 아니라 '뱀'도 있다는 것이다. 즉, 주어진 생에서 나쁘게 행동하면 더 낮은 단계로 미끄러질 수도 있다. 아리스토텔레스가 불교철학에 대해 알고 있었을 가능성을 배제할 수 없다. 알렉산더대왕은 아리스토텔레스의 생애 동안 서인도를 정복하면서 불교를 만났다. 실제로 알렉산더의 군대와 동행한 철학자 피론(엘리스의 피로, Pyrrho of Elis)은 불교사상에 직접적으로 영향을 받았다.

13 사실, 요즘은 생명에 두 가지 별도의 기원이 존재했을 가능성이 고려되고 있다. 하나는 핵이 없는 혐기성 박테리아(anaerobic bacteria), 즉 고세균류(Archaeobacteria)에 속하는 단세포 유기체군의 출현을 가져왔고, 다른 하나는 일반적인 박테리아부터 인간에 이르는, 지구상의 모든 다른 생명 형태의 출현을 가져왔다. 이는 두 번째 그룹을 구성하는 모든 바이러스, 박테리아, 식물, 동물이 같은 유전 코드를 가지고 있고, 동일한 화학적 과정에 의해 생명이 유지된다는 사실에 의해 증명된다. 고세균은 약간 다른 일련의 화학적 과정을 이용한다.

14 Justin Barrett (2004)를 참조하라.

2장 신비주의적 입장

1 진화생물학에서, 굴절적응(exaptation)이란 처음에는 한 기능을 위해 또는 그에 대한 반응의 일부로 진화했지만, 나중에는 완전히 다른 선택압에 대한 적응의 기초를 제공하게 된 형질을 말한다. 고전적인 한 예는 중이에 있는 작은 뼈 세 개, 즉 이소골(ossicles)이 있다. 이는 외이의 고막을 내이의 달팽이관 기저부에 연결함으로써 소리를 듣게 해 준다. 이 뼈들은 우리 파충류 조상의 아래턱을 형성하는 다섯 뼈 중 뒤쪽 세 개에서 적응된 것이다. 모든 파충류는 아래

털을 통해 지면의 진동을 '듣는다'. 나머지 두 개는 포유류의 털을 형성하는데, 하나는 수직 부분을, 다른 하나는 수평 부분을 이루어 안정적으로 씹을 수 있게 해 준다.

2 이 익명의 저술가는 자신을 디오니시우스 아레오파기타(Dionysius the Areopagite)라고 불렀는데, 이는 「사도행전」에 언급된 사도바울의 초기 아테네 개종자의 이름이다. 그러나 그 저작들은 훨씬 뒤에 작성되었으므로 '위(pseudo)-'라는 접두사가 추가되었다.

3 로널드 녹스(Ronald Knox)는 그의 책, 『열정: 종교사의 한 챕터(Enthusiasm: A Chapter in the History of Religion)』에서 4세기부터 18세기까지 서방 기독교 전통의 초기 운동에 대한 매우 읽기 쉬운 설명을 제공한다.

4 '복자'는 가톨릭교회의 성인으로 시성되기 위한 첫 단계(시복, beatification)에 주어지는 칭호다. 생전에 논란이 많았던 얀 판 뤼스브룩은 사망 후 630년이 지난 1908년에 비로소 시복되었다.

5 '교회의 박사'는 가톨릭교회가 저술이나 연구를 통해 신학에 특별한 공헌을 한 것으로 본 36명 성인들에게 부여한 칭호다. 이들 중 4명이 여성이며, 빙엔의 힐데가르트를 포함한다.

6 '성흔'은 예수가 십자가에 못 박힐 때 손과 발에 생긴 못 자국과, 복음서에서 로마 군인이 예수의 고통을 끝내기 위해 옆구리를 찌른 창 자국을 표상한다. 어떤 경우에는 단순히 피부에 붉은 자국의 형태로 나타나고, 다른 경우에는 피가 흐르는 갈라진 상처의 형태로 나타난다. 피오 신부는 종종 손에서 흐르는 피를 흡수하고 숨기기 위해 양털 장갑을 착용했다. 손의 성흔은 보통 손바닥 중앙에 나타난다(중세 성인들의 많은 그림에서 묘사된 것처럼). 그러나 실제로 십자가형을 당한 희생자들은 못이 손바닥을 관통해 박히지 않았다. 그랬다면 숨을 쉬기 위해 발버둥 치는 과정에서 찢어져 못이 빠져나갔을 것이다. 이를 방지하기 위해 십자가형에 사용된 못은 사실 주로 손목을 관통해 박혔다. 십자가형의 결과는 팔에 매달려 있는 몸의 무게가 결국 숨을 내쉬는 능력을 제한하면서 질식사로 이어진다. 호흡을 하려면 희생자가 팔을 사용해 몸을 들어 올려야 하지만, 결국 너무 지쳐 그만두게 된다. 죽음을 앞당기기 위해 종종 정강이를 부러뜨리기도 했다. 가톨릭교회 당국은 성흔에 대해 언제나 다소 애매모호한 태도를 취해 왔다. 피오 신부는 당국의 요청으로 의사들에게 여러 차례 조사를 받았으며, 이는 그의 상처가 자해에 의한 것인지 여부를 판정하려는 것이었다.

7 세 개의 철창은 여전히 세인트램버트교회 탑의 원래 위치에 매달려 있다.

8 Erika Bourguignon (1976).
9 Andreas Bartels & Samir Zeki (2000).
10 Russell Noyes (1980).
11 Raymond Prince (1982).
12 Mircea Eliade (2004).
13 세계수(cosmic tree, 생명의 나무나 지식의 나무로도 알려짐)는 물리적 세계와 천국, 그리고 지하 세계를 연결한다. 이는 전 세계의 많은 초기 종교에서 나타나는 모티프로서, 스티븐 오펜하이머(Stephen Oppenheimer, 1998)는 이 모티프가 현대 인도네시아의 숲이 우거진 섬들에서 기원했으며, 1만 2000년 전 영거드라이아스(Younger Dryas) 기후 사건〔빙하기가 끝나 갈 무렵 갑자기 발생한 전 지구적 한랭기〕이 끝난 후 갑작스럽게 해수면이 상승하면서 발생한 대규모 인구 이동 중에 아시아와 유럽 전역에 퍼졌다고 제안했다.
14 Manvir Singh (2018).
15 Michael Winkelman (2000, 2013).
16 '전쟁'에 관해서는 주로 전투에 참여하는 데 필요한 의학이나 부적의 제공에 대해 언급하고 있다. 이는 중세 시대에 사제들이 전투를 시작할 때 집결한 군대를 축복했던 것과 유사하다. 또는 전쟁을 언제 시작할지 결정하기 위해 점을 치는 것을 언급하기도 하는데, 이는 전쟁을 할지 말지에 대한 정치적 결정을 의미하는 것은 아니다.
17 본래 '오라클'은 언제나 젊은 처녀였다. 그러나 어떤 악당이 오라클 중 한 명을 납치하고 폭행한 후에는 나이가 많은 여성이 맡게 되었다.
18 이 실험[일명 '굿 프라이데이 실험(Good Friday Experiment)'으로도 알려져 있음]은 하버드대학교의 대학원생인 월터 판케(Walter Pahnke)에 의해 수행되었다. 이 실험은 LSD의 아버지 티모시 리어리(Timothy Leary)가 감독한 '하버드 실로시빈 프로젝트(Harvard Psilocybin Project)'의 일환으로 실시되었다. 마시채플 자체는 인근 보스턴대학교의 공식 예배 장소였다.
19 유대교의 랍비 전통에서, 회당에서 향을 피우는 관습은 중세 시대 동안 사라졌으나, 사마리아 유대인들 사이에서는 오늘날까지 계속되고 있다.
20 대중적인 신화와는 달리, 아편을 중국에 도입해 널리 사용하도록 장려한 것은 영국동인도회사(British East India Company)가 아니다.

3장 믿는 것이 좋은 이유

1 나의 책『진화: 누구나 알아야 하는 것』을 참조하라.
2 Dee Brown (1991).
3 M. Akiri (2017).
4 J. B. Peires (1989).
5 Michael Huffman et al. (1997).
6 Mario Incayawar (2008).
7 Michael Winkelman (2013).
8 David Williams & Michelle Sternthal (2007).
9 Michael McCullough et al. (2000).
10 Elainie Madsen et al. (2007); Oliver Curry, Sam Roberts & Robin Dunbar (2013).
11 Raymond Hames (1987); Catherine Panter-Brick (1989); Robin Dunbar, Amanda Clark & Nicola Hurst (1995).
12 이것은 공유자원문제(Common Pool Resource Problem) 또는 무임승차문제(Free-rider Problem)로도 알려져 있다.
13 이 용어는 Dominic Johnson & Jesse Bering (2009)에 의해 제안되었다.
14 Dominic Johnson (2005).
15 Jonathan Tan & Claudia Vogel (2008).
16 Rich Sosis & Bradley Ruffle (2003). 참가자들은 서로가 같은 키부츠 출신이라는 것 외에는 상대가 누구인지 몰랐다.
17 Joe Henrich et al. (2010).
18 Ara Norenzayan et al. (2016); Michiel van Elke et al. (2015).
19 Michiel van Elk et al. (2015); Joseph Billingsley et al. (2018).
20 Quentin Atkinson & Pierrick Bourrat (2011).
21 Pierrick Bourrat, Quentin Atkinson & Robin Dunbar (2011).
22 Bryan Le Beau (2016). 1711년과 1712년에 희생자들을 위한 사후 사면이 이루어졌지만, 마지막 희생자는 2001년에야 비로소 명예를 회복했다.
23 Bruce Knauft (1987).
24 Joseph Watts et al. (2016).
25 이 체제에서 손해를 보는 이들은 결혼하지 않은 나머지 딸들이다. 한 가구당

오직 한 명의 딸만 결혼할 가능성 있기 때문이다. 나머지 딸들은 태어난 가정에 남아서 형제들을 위해 가사 노동을 하는 비참한 삶을 살았다.

26 John Crook & Henry Osmaston (1994).

27 Denis Deady et al. (2006).

28 농업경제에서 부모의 이러한 조작적 전략은 드문 일이 아니다. 땅은 고정된 자산이므로, 모든 자녀에게 늘 동등하게 분배되면 몇 세대 안에 상당한 재산이 소규모 농지로 축소될 수 있다. 유럽의 역사적 시기에는 이런 문제를 해결하기 위해 다양한 전략이 사용되었다. 여기에는 중세 후기에 도입된 장자 상속권(장자가 모든 것을 상속받음)과 종교개혁 이후 수도원 선택지가 사라진 북부(개신교) 독일에서 19세기 말까지 농민들에 의해 사용된 '상속자와 예비자(heir-and-a-spare)' 전략이 포함된다. '상속자와 예비자' 전략은 아들을 두 명만 두도록 하는 것이었다. 한 명은 상속자가 되고 다른 한 명은 상속자가 사망할 경우를 대비하는 것이다. 이는 둘째 아들 이후로 태어난 아들에 대한 투자를 줄여 그들의 첫해 생존 확률을 50퍼센트 미만으로 낮추는 방식으로 이루어졌다. 반면, 딸들은 필요하다면 낮은 사회계층에 시집을 보낼 수 있었기 때문에 차별을 받지 않았다(Voland, 1988). 이 전략이 상황의 긴급성에 얼마나 민감한지는 다음과 같은 사실에서 드러난다. 즉, 추가로 태어난 아들들에게 기회를 제공할 수 있는 새로운 농지가 언제 확보되었는지에 의존하여 이 전략을 적용하려는 의향도 인구집단 내에서 시간에 따라 달라졌다(Voland et al., 1997).

29 James Boone (1988).

30 Rich Sosis & Candace Alcorta (2003).

31 Robin Dunbar & Susanne Shultz (2021).

32 Tamás Dávid-Barrett & Robin Dunbar (2014); Emily Webber & Robin Dunbar (2020); Robin Dunbar (2021a).

4장 공동체와 회중

1 Allan Wicker (1969).

2 Allan Wicker & Anne Mehler (1971).

3 Robert Stonebraker (1993).

4 Dunbar (1998); Dunbar & Shultz (2017).

5 Dunbar (2020).
6 Dunbar (2018).
7 Dunbar (2018, 2020).
8 Dunbar (2020)의 허가를 받아 재현됨.
9 Russell Hill, Alex Bentley & Robin Dunbar (2008).
10 Oliver Curry, Sam Roberts & Robin Dunbar (2013).
11 Alistair Sutcliffe et al. (2012).
12 자세한 내용은 나의 책 『프렌즈: 과학이 우정에 대해 알려줄 수 있는 가장 중요한 것(Friends: Understanding the Power of Our Most Important Relationships, 2021)』을 참고하라.
13 Sam Roberts & Robin Dunbar (2015).
14 Dunbar (1995).
15 Wei-Xing Zhou et al. (2005); Marcus Hamilton et al. (2007).
16 Lehmann, Lee & Dunbar (2014).
17 David Wasdell (1974).
18 Roger Bretherton & Robin Dunbar (2020).
19 '오병이어의 기적'으로도 알려져 있다. 이는 예수가 한 어린 소년이 가져온 소박한 음식만으로 설교를 듣기 위해 모인 수많은 군중에게 충분한 음식을 제공했다는 이야기다. 이는 유일하게 신약성서의 사복음서 모두에서 언급되는 기적이다.
20 Gerhard Lohfink (1999).
21 Howard Snyder (2017).
22 Robin Dunbar & Rich Sosis (2018).
23 로버트 오언(Robert Owen, 1771~1858)은 웨일스의 섬유 제조업자, 박애주의자, 초기 사회주의자로서, 노동자 협동조합을 중심으로 일종의 유토피아적 사회주의를 지지하는 캠페인을 벌인 인물이다. 스코틀랜드 남부의 뉴래너크(New Lanark)에서 혁신적인 공단(mill complex)을 개발하고 관리하는 데 도움을 준 후, 19세기 초의 영국 관료제에 실망하여 정치적으로 덜 엄격한 미국으로 자신의 아이디어를 가져갔다. 거기서 그는 1825년 인디애나주에 뉴하모니(New Harmony) 공동체를 설립했다. 이 공동체는 비록 수년 후에 해체되었지만, 이후 수십 년간 미국 중서부의 사회적 시설 발전에 큰 영향을 끼쳤다. 이 공동체는 미국에서 최초로 무료 공공도서관, 시민 드라마 클럽, 남녀공학학교

를 설립했으며, 그 회원들은 후에 워싱턴DC의 스미스소니언협회를 국가 박물관으로 설립하는 데 기여했다.

24 Robin Dunbar & Richard Sosis (2018).

25 Jennifer McClure (2015).

26 John Murray (1995).

27 셰이커 공동체는 회원가입 요청을 거절하는 경우가 거의 없었는데 이는 개인이 공동체 생활을 경험한 후 스스로 결정하는 것이 더 낫다고 믿었기 때문이다. 마찬가지로 셰이커 공동체에서 회원을 추방하는 경우도 매우 드물었다. 탈퇴자 대부분은 외부 세계에 다시 정착하는 데 도움이 되도록 현금과 도구를 선물로 받고 떠났다.

28 John Murray (1995).

29 Jennifer McClure (2015).

30 Roger Bretherton & Beth Warman (unpublished study).

31 Alice Mann (1998).

32 '실무 공동체'는 직장 내에서 비슷한 관심사를 가진 사람들의 비공식 모임이다. 예를 들어 일시적인 프로젝트에 참여하는 컴퓨터 프로그래머 팀, 서로 다른 조직에서 온 회계사나 관리자가 공통의 관심사와 좋은 관행에 대해 논의하기 위해 때때로 만나는 그룹, 국가적인 전문가 협회 등이 이에 해당한다.

33 Emily Webber & Robin Dunbar (2020).

34 몇 년 전 바티칸의 그레고리안대학교에서 열린 신학과 다윈주의에 관한 학술대회에서 잉글랜드 미들랜즈(Midlands) 가톨릭교회의 사제들(모두 과학자 출신)은 자신들의 교구가 총 500명 정도로 구성되어 있지만, 주일 미사가 세 번으로 나뉘어 있고(각 미사에 약 150명씩 참석), 신도들은 서로 거의 교류하지 않는다고 나에게 말했다.

5장 사회적 뇌, 종교적 마음

1 사실, '엔도르핀'이라는 명칭은 '내인성 모르핀(endogenous morphine, 즉 뇌의 자체 모르핀)'의 축약어다. 이는 엔도르핀이 모르핀과 화학적으로 매우 유사하다는 사실을 나타낸다. 엔도르핀은 모르핀보다 30배 더 강력한 진통제임에도 불구하고, 분자구조의 아주 미세한 차이로 인해 모르핀이나 다른 '비자연적' 아편제처럼 파괴적인 중독을 유발하지 않는다. 우리는 엔도르핀의 방출을

매우 보람 있는 것으로 느끼며, 이로 인해 계속해서 더 많이 찾게 되지만, 생리적으로 중독되지는 않는다.

2 Juulia Suvilehto et al. (2015, 2019).

3 Lauri Nummenmaa et al. (2016). PET, 즉 양전자방출단층촬영(Positron Emission Tomography)은 혈류에 주입된 방사성표지 추적자의 뇌 내 흐름을 측정하는 방법으로, 뇌의 어떤 부위가 작업에 관여하고 있는지(따라서 추가 산소가 필요한지) 확인할 수 있다. 몇 시간 간격을 두고 방사성표지 추적자를 두 번 주입해야 하기 때문에, 이는 실험 참가자에게 상당히 부담스러운 절차다. 현재는 주로 특정 종류의 의료 영상 촬영에 사용된다.

4 자세한 내용은 나의 최근 책 『프렌즈: 과학이 우정에 대해 알려줄 수 있는 가장 중요한 것』을 보라.

5 〈스튜어트: 어 라이프 백워즈(Stuart: A Life Backwards, 2007)〉는 베네딕트 컴버배치(Benedict Cumberbatch)와 톰 하디(Tom Hardy) 주연의 TV 영화로, 같은 제목이 붙은 알렉산더 매스터스(Alexander Masters)의 책을 바탕으로 제작되었다. 이는 매스터스와 스튜어트 쇼터(Stuart Shorter)의 우정을 묘사하는데, 스튜어트는 장애를 가진 노숙자, 아동학대 생존자, 마약중독자이자, 때때로 소소한 범죄자였다. 영화는 스튜어트가 더 이상 자신의 상황을 견디지 못하고 자살을 선택하는 것으로 끝나는데, 이야기가 진행됨에 따라 이런 결말은 점점 불가피한 것이 된다.

6 Guillaume Dezecache & Robin Dunbar (2012).

7 Daniel Weinstein et al. (2014).

8 더 확장된 논의는 나의 두 책, 『사랑과 배반의 과학(The Science of Love and Betrayal)』과 『프렌즈: 과학이 우정에 대해 알려줄 수 있는 가장 중요한 것』을 보라.

9 다섯 자매 모두 수녀가 되었다. 네 명은 리지외의 카르멜회 수녀원에 들어갔고, 다섯 번째 자매는 인근 캉(Caen)에 있는 성모마리아방문봉쇄수녀회(Visitandine or Salesian)에 입회했다. 2015년에는 그들의 부모인 젤리와 루이 마르탱(Zélie and Louis Martin)이 가톨릭교회의 성인으로 부부가 함께 시성된 유일한 사례로서 영예를 안았다.

10 Tamás Dávid-Barrett et al. (2015); Ellie Pearce, Anna Machin & Robin Dunbar (2021).

11 이는 드클레랑보증후군(de Clérambault's syndrome)을 유발할 수도 있다. 이

는 극단적인 망상형 로맨틱 스토킹으로, 피해자가 스토커를 피하려는 시도마저 스토커를 진심으로 사랑하고 있다는 증거로, 그리고 단지 스토커의 헌신의 강도를 시험하려는 것으로 해석된다. 드클레랑보증후군은 뚜렷한 성별 편향을 보이며, 여성에서 훨씬 더 흔하다.

12 Andreas Bartels & Samir Zeki (2000).

13 더 자세한 내용은 Dunbar (2018) 또는 내 책 『프렌즈: 과학이 우정에 대해 알려줄 수 있는 가장 중요한 것』을 보라.

14 Jacques Launay & Robin Dunbar (2015, 2016).

15 Joanne Powell et al. (2012); James Carney et al. (2014); Nathan Oesch & Robin Dunbar (2017).

16 Joanne Powell et al. (2012).

17 Penny Lewis et al. (2017).

18 Nathan Oesch & Robin Dunbar (2017).

19 Rafael Wlodarski & Ellie Pearce (2016).

20 Ara Norenzayan et al. (2012).

21 심리학자 사이먼 배런-코언(Simon Baron-Cohen)은 자폐증이 본질적으로 극단적인 남성적 뇌 형태라고 주장한다. Baron-Cohen (2003).

22 '표준편차'는 데이터세트의 분포에서 변동 범위를 측정하는 도구이다. 정규 분포의 종형 곡선에서 평균의 양쪽으로 첫 번째 표준편차는 데이터포인트의 68퍼센트를 포함하고, 두 번째 표준편차는 95퍼센트를 포함하며, 세 번째 표준편차는 나머지 데이터의 거의 모두를 포함한다.

23 Andrew Newberg et al. (2001).

24 Nina Azari & Marc Slors (2007).

25 Michael Ferguson et al. (2018).

26 Patrick McNamara (2009).

27 Ibid.

6장 의례와 동기성

1 Robert Bellah (2011).

2 Louisa Lawrie et al. (2019).

3 Chad Burton & Laura King (2004).

4 Miroslaw Wyczesany et al. (2018).

5 1986년에서 2019년 사이에, 간판 화가 루벤 에나헤(Ruben Enaje)는 1986년 3층 높이의 광고판에서 떨어졌음에도 불구하고 살아남은 것에 대한 감사로 33번이나 십자가에 못 박혔다고 한다.

6 채찍에는 일곱 가지 큰 죄악 각각에 해당하는 끈이 하나씩 있다. 이는 주로 가톨릭 수도회에서 행해지지만, 오푸스데이(Opus Dei) 같은 일부 평신도 종교 단체와 영국성공회, 루터교회에서도 볼 수 있다. 리지외의 성 테레즈는 자서전 『한 영혼의 이야기』에서, 어린 수녀 시절 인접한 방에서 수녀들이 취침 전 개인 기도 중에 자신을 채찍질하는 소리를 들었지만 처음에는 무슨 일이 벌어지고 있는지 이해하지 못했다고 한다.

7 목구멍 배음 창법은 독특한 화성을 만들어 마치 동시에 여러 음역대로 노래하는 것처럼 들리게 한다. 이는 몽골의 민요 스타일로 시작되어 남부 시베리아와 티베트 인근 지역으로 퍼져 나간 것으로 생각된다.

8 Wolfgang Jilek (1982).

9 V. J. Walter & William Grey Walter (1949).

10 Andrew Neher (1962).

11 1980년대에 영국과 프랑스 정부는 콩코드에 거액을 투자한 결과로 이러한 오류를 저질렀다는 비난을 받았다. **콩코드**는 상업적으로 운항되는 유일한 초음속 항공기다. 진화생물학에서는 이를 **콩코드** 오류라고 하며, 경제학에서는 매몰비용 오류로 알려져 있다.

12 이 실험은 예배 후 사람들이 누구에게나 더 관대한지(친사회성 가설), 아니면 명백히 자신의 공동체에 속한 것으로 보이는 거지에게만 더 관대한지(공동체 결속 가설)를 확인하려는 것이다. 내가 알기로 이는 아직 검증된 적이 없다. 성찬 접시나 자선함에 기부하는 것으로는 이를 검증할 수 없다. 왜냐하면 이러한 자선의 수혜자는 필연적으로 익명일 수밖에 없기 때문이다. 이는 특정 개인에게 직접 구제금을 주는 방식으로 검증되어야 한다.

13 Brock Bastian et al. (2011).

14 Sarah Charles et al. (2020a); also Dunbar et al. (2012) 참조.

15 Sarah Charles et al. (2021).

16 플라세보는 보통 활성 약리 효과가 없는 설탕 알약이다. 중요한 것은 실험에 참가하는 대상이 자신이 무엇을 복용했는지 몰라야 한다는 것이다. 그렇지 않으면 그들의 행동에 편향이 생길 수 있다.

17 Redrawn from Charles et al. (2020b).
18 Ibid.
19 Michael Price & Jacques Launay (2018).
20 Tamás Dávid-Barrett et al. (2015); Robin Dunbar (2021).
21 Emma Cohen et al. (2010).
22 Bronwyn Tarr et al. (2015, 2016).
23 Martin Lang et al. (2017).
24 Joshua Jackson et al. (2018).
25 Jorina von Zimmermann & Daniel Richardson (2016).
26 Paul Reddish, Ronald Fischer & Joseph Bulbulia (2013).
27 Ronald Fischer et al. (2013).
28 브라질 무술의 한 형태로 춤, 곡예 및 음악이 포함된다.
29 Nicholas Bannan, Joshua Bamford & Robin Dunbar (2021).

7장 선사시대 종교

1 불행하게도, 화석종이 현대 인간과 더 비슷해 보이도록 하려는 시도에서 나오는 이런 종류의 과장된 주장은 드물지 않다. 실제로, 원숭이와 침팬지도 장애를 지닌 상태로(예를 들어, 손이나 팔다리가 없는 경우) 야생에서 동료 집단 구성원의 이타주의 없이 생존해 왔다. 장애를 지닌 동물들은 동료들에게 배척당하지는 않지만, 사회적 그루밍의 교환에는 덜 참여하게 되고 사회적으로 다소 주변적인 위치에 머문다. 그럼에도 불구하고 그들은 자신이 처한 조건의 제약에 적응해 충분히 잘 생존한다. S. E. Turner et al. (2014) 참조.
2 David Lewis-Williams (2002).
3 E. Guerra-Doce (2015).
4 Patrick McGovern (2019).
5 Oliver Dietrich et al. (2012); Oliver Dietrich & Laura Dietrich (2019).
6 Neil Rusch (2020).
7 이미 18세기 말에 산스크리트어(북인도에서 유래한 힌디어와 벵골어 포함)가 고대 그리스어와 라틴어, 그리고 대다수 유럽 언어와 많은 단어를 공유하고 있음이 밝혀졌다. 이는 인도-유럽어족을 형성하는데, 142개 주요 어족 중 하나다(이 중 약 14개 어족만이 큰 규모를 가짐). 역사언어학자들은 지난 두 세기

동안 공통 단어를 공유하는 언어들을 그룹화하여 세계 약 7000개 언어들 사이의 계통적 하강 패턴을 밝혀 왔다. 이를 통해 얻게 된 계통수로 두 언어가 얼마나 밀접하게 관련되어 있는지를 알 수 있고, 따라서 공통 조상으로부터 특정 형질을 문화유산을 통해 물려받았을 가능성도 파악할 수 있게 되었다.

8 Hervey Peoples & Frank Marlowe (2012); Hervey Peoples et al. (2016).

9 Marie Devaine et al. (2017).

10 James Carney, Rafael Wlodarski & Robin Dunbar (2014).

11 Nathan Oesch & Robin Dunbar (2017).

12 우리는 대형 유인원이 2차 지향성을 성취할 수 있고(비록 간신히 성취하지만), 원숭이는 이러한 과제에서 실패하는 반면, 현생인류는 5차 지향성을 성취할 수 있음을 알고 있다. 이러한 값들은 분포의 기준점을 나타낸다. 우리가 결정해야 할 유일한 문제는 이러한 값들을 연결하는 패턴이다. 지향성은 영장류 전반에 걸쳐, 그리고 인간에서도 전두엽의 부피와 직접 연결되므로, 각 종에 대한 지향적 능력을 뇌 크기(두개골 용적으로 나타냄)를 기준으로 추정하는 것이 최선의 방법이다. 나는 두개골 용적 추정치가 있는 각 화석에 대해, 먼저 뇌의 부피를 추정한 다음에 영장류 전체에 이 변수들을 관계 짓는 방정식을 사용해 전두엽의 부피를 추정했다. 마지막으로, 영장류의 전두엽 부피와 정신화 능력(달성 가능한 지향성 수준)을 관계 짓는 방정식을 사용하여 성취 가능한 지향성의 차수를 추정했다. 나는 이러한 값들을 기반으로 각 종의 평균값을 계산했다. 네안데르탈인의 값은 관찰된 뇌 크기에 기초하되, 비정상적으로 큰 시각 시스템을 감안하여 하향 조정되었다(Pearce et al. 2013, 2014; Pearce & Bridge 2013 참조). 원숭이(마카크원숭이, macaques)와 대형 유인원(오랑우탄, 고릴라, 침팬지)의 값은 Devaine et al. (2017)과 더불어, Dunbar (2009, 2014a, b)에 인용된 자료에 기반을 둔다.

13 Dunbar (2014a), 그림 7.4에 기초함.

14 이 지점에서, 일부 학자들은 **상대적** 뇌 부피(뇌 부피를 체중으로 나눈 것)가 문제라고 주장할 수 있으며, 실제로 많은 비교 분석에서는 이러한 이유로 체질량을 계산에 자동적으로 포함시킬 것이다. 그러나 신경학적 관점에서 이는 완전히 터무니없다. 인지능력은 항상 절대적 뇌(또는 뇌 영역) 부피와 관련이 있지, 상대적 뇌 부피와는 관련이 없다. 어쨌든 **호모날레디**의 뇌와 체격은 오스트랄로피테신과 같기 때문에 상대적 뇌 크기가 현생인류와 같은 비율을 가질 가능성은 거의 없다. 중앙아프리카의 피그미족이 명백한 사례다. 만약 신체 크기

가 문제라면 그들은 아프리카의 다른 사람들보다 훨씬 작은 뇌를 가져야 하지만 그렇지 않다. 그들은 단지 몸집이 작을 뿐이다. 역으로, 피그미족이 다른 대부분 인간들보다 신체에 비해 더 큰 뇌를 가지고 있다는 사실이 그들이 특별히 똑똑하다는 것을 의미하는 것도 아니다. 절대적 뇌 크기가 모든 것을 결정한다.

15 다른 예로는 약 6만 년 전까지(현생인류가 오스트레일리아에 도착한 시기다!) 중국 지역에 생존한 **호모에렉투스**와, 인도네시아의 작은 섬 플로레스(Flores)에서 약 6만 년 전까지 생존했던 **호모플로리엔시스**[*Homo floriensis*, '호빗(Hobbit)'으로도 알려져 있음]가 있다.

8장 신석기 위기

1 Sam Bowles (2011).
2 Allen Johnson & Timothy Earle (2001).
3 Quentin Atkinson, Russell Gray & Alexei Drummond (2009).
4 Margaret Nelson & Gregson Schachner (2002).
5 Matthew Liebmann, T. Ferguson & Robert Preucel (2005).
6 Scott MacEachern (2011); James Wade (2019).
7 P. Willey (2016).
8 Wahl & Trautmann (2012); Meyer et al. (2015); Alt et al. (2020).
9 Carlos Fausto (2012).
10 Zerjal, T. (2003). 역사 기록에 따르면 몽골족은 주요 도시를 점령할 때마다 모든 남성을 죽이고 여성들을 하렘으로 데려가는 단순한 전략을 사용했다고 한다. 놀랍게도 그들이 정복했던 인구 집단에서 8세기가 지난 후에도 이 유전적 흔적을 여전히 볼 수 있다.
11 Mark Thomas et al. (2006). 미토콘드리아는 모든 세포에 에너지를 제공한다. 미토콘드리아 유전자는 어머니로부터만 유전되므로, Y-염색체가 아버지로부터만 유전되어 남성 계보를 단절 없이 식별하는 것과 마찬가지로 여성 계보를 단절 없이 식별한다.
12 앵글로색슨족은 원주민을 '**웨알라스**(*Wēalas*, 외국인 또는 노예라는 의미)'라고 불렀으며, 이는 현대 명칭인 '웨일스'로 남아 있다. 이는 앵글로색슨족의 약탈 때 섬 서쪽의 산지에서 살아남았던 사람들의 후손을 가리킨다.

13 아이슬란드 가족 사가(sagas)에서 흔히 언급된다.

14 역설적이게도, 이는 단지 아일랜드인에 의한 노예화를 방지하려는 시도에 불과했다. 교회 자체가 노예를 보유하는 것을 금지하지는 않았다. 아일랜드는 로마시대 이전부터 12세기 말까지 노예제를 시행했으며, 패배한 아일랜드 적군과 영국 본토 노예사냥에서 잡은 포로들을 노예로 삼는 것이 주된 요소였다. 9세기부터 12세기 사이에 더블린은 영국 노예들을 러시아를 통해 근동의 아랍 및 터키 제국으로 보내는 바이킹 노예무역의 주요 항구로 기능했다.

15 Elizabeth Marshall Thomas (2007).

16 Robin Dunbar & Susanne Shultz (2021).

17 Polly Wiessner (2005).

18 Bruce Knauft (1987).

19 회귀 방정식의 통계: $r^2 = 0.857$, $N = 9$, $p = 0.003$. 출처: Sam Bowles (2011); Robin Dunbar (2021).

20 Richard Wrangham et al. (2006).

21 Napoleon Chagnon & Paul Bugos (1979).

22 Martin Daly & Margo Wilson (1983).

23 Robin Dunbar (2021).

24 Matthew Bandy (2004).

25 Dominic Johnson (2005).

26 Harvey Whitehouse et al. (2021).

27 Joseph Watts et al. (2015).

28 Nicholas Baumard et al. (2015).

29 유명한 19세기 2행시에서 서아프리카를 언급하는 말:
조심하세요, 베냉만(Bight of Benin)을 조심하세요
많은 이들이 들어가지만 나오는 이는 거의 없답니다

30 Corrie Fincher & Randy Thornhill (2008, 2012); Fincher et al. (2008).

31 Corrie Fincher & Randy Thornhill (2008) 참조.

32 Corrie Fincher et al. (2008) 참조.

33 Daniel Nettle (1998) 참조.

34 Growing season from Håkonson & Boulion (2001); disease prevalence from Bonds et al. (2012).

35 Steven Neuberg et al. (2014).

9장 컬트, 섹트, 카리스마

1 Jonathan Sumption (2011).

2 이러한 견해들은 대부분 7세기 아르메니아의 파울리시안(Paulicians of Armenia, 3세기 안티오크의 주교의 이름을 따서 명명)에서 유래한 것으로 보인다. 그들은 삼위일체, 구약성서, 십자가, 주류 교회에서 시행되는 성례전, 교회의 전체 위계 및 성모마리아 숭배 등을 거부했을 것으로 보인다. 이들은 4세기부터 10세기 사이에 지중해 지역에서 활동했던 페르시아 마니교의 영향을 받았을 가능성이 크다(마니교는 페르시아 조로아스터교에서 큰 영향을 받았다). 또한 더 동쪽에서 유입된 자이나교와 불교의 견해로부터 영향을 받았을 수도 있다.

3 여기서 내가 사용하는 용어를 해명해야 할 것 같다. 나는 '컬트(cult)'라는 용어를 사용하는데, 최근 수십 년 동안 이 용어가 '신종교 운동(new religious movements)'을 연구하는 사람들로부터 비난의 대상이 되고 있음을 알고 있다. 이는 주로 '컬트'라는 단어가 경멸의 함의를 갖게 되었기 때문이다. 그들이 선호하는 용어는 '신종교 운동'이다. 대다수 신조어와 마찬가지로, 이 용어는 불필요하게 번거로우며, 내가 중요하게 생각하는 '컬트'와 '섹트'의 구분을 만들어 내지도 못한다. '컬트'는 카리스마적 리더 한 명을 중심으로 형성된 소규모 공동체를 의미하며, '섹트'는 컬트가 충분히 성장하여 여러 공동체를 가지게 되고, 충성의 대상을 개인에서 교리로 옮기게 된 경우를 말한다. 이 구분은 대체로 인구통계학적이다. 종교학, 인류학, 고고학 등에서는 '컬트'를 흔히 '의례 복합체'로 정의하는데, 이는 최소주의적 정의라 할 수 있다. 나는 이 용어를 덜 제한적인 의미로 사용하고자 한다.

4 다행히도 파나세아 소사이어티의 역사는 Jane Shaw (2011)과 Alastair Lockhart (2015)를 포함한 여러 신종교 운동 연구자들에 의해 매우 철저히 연구되었다.

5 5세부터 85세까지 거의 모든 개인의 사회적 네트워크는 강한 성별 편향을 보인다. 여성의 사회적 네트워크의 70퍼센트는 여성으로 구성되어 있고, 남성의 사회적 네트워크의 70퍼센트는 남성으로 구성되어 있다(Dunbar 2018, 2021).

6 대조적인 사례들이 있다. 문선명 목사의 통일교는 적극적인 포교 활동을 바탕으로 성공했다. 프란체스코회의 성장은 창립자가 자신의 생애 동안 성인으로

서 그리고 기적을 행하는 자로서 대중적인 지위를 얻었기 때문이다.

7 그는 결국 퓌(Puy)의 주교 아우렐리우스(Aurelius)의 명령으로 잔인하게 살해당했다(Norman Cohn, 1970).

8 불행하게도 그날 성모마리아는 다른 일로 바빴던 것 같다. 대신 성모마리아의 조각상을 보내는 친절을 베풀었다.

9 Christopher Partridge (2009).

10 Tamás Dávid-Barrett & Robin Dunbar (2014).

11 그는 감옥에서 자연사했다.

12 그는 감옥에 수감된 후, 면회를 온 그 컬트의 여성들과 자녀를 네 명 낳았다.

13 정신과의사들은 기이한 믿음이 너무나 강렬해서 반대 증거가 제시되더라도 마음을 바꿀 수 없는 경우를 '망상적 사고'로 정의한다. 예를 들어, 그 사람이 실제로 죽었다고 믿거나, 일부 장기가 흉터도 없이 교체되었다고 믿는 경우, 또는 신이나 외계인(보통 자신에게 지시를 내리는 존재)에 의해 통제된다고 믿거나, 사랑하는 사람이 자신을 깊이 사랑한다고 믿는 경우(사실은 그렇지 않거나, 심지어 그 사람을 만나 본 적도 없는 경우), 다른 사람들이 자신을 해치거나 죽이려고 음모를 꾸미고 있다고 믿거나, 극도의 과대망상을 가지고 있는 경우가 이에 해당한다.

14 Emmanuelle Peters et al. (1999).

15 Patrick McNamara (2009).

16 Robin Dunbar (1991).

17 Vassilis Saroglou (2002).

18 Guinevere Turner (2019).

19 Amanda Lucia (2018).

20 Tulasi Srinivas (2010).

21 Juulia Suvilehto et al. (2015, 2019).

22 Robert Sternberg (1986).

23 Arthur Aron et al. (1992).

24 Juulia Suvilehto et al. (2015); Robin Dunbar (2018).

25 이슬람에서는 여성보다 남성이 종교 행사에 참석하는 비율이 현저히 높지만, 그럼에도 불구하고 일상생활에서 이슬람이 중요하다고 생각하는 여성의 수가 남성보다 약간 더 많은 것으로 보고된다. 이는 이슬람에서 남성의 예배는 매우 공개적인 반면, 여성은 종종 커튼이나 스크린 뒤에 숨겨져 있기 때문일 수 있

다. 남성은 기도하는 모습을 **보임**으로써 모스크의 공동체에 가입한다. 이는 일종의 클럽이다. 반면, 여성의 종교성은 우정과 마찬가지로 더 개인화된 것일 수 있다.

26 그는 예식 중에 예배당 제단에서 한 여성과 공개적으로 성관계를 가질 정도로 이 입장을 끌고 갔는데, 이로 인해 여러 구성원이 공동체를 떠났다고 한다.

27 이 컬트의 전 신도인 '광인 수도사' 라스푸틴(Grigorii Rasputin)은 치유 능력과 여성들, 특히 로마노프(Romanov) 궁정의 여성들에 대한 영향력으로 명성을 얻었다. 성적 관계에 대한 소문도 있었다.

28 그는 자기통제력으로 사정을 방지하는 남성 피임법을 옹호했음에도 불구하고, 58세 이후 최소한 여덟 자녀를 두었다.

29 Tamás Dávid-Barrett et al. (2015); Robin Dunbar (2012, 2021).

30 나는 이전에 개인의 사회적 네트워크 70퍼센트가 성별 편향을 보인다는 것을 언급한 바 있다. Robin Dunbar (2021) 참조.

10장 분열과 분파

1 Robert Kisala (2009).

2 이 논쟁은 북아프리카, 중동 및 에티오피아의 콥트교회의 출현으로 이어졌다. 이 교회들은 그리스도가 오직 신성한 본성만을 가졌다는 견해(단성론)를 채택했다. 나머지 기독교 세계는(결국 로마가톨릭과 동방정교회가 됨) 니케아공의회의 원래 교리를 고수했는데, 이것이 칼케돈공의회에서 지지되었다. 이 교리에 따르면 그리스도는 신성과 인성, 두 가지 별개의 본성을 한 인격 안에서 결합하고 있다(양성론). 이 구별은 오늘날까지도 계속 이어지고 있다. 사소해 보이는 이 구별은 다음 1000년 동안 신학 논쟁을 지배하는 주제가 되었다.

3 셰이커교(Shakers)는 공식적으로 '그리스도의재림신자연합회(United Society of Believers in Christ's Second Coming)'로 알려져 있었다. 이는 1750년대 잉글랜드의 머더 제인 워들리(Mother Jane Wardley)에 의해 퀘이커교(Quakers)에서 분리되어 설립된 단체다. 현재 우리가 알고 있는 셰이커교는 1774년 초기 개종자인 머더 앤 리(Mother Ann Lee)가 소수의 추종자들과 함께 미국으로 이주하면서 설립한 것이다. '셰이커'라는 명칭은 이러한 초기 수십 년 동안 그들이 경험한 엑스터시에서 유래했다. 즉, 19세기 후반 그들의 예식에서 중심적인 부분을 이루었던 느리고 최면적인 춤 동작에서 비롯된 명칭은 아니다.

4 "그 아이를 첫 7년 동안 나에게 맡겨라. 그러면 나는 너에게 사람을[즉, 평생 가톨릭신자를] 주겠다." 이 말은 성 이그나티우스 로욜라에게 귀속되지만, 본래 아리스토텔레스가 한 말이다(종교적인 함의는 없음).

5 Luca Cavalli-Sforza & Marcus Feldman (1981). 유전학에서 상속률(heritability)은 개체군 내에서 유전자와 환경효과가 한 형질의 변이에 기여하는 상대적 비율을 나타내는 전문용어다. 이것은 형질을 결정하는 것이 **아니**라 형질에서 관찰되는 **변이성**(variability)을 결정한다.

6 에살렌연구소의 명칭은 에셀렌(Esselen)에서 유래했는데, 이는 역사적으로 그 지역에 살던 작은 아메리카 원주민 부족의 이름이다. 설립 초기에 프라이스는 연구소의 운영과 목표 및 프로그램 개발을 주로 담당했다. 그가 1985년 하이킹 사고로 사망하면서 위기에 처했으나, 이사회는 더 공식적인 행정 구조와 더 일관된 사업계획을 도입하는 변화를 이끌어 내어 연구소를 구하고 지속 가능한 조직으로 유지할 수 있었다. 그러나 이제는 초기 성공의 비밀이었던 원래의 비공식적 사회 변방 코뮌이 아니라 비즈니스로 운영된다.

7 아쉬람은 카리스마적 스승을 중심으로 한 비공식적인 힌두 수도원이다.

8 대면 그룹에서 참가자들은 역할극과 쌍방적 대면의 내적 성찰(introspection)의 조합을 통해 자신에 대해 배우도록 도전을 받았다. 거기서 각 사람은 상대방의 생각과 행위에 대한 자신의 감정적 반응을 표현했다. 이 방법은 1960년대와 1970년대에 군사 및 산업 분야에서 팀빌딩(team-building)의 초기 형태로 활용되면서 엄청나게 유행했다. 그러나 이 방법은 사람들로 하여금 내면의 악마와 지나치게 가까이 마주하도록 강요할 때 교란 효과가 생길 수 있었기 때문에 반문화 맥락에서 다소 악명을 떨쳤다.

9 주목할 만한 인물로는 영국 작가 올더스 헉슬리, 로라 헉슬리(Laura Huxley), 제리 허드(Gerry Heard) 및 인류학자 그레고리 베이트슨(Gregory Bateson) 등이 있었는데, 모두가 당시 캘리포니아에 살고 있었다. 형성에 영향을 미친 다른 인물로는 인본주의 심리학자 에이브러햄 매슬로(Abraham Maslow)와 독일 정신과의사 프리츠 펄스(Fritz Perls, 수년간 연구소에 상주하면서 게슈탈트심리요법을 가르침)가 있다.

10 Andrew Smith (1992).

11 이는 '겸상적혈구(sickle cell)'와 '지중해빈혈 유전자(thalassaemia genes)'(각각 서아프리카와 동부 지중해에서 말라리아 저항성 제공), 백인 개체군(Caucasoid populations)에서 나타나는 창백한 피부색과 유당 내성(lactose

tolerance, 비타민D 합성 및 칼슘 흡수를 향상시킴), 고위도 개체군에서 나타나는 더 큰 안구와 시각 시스템(낮은 주변 조명 조건하에서 시력을 유지하게 함) 등이 포함된다. 나의 책 『진화: 누구나 알아야 하는 것』에서 더 길게 논의한다.

12 잘 알려진 최근 사례로는 본 윌리엄스(Vaughan Williams, 영국성공회를 위해 성스러운 음악을 많이 만든 저명한 작곡자로서, 자신을 '즐거운 불가지론자'라고 묘사함), 베를리오즈[Hector Berlioz, 〈그리스도의 어린 시절(L'enfance du Christ)〉], 브람스[Johannes Brahms, 〈독일 레퀴엠(Ein Deutsches Requiem)〉], 베르디[Giuseppe Verdi, 〈레퀴엠(Requiem)〉], 림스키코르사코프[Nikolai Rimsky-Korsakov, '로마노프 황실 궁정 채플 합창단(Romanov Imperial Court Chapel Choir)'을 위해 많은 음악을 작곡함] 등이 있다.

감사의 말

이 책은 종교의 기원과 진화에 대해, 그리고 종교가 공동체 결속에서 어떤 역할을 하는지에 대해 오랫동안 관심을 갖고 연구한 결과다. 이 주제를 자세히 탐구할 기회는 2015년에 찾아왔다. 템플턴종교신탁(Templeton Religion Trust)으로부터 3개년 연구 프로젝트(종교와 사회적 뇌)의 펀드를 받게 된 것이다. 이 펀드를 받아 수행한 연구들은 주로 종교의 본질과 진화에 관한 특정 가설을 검증하려는 것이었고, 그 연구들이 이 책의 기초를 형성한다. 하지만 이 책은 나의 연구 팀이 영장류와 인간의 사회성 및 공동체 결속 메커니즘에 관해 거의 20년 동안 수행한 연구에도 토대를 둔다. 이 이야기를 뒷받침하는 많은 아이디어들은 영국학술원[루시투랭귀지 프로젝트(The Lucy to Language project)]과 유럽연구위원회[렐넷 프로젝트(The

RELNET project)]가 자금을 지원한 초기 프로젝트에서 개발되었는데, 또한 여기에는 다수의 협력자, 박사후연구원, 대학원생 들이 참여했다. 이 모든 분들께 감사한다.

템플턴프로젝트는 옥스퍼드대학교, 케임브리지대학교, 코번트리대학교, 링컨대학교, 그리고 국제과학과종교학회(International Society for Science and Religion)의 공동연구였다. 이 프로젝트의 구성원에는 나 외에도 로저 브레서턴(Roger Bretherton), 세라 찰스(Sarah Charles), 미겔 파리아스(Miguel Farias), 앨러스테어 로커트(Alastair Lockhart), 발레리 판 뮬루콤(Valerie van Mulukom), 엘리 피어스(Ellie Pearce), 마이클 라이스(Michael Reiss), 리언 터너(Leon Turner), 베스 워먼(Beth Warman), 프레이저 와츠(Fraser Watts), 조지프 와츠(Joseph Watts) 등이 포함된다. 프로젝트의 연구 조교는 엘리스 해머슬래그(Elise Hammerslag)와 캐시 스프룰스(Cassie Sprules)였다. 외부 협력자로는 사이먼 디엔(Simon Dien, 런던대학교)과 리처드 소시스(Rich Sosis, 코네티컷대학교)가 참여했다. 프로젝트 자문위원들인 아민 기어츠(Armin Geertz, 오르후스대학교), 짐 존스(Jim Jones, 럿거스대학교), 그리고 에마 코언(Emma Cohen, 옥스퍼드대학교)의 지혜에도 큰 도움을 받았다. 물론 이들 중 어느 누구도 이 책의 견해에 책임이 없다. 그러나 그들은 이 책의 중심 메시지를 구성하는 아이디어가 발전하는 데 개인적으로 그리고 집단적으로 매우 값진 기여를 했다.

프레이저 와츠, 리언 터너, 리처드 소시스는 책의 초안 전체를 친절하게 읽어 주었다. 그분들의 논평에 감사한다. 로저 브레서턴은 4장을, 미겔 파리아스와 세라 찰스는 6장과 9장을, 그리고 앨러스테어 로커트는 9장을 읽어 주었다. 그림 7과 그림 8은 애런 던바(Arran Dunbar)가 그려 주었다.

옮긴이의 말

종교, 왜 사라지지 않을까?
진화적 관점에서 본 종교의 보편성과 다양성

종교는 어떻게 진화했을까? 그리고 왜 쉽게 사라지지 않을까? 이 질문이 특정 종교 전통의 출현, 역사적 전개, 그리고 현재의 상황을 묻는 것이라면 꽤 괜찮은 답변을 기대할 수 있다. 그러나 종교적인 생각, 행동, 경험의 기원과 그 문화적 성패의 원인을 묻고 있다면 아직 가야 할 길이 멀다. 그리고 나아가 이 두 가지 다른 문제의식이 서로 어떻게 연결될 수 있는지를 묻는다면 분명히 한층 더 많은 탐구가 필요하다. 바로 이 책 『신을 찾는 뇌: 종교는 어떻게 진화했는가』가 이 모든 물음의 출발점에 좋은 단서를 제공할 것이다.

종교의 진화를 다룬 책을 접할 때, 일부 독자들은 진화생물학자 리처드 도킨스나 철학자이자 인지과학자인 대니얼 데닛 같은 학자의 이야기를 먼저 떠올릴지도 모른다. 도킨스는 종교에 대해 매우 비판적인 입장을 취한다. 종교는 생물학적 복제자인 유전자(gene)와 유사한 문화복제자 밈(meme)으로서, 개인과 사회에 해를 끼치는 인간의 망상이므로 '박멸'해야 할 대상이라는 것이다. 데닛 역시 종교에 비판적인 입장이지만 동시에 종교의 기원과 역사적 전개가 과학적 탐구의 대상이 될 수 있다고 보았다. 이런 이야기들은 과학기술의 시대에 종교가 이미 설득력을 잃고 있다고 보거나, 적어도 영향력이 줄어들어야 마땅하다고 전제하고 있는 듯하다.

이들의 논의는 일부 현대 과학자들과 철학자들이 종교를 어떻게 보고 있는지를 짐작하게 해 준다. 그러나 이런 이야기들은 인류의 삶에 종교가 어떻게 나타났고 왜 여전히 많은 사람들에게 큰 영향력을 미치고 있는지를 충분히 설명해 주지 못한다. 이는 동시대를 살아가는 일부 과학자들과 철학자들 그리고 나아가 정치가들이 여전히 종종 종교적으로 생각하고 행동한다는 사실을, 그리고 그들 중 일부는 심지어 독실한 종교인이기도 하다는 명백한 사실을 너무나 가볍고 하찮은 일로 여기게 만든다.

종교, 너무나 인간적이어서 특별한 현상

사실 우리에게 종교는 너무나 익숙하고 흔한 현상이다. 어디를 가든 우리는 다양한 신자들을 만날 수 있다. 특정 종교 단체에 속하지 않은 사람이라도 누구나 가끔씩 '종교적인' 사고와 실천을 하게 된다. 사랑하는 사람의 출생, 위기, 사망 앞에서, 중대한 결정과 선택을 해야 하는 불확실한 상황에서, 가슴이 두근거리는 드라마나 예술 작품을 접할 때, 그리고 심지어 반복되는 일상 속에서, 우리는 이름도 가지지 못한 일종의 '종교'를 경험한다. 공식적으로는 이런 사실에 큰 무게를 두지 않고 살고 있을 뿐이다. 그러나 만약 외계의 지적 생명체나 지구상의 다른 생명체가 현생인류의 삶을 꼼꼼히 관찰할 수 있다면 어떨까? 곧 흥분을 감추지 못하고 다음과 같이 말할지도 모른다. "종교라는 것은 아주 특별하군요. 인간의 언어, 이야기, 미술, 음악, 춤, 스포츠, 사회제도가 특별한 만큼!"

외계인이나 문어가 될 수 없는 입장이라면, 익숙한 자리에서 한 발자국 이동해 보는 것도 좋다. 인식의 거리와 각도를 조정해 최대한 외부 관찰자의 관점을 취해 보자. 우리가 종교 혹은 종교적이라고 여기는 것들이 현생인류 대부분의 개체군에서 매우 널리, 그리고 다양한 형태로 나타나고 있음을 알게 될 것이다. 그렇다면 종교는 신성해서가 아니라 너무나도 인간적이라서 특별한 현상일지도 모른다.

물론 종교에서 말하는 초월적 세계나 초인간적 존재, 또는 특수한 인과율이나 인식론, 심오한 관계나 체험 등은 종종 믿기 힘들 만큼 놀랍고 신비스럽게 들린다. 그러나 종교에 관한 설명과 이해마저 놀랍고 신비로울 필요가 있을까? 우리 인간은 세계의 미스터리를 이해 가능한 문제들로 다듬어 내고 하나씩 조곤조곤 풀어 가는 데 유용한 일반지식의 체계를 꾸준히 발전시켜 왔다. 자연과학, 공학, 사회과학, 인문학 등 여러 학문 분야는 대단한 성과를 거두고 있다. 최근에 활발히 발전하고 있는 진화과학, 인지과학, 뇌과학도 많은 궁금증을 해소하는 데 도움이 된다.

종교에 대한 관심과 궁금증은 사람마다 다양할 것이다. 종교의 도움을 받아 인생의 문제를 진단하고 해결하려는 사람도 있고, 어떻게 하면 종교의 영향력으로부터 자유로울 수 있을지를 고민하는 사람도 있다. 각 종교의 실천, 사상, 역사가 궁금한 사람도 있고, 모호하게 느껴지는 종교적 표현이나 기호의 의미를 알아내고 싶은 사람도 있다. 또 다른 한편으로, 종교적인 생각, 행동, 경험이 왜 그리고 어떻게 출현해 지금처럼 널리, 다양한 모습으로 분포하게 되었는지를 궁금해하는 사람도 있다. 근본적으로, 왜 어느 사회에나 종교에 마음을 빼앗기는 사람들이 있게 되는지, 그리고 지금처럼 실증적 지식과 과학기술이 발전한 시대에 왜 여전히 '주술'이나 '미신'에 의지하거나 자기들만의 종교적 신념과 실천을 내세우며 불합리한 영향력을 행사하려는 자들이 사회에 만연한지에 관하여 알고 싶은 사람도 분명히 적지 않을 것이다.

종교를 이해하는 새로운 관점:
교리종교에서 샤머니즘까지

로빈 던바의 『신을 찾는 뇌』는 종교에 관심이 있는 모든 사람들에게 도움이 되는 책이다. 그리고 특히 위 문단 후반부에 언급한 궁금증을 해소하는 데 매우 유용한 내용이 풍부하다. 책의 내용은 크게 두 가지 질문으로 수렴한다. "사람들은 왜 이토록 종교적 성향이 강한 것일까?" 그리고 "세상에는 왜 이렇게 다양한 종교들이 존재하는 것일까?" 두 물음에 대한 답을 찾기 위해 저자는 진화심리학, 사회심리학, 진화인류학, 뇌인지과학, 신경생물학, 신경심리학, 인지종교학, 종교사학, 종교사회학, 종교심리학 등의 다채로운 연구 성과들을 활용하면서 학문 분야 간의 경계를 넘나든다. 가장 특징적인 점은 각 분야에서 제시해 온 기존의 설명과 해석을 그대로 수용하는 데 안주하지 않는다는 것이다. 저자는 오히려 기존의 연구들이 간과한 문제들을 추려 내고 거기서 더 나은 해답의 실마리를 찾아보자고 제안한다.

이 책은 인간 종교성의 진화에 대한 연구를 문화적 다양성의 수준까지 확장하고자 할 때 반드시 주목해야 하는 중요한 내용을 많이 담고 있다. 종교는 호모사피엔스에게 매우 보편적이지만 생태환경에 따라 다양한 형태들이 상이한 분포를 갖고 나타나는 매우 흥미로운 현상이다. 종교의 출현과 분포에는 인류 조상의 생존과 번식에 직접적 또는 간접적으로 결부되었던 여러 형질들이 관여해 왔을 것이다. 그 형질들은 현생인류의 독특한 사회성, 집단 구성력, 예술적 감수성, 문화적 활동과도 밀접한 상관성을 지닌다. 그리고 이는 서로 다른 조건에서 여러 가지 종교 형태의 문화적 성패에 큰 영향을 미쳤을 것이 분명하다. 즉, 종교의 기원과 기능은 한 가지 논리로 간단히 설명될 수 없다. 분명한 것은 각 종교 집단 내에서 제시하는 교리적 해설만으로는 인류의 종교성을 이해할 수 없다는 사실이다. 종교는 뇌 그리고 신체를 지닌 인간이라는 동물의 다양한 경험과 사회적 활동에 뿌리를 두고 있는 현상이다.

저자의 논지에 완전히 동의할 수 없는 독자라도 이 책을 읽을 때 염두에 두었으면 하는 점이 있다. 인류 조상의 진화적 적응 환경, 종교가 특수한 문화적 형태를 갖게 되는 조건, 그리고 우리가 지금 살고 있는 현대 세계에서 종교 집단이 사회의 다른 영역들과 상호작용하는 방식 등은 충분히 탐구해 볼 만한 문제라는 것이다. 그리고 이러한 요인들은 특정 종교 내부의 논리보다는 지적 생태계 속에서 좌충우돌하며 진전을 이루고 있는 일반지식의 체계를 통해 더 잘 해명될 수 있다.

사람들은 다양한 활동을 한다. 환경에 따라 유연하게 대처하는 능력도 뛰어나다. 그런데 그 다양성과 유연성이 무한히 발산하지는 않는다. 여러가지 **'제약**(constraints)**'**이 작용하기 때문이다. 이때 '제약'이란 무언가를 **가능하게** 함과 동시에 **제한**

하는 조건을 가리킨다.

글쓰기를 예로 들어 보자. 나는 괜찮은 아이디어가 반짝 떠오르면 종이에 연필로 메모한다. 그리고 복잡한 생각을 다듬어 긴 글을 쓸 때에는 주로 컴퓨터 자판을 두드린다. 이는 지구상의 다른 동물들에게서 보기 힘든 모습이다. 구석기시대의 인류 조상들은 상상도 못 한 일이고, 엄밀히 말해 지금도 현생인류의 일부만이 갖고 있는 재능이다. 여기에는 분명 사회, 경제, 역사, 문화 수준의 제약이 작용한다. 그러나 더 근본적이지만 간과하기 쉬운 생물학적 제약도 작용한다. 생각해 보면 나는 항상 지문이 있는 쪽으로만 연필을 쥐거나 자판을 누른다. 이 모두가 조상들에게 물려받은 뼈, 관절, 힘줄, 근육, 신경, 뇌가 제약하는 활동이다.

지금 우리가 '종교' 혹은 '종교적'이라고 부르는 행동, 사고, 경험의 양상, 그리고 나아가 종교 집단과 조직의 양상도 매우 다양하고 유연하다. 그리고 분명 여기에도 여러 가지 제약이 작용한다. 사회, 경제, 역사, 문화 수준의 제약도 당연히 중요하지만, 신체와 뇌의 기능과 작동 방식에 관련된 생물학적 수준의 제약도 배제할 수 없다. 이 책은 종교가 출현하고 전개되는 데 어떤 제약들이 작용해 왔는지 체계적으로 탐구하는 데 도움이 되는 단서를 풍부하게 제공한다.

예를 들면, 던바는 강력한 정서와 결부된 신경생리학적 제약이 고대 종교와 현대 종교에 두루 영향을 미치고 있을 가능성을 열어 두고 '신비주의적 입장'의 보편성에 관해 논의한다. 또, 저자는 사회성에 작용하는 여러 제약들을 설명할 때 개체의 이익과 집단의 이익 사이의 균형이라는 문제를 놓치지 말아야 한다는 점을 환기시킨다. 이른바 '던바의 수'와 '사회적 뇌' 가설로 잘 알려져 있는 영장류 사회성의 신경심리학적 제약은 종교 집단의 규모를 탐구하는 데에도 참조할 수 있다. 마음 이론과 지향성 수준의 진화심리학적 제약 및 동기화된 의례적 행동의 신경생리학적 제약은 종교가 집단 수준에서 잘 관찰되는 이유를 설명하는 데 도움이 된다. 이러한 저자의 노력은 선사시대의 증거로부터 현대의 종교 집단까지 아우르는 포괄적인 작업으로 이어진다. 이를 통해 독자들은 인류 조상 시대의 이름 없는 종교만이 아니라, '샤머니즘'이나 '무속'을 포함하는 현대의 비주류 종교현상, 다양한 형태의 교리종교, 그리고 그 역동적인 분열 과정까지 느슨하게 이어 내는 새로운 관점의 가능성을 접하게 된다.

통합과학적 관점으로 종교 읽기

나는 한국에서 종교학 박사학위를 취득하고 인지종교학과 진화인류학을 탐구하고 강의하고 있다. 질문하기를 주저하지 않는 훌륭한 학생들 덕분에 문화의 보편성과 특수성에 대한 체계적인 설명이 무척 중요한 과제라는 것을 반복적으로 깨닫게 된다. 이 과제는 사실 종교는 물론 인간과 문화를 폭넓게 탐구하고자 하는 모든 사람들에게 매우 도전적인 이슈다. 특히 인지종교학과 진화인류학의 만남은 이 과제에 체계적으로 접근하는 좋은 경로를 제공해 준다. 내가 보기에 이 경로의 가장 멋진 부분은 서로 닮았지만 다른 것들, 즉 '변이'에 대한 진정한 존중을 바탕으로 개체군 속의 일반성과 다양성에 접근한다는 데 있다. 그 접근의 대상이 '종교'라는 골치 아픈 수수께끼라 할지라도.

하지만 실제로 종교를 통합과학적으로 연구하는 것은 쉽지 않은 일이다. 종교학 전문가들은 다른 학문 분야의 성과를 활용해 본 경험이 적고, 다른 학문 분야에서 활발히 연구하는 전문가들은 '종교'라는 주제를 접하는 순간 왠지 더 조심스러워진다. 더 많은 사람들이 공유할 수 있는 적절한 용어를 선택하는 것도 어렵고, 이해하기 쉽게 풀어내는 작업도 결코 만만하지 않다. 그만큼 아직까지 '종교'에 관해서는 여러 분야의 전문가들이 함께 작업하는 공동연구가 충분히 축적되지 않았다는 의미일 것이다. 당연한 일이지만, 종교에 관해 갖고 있는 다양한 궁금증을 해소하는 데 도움이 될 만한 좋은 책도 상대적으로 희귀할 수밖에 없다.

이 어려운 상황을 헤쳐 나가는 데 좋은 길잡이가 되어 줄 로빈 던바의 저서를 한국어로 번역해 소개하게 되어 영광스럽다.

번역자로서 이 책을 처음 접했을 때 정말 정성스레 잘 차린 밥상을 받은 느낌이었다. 나는 숟가락을 먼저 얹은 식구 중 한 명에 불과할지도 모르지만, 한국의 독자들이 이 멋진 식사에 참여할 수 있게 상차림을 하는 데 번역으로 힘을 보탤 수 있어서 기쁘다. 입맛대로 맛있게 드시기를 권한다.

◆◆◆

이 번역 작업을 마무리할 수 있었던 것은 내가 속한 서강대학교 K종교학술확산연구소와 서울대학교 진화인류학실험실 동료들의 지속적인 지지와 응원 덕분이다. 나의 전공 분야인 종교학 지식의 경계를 넘나들면서 진화과학과 뇌인지과학의 전문용어를 통합적으로 구사하는 이 책을 적절히 번역해 내는 것은 사실 그리 쉽지 않은 작업이었다. 다행히 훌륭한 스승에게 의지해 실수를 줄일 수 있었다. 서울대학교 최종성 교수님, 박순영 교수님, 박한선 교수님, 이화여자대학교의 최재천 교수님, KAIST의 정재승 교수님, 가천대학교의 장대익 교수님, 이 분들에게 특별한 존경과 감사를 표한다.

무엇보다 이렇게 좋은 책을 번역할 기회를 주고 너무나 더딘 나의 작업 속도를 묵묵히 견디며 결국 독자들이 읽을 수 있는 책으로 만들어 낸 출판사 북이십일 편집부의 장미희, 김지영, 최윤지, 주승일 편집자에게 깊이 감사하다. 이 번역서는 로빈 던바의 저술을 한국어로 출판하기로 결정하고, 많은 어려움에도 불구하고 끝까지 밀어붙여 준 출판사의 헌신적인 수고가 일구어 낸 것이다. 만약 이 책에서 독자들의 기대에 미치지 못한 부분이 있다면 그것은 모두 번역자의 탓이다. 아울러, 서툰 번역으로 인해 독서의 흐름이 끊어질 때마다 더 적극적으로 꼼꼼히 원저자의 논지를 캐내어 읽고 각자의 삶 속에서 찬란히 빛나게 해 줄 독자 여러분에게 고마움을 전한다.

2025년 5월

구형찬

그림 목록

참고 문헌

주석에서 언급하며 구체적으로 조사한 문헌 외에도, 일반적으로 연구에 참고한 문헌을 함께 수록했다. 일반적으로 참고한 문헌은 시작부에 별표(*)로 표기했다.

1장 종교를 어떻게 연구할 것인가?

* Atran, Scott & Norenzayan, Ara (2004). 'Religion's evolutionary landscape: counterintuition, commitment, compassion, communion', *Behavioral and Brain Sciences* 27: 713–30.
* Barrett, Justin L. (2004). *Why Would Anyone Believe in God?* Lanham, MD: AltaMira Press.
— Bering, Jesse (2006). 'The folk psychology of souls', *Behavioral and Brain Sciences* 29: 453–98.
* Bering, Jesse (2013). *The God Instinct.* London: Nicholas Brearley Publishing.
— Bird-David, N. (1999). '"Animism" revisited: personhood, environment, and relational epistemology'. *Current Anthropology* 40(S1): S67–S91.
* Boyer, Pascal (2001). *Religion Explained.* New York: Basic Books. 〔파스칼 보이어 지음, 이창익 옮김, 『종교, 설명하기: 종교적 사유의 진화론적 기원』, 동녘사이언스, 2015.〕
— Dulin, John (2020). 'Vulnerable minds, bodily thoughts, and sensory spirits: local theory of mind and spiritual experience in Ghana'. *Journal of the Royal Anthropological Institute (NS)*, 61–76.
— Dunbar, Robin (1995). *The Trouble With Science.* London: Faber and Faber.
* Dunbar, Robin (2020). *Evolution: What Everyone Needs To Know.* New York: Oxford University Press.
— Dunbar, Robin (2020). 'Religion, the social brain and the mystical stance'. *Archives of the Psychology of Religion* 42: 46–62.
— Durkheim, Émile ([1912] 2008). *The Elementary Forms of the Religious Life.* Oxford: Oxford University Press. 〔에밀 뒤르켐 지음, 민혜숙, 노치준 옮김, 『종교

생활의 원초적 형태』, 한길사, 2020.〕

— Eliade, Mircea (1985). *A History of Religious Ideas,* vols. 1−3. Oxford: Blackwell Publishing. 〔미르치아 엘리아데 지음, 이용주 외 옮김, 『세계종교사상사』, 이학사, 2005.〕

— Eliade, Mircea (2004). *Shamanism: Archaic Techniques of Ecstasy.* Princeton, NJ: Princeton University Press. 〔미르치아 엘리아데 지음, 이윤기 옮김, 『샤마니즘: 고대적 접신술』, 까치, 1992.〕

— Evans-Pritchard, E. E. (1965). *Theories of Primitive Religion.* Oxford: Oxford University Press. 〔E. E. 에반스 프리차드 지음, 김두진 옮김, 『원시 종교론(原始宗敎論)』, 탐구당, 1977.〕

— Hamilton, Malcolm (2001). *The Sociology of Religion.* London: Routledge.

— Huxley, Aldous (2010). *The Doors of Perception; And Heaven and Hell.* London: Random House. 〔올더스 헉슬리 지음, 권정기 옮김, 『지각의 문·천국과 지옥』, 김영사, 2017.〕

— James, William ([1902] 1985). *The Varieties of Religious Experience.* Cambridge, MA: Harvard University Press. 〔윌리엄 제임스 지음, 김재영 옮김, 『종교적 경험의 다양성』, 한길사, 2000.〕

— Jones, James (2020). 'How ritual might create religion: a neuropsychological exploration'. *Archive for the Psychology of Religion* 4: 29−45.

* Kellett, E. E. (1962). *A Short History of Religions.* Harmondsworth: Penguin Books.

— Stringer, M. D. (1999). 'Rethinking animism: thoughts from the infancy of our discipline'. *Journal of the Royal Anthropological Institute* (NS) 5: 541−55.

— Tinbergen, N. (1963). 'On the aims and methods of ethology'. *Zeitschrift für Tierpsychologie* 20: 410−33.

— Trinkaus, Erik, Buzhilova, Alexandra P., Mednikova, Maria B. & Dobrovolskaia, Maria V. (2014). *The People of Sunghir: Burials, Bodies, and Behavior in the Earlier Upper Paleolithic.* New York: Oxford University Press.

— Westwood, Jennifer & Kingshill, Sophia (2009). *The Lore of Scotland: A Guide to Scottish Legends.* London: Random House.

2장 신비주의적 입장

— Bartels, Andreas & Zeki, Samir (2000). 'The neural basis of romantic love'. *NeuroReport* 11: 3829–34.

* Bourguignon, Erika (1976). *Possession.* San Francisco, CA: Chandler & Sharpe.

— Doblin, R. (1991). 'Pahnke's "Good Friday experiment": a long- term follow-up and methodological critique'. *Journal of Transpersonal Psychology* 23: 1–28.

— Dulin, John (2020). 'Vulnerable minds, bodily thoughts, and sensory spirits: local theory of mind and spiritual experience in Ghana'. *Journal of the Royal Anthropological Institute (NS)*, 61–76.

— Dunbar, Robin (2020). 'Religion, the social brain and the mystical stance'. *Archive for the Psychology of Religion* 42: 46–62.

* Eliade, Mircea (2004). *Shamanism: Archaic Techniques of Ecstasy*. Princeton, NJ: Princeton University Press. 〔미르치아 엘리아데 지음, 이윤기 옮김, 『샤마니즘: 고대적 접신술』, 까치, 1992.〕

— Frecska, E. & Kulcsar, Z. (1989). 'Social bonding in the modulation of the physiology of ritual trance'. *Ethos* 17: 70–87.

— Guerra-Doce, E. (2015). 'Psychoactive substances in prehistoric times: examining the archaeological evidence'. *Time and Mind* 8: 91–112.

— Henry, J. L. (1982). 'Possible involvement of endorphins in altered states of consciousness'. *Ethos* 10: 394–408.

— Jilek, Wolfgang (1982). 'Altered states of consciousness in North American Indian ceremonials'. *Ethos* 10: 326–43.

— Katz, Richard (1982). 'Accepting "Boiling Energy": the experience of !Kia-healing among the !Kung'. *Ethos* 10: 344–68.

* Knox, Ronald (1950). *Enthusiasm: A Chapter in the History of Religion.* Oxford: Oxford University Press.

— Noyes, Russell (1980). 'Attitude change following near-death experiences'. *Psychiatry* 43: 234–42.

— Oppenheimer, Stephen (1998). *East of Eden: The Drowned Continent of Southeast Asia.* London: Weidenfeld & Nicolson.

— Perham, Margery & Simmons, J. (1952). *African Discovery: An Anthology of Exploration.* London: Faber and Faber.
— Prince, R. (1982). 'Shamans and endorphins: hypotheses for a synthesis'. *Ethos* 10: 409–23.
— Singh, Manvir (2018). 'The cultural evolution of shamanism'. *Behavioral and Brain Sciences* 41: E66.
— Thomas, Elizabeth Marshall (2007). *The Old Way: A Story of the First People.* London: Picador.
* Winkelman, Michael (2000). *Shamanism: The Neural Ecology of Consciousness and Healing.* Westport, CT: Greenwood.
— Winkelman, Michael (2013). 'Shamanism in cross-cultural perspective'. *International Journal of Transpersonal Studies* 31: 47–62.

3장 믿는 것이 좋은 이유

— Akiri, M. (2017). 'Magical water versus bullets: the Maji Maji uprising as a religious movement'. *African Journal for Transformational Scholarship* 3: 31–9.
— Atkinson, Quentin, & Bourrat, Pierrick (2011). 'Beliefs about God, the afterlife and morality support the role of supernatural policing in human cooperation'. *Evolution and Human Behavior* 32: 41–9.
— Atran, Scott & Norenzayan, Ara (2004). 'Religion's evolutionary landscape: counterintuition, commitment, compassion, communion'. *Behavioral and Brain Sciences* 27: 713–30.
— Billingsley, Joseph, Gomes, C. M. & McCullough, M. E. (2018). 'Implicit and explicit influences of religious cognition on Dictator Game transfers'. *Royal Society Open Science* 5: 170238.
— Boone, James (1988). 'Parental investment, social subordination and population processes among the 15th and 16th Century Portuguese nobility' in L. Betzig, M. Borgerhoff Mulder and P. Turke (eds.) *Human Reproductive Behaviour: A Darwinian Perspective*, pp. 83–96. Cambridge: Cambridge University Press.
— Bourrat, Pierrick, Atkinson, Quentin & Dunbar, Robin (2011). 'Supernatural

punishment and individual social compliance across cultures'. *Religion, Brain & Behavior* 1: 119–34.

— Brown, Dee (1991). *Bury My Heart at Wounded Knee: An Indian History of the American West.* London: Vintage.

— Chatters, L. M. (2000). 'Religion and health: public health research and practice'. *Annual Review of Public Health* 21: 335–67.

— Crook, John & Osmaston, Henry (eds.) (1994). *Himalayan Buddhist Villages: Environment, Resources, Society and Religious Life in Zangskar, Ladakh.* Delhi: Motilal Banarsidass Publishers.

— Curry, Oliver, Roberts, Sam & Dunbar, Robin (2013). 'Altruism in social networks: evidence for a "kinship premium"'. *British Journal of Psychology* 104: 283–95.

— Dávid-Barrett, Tamás & Dunbar, Robin (2014). 'Social elites emerge naturally in an agent-based framework when interaction patterns are constrained'. *Behavioral Ecology* 25: 58–68.

— Deady, Denis, Smith, Miriam Law, Kent, John P. & Dunbar, Robin (2006). 'Is priesthood an adaptive strategy?' *Human Nature* 17: 393–404.

— Dunbar, Robin (1995). *The Trouble With Science.* London: Faber and Faber.

— Dunbar, Robin (2020). *Evolution: What Everyone Needs To Know.* New York: Oxford University Press.

— Dunbar, Robin (2021a). 'Homicide rates and the transition to village life'.

— Dunbar, Robin (2021b). 'Religiosity and religious attendance as factors in wellbeing and social engagement'. *Religion, Brain & Behavior* 11: 17–26.

— Dunbar, Robin, Clark, Amanda & Hurst, Nicola (1995). 'Conflict and cooperation among the Vikings: contingent behavioural decisions'. *Ethology and Sociobiology* 16: 233–46.

— Dunbar, Robin, and Shultz, Susanne (2021). 'The infertility trap: the fertility costs of group-living in mammalian social evolution'. *Frontiers in Ecology and Evolution* (in press). 출판 완료된 서지사항: 2021–10, Vol.9, Article 634664

— Durkheim, Émile ([1912] 2008). *The Elementary Forms of the Religious Life.* Oxford: Oxford University Press. (윌리엄 제임스 지음, 김재영 옮김, 『종교적 경

험의 다양성』, 한길사, 2000.〕

— van Elk, Michiel, Matzke, D., Gronau, Q. F., Guan, M., Vandekerckhove, J. & Wagenmakers, E.-J. (2015). 'Meta-analyses are no substitute for registered replications: a skeptical perspective on religious priming'. *Frontiers in Psychology* 6:1365.

— Gureje, O., Nortje, G., Makanjuola, V., Oladeji, B. D., Seedat, S. & Jenkins, R. (2015). 'The role of global traditional and complementary systems of medicine in the treatment of mental health disorders'. *Lancet Psychiatry* 2: 168–77.

— Hames, Raymond (1987). 'Garden labour exchange among the Ye'kwana'. *Ethology and Sociobiology* 8: 259–84.

— Henrich, Joe, Ensminger, J., McElreath, R., Barr, A., Barrett, C., Bolyanatz, A., Cardenas, J., Gurven, M. et al. (2010). 'Markets, religion, community size, and the evolution of fairness and punishment'. *Science* 327: 1480–84.

— Herrmann, B., Thöni, C. & Gächter, S. (2008). 'Antisocial punishment across societies'. *Science* 319: 1362–7.

— Huffman, Michael, Gotoh, S., Turner, L. A., Hamai, M. & Yoshida, K. (1997). 'Seasonal trends in intestinal nematode infection and medicinal plant use among chimpanzees in the Mahale Mountains, Tanzania'. *Primates* 38: 111–25.

— Incayawar, Mario (2008). 'Efficacy of Quichua healers as psychiatric diagnosticians'. *British Journal of Psychiatry* 192: 390–91.

— Johnson, Dominic (2005). 'God's punishment and public goods: a test of the supernatural punishment hypothesis in 186 world cultures'. *Human Nature* 16: 410–46.

— Johnson, Dominic & Bering, Jesse (2009). 'Hand of God, mind of man', in J. Schloss & M. J. Murray (eds.) *The Believing Primate: Scientific, Philosophical, and Theological Reflections on the Origin of Religion*, pp. 26–44. Oxford: Oxford University Press.

— Katz, Richard (1982). 'Accepting "Boiling Energy": the experience of !Kia-healing among the !Kung'. *Ethos* 10: 344–68.

— Knauft, Bruce (1987). 'Reconsidering violence in simple human societies: homicide among the Gebusi of New Guinea'. *Current Anthropology* 28: 457–500.

— Koenig, Harold G. (2013). 'Religion and mental health' in *Is Religion Good for Your Health?* pp. 63–90. London: Routledge.
— Koenig, Harold G. & Cohen, Harvey J. (2001). *The Link between Religion and Health: Psychoneuroimmunology and the Faith Factor.* Oxford: Oxford University Press.
— Lang, Martin, Purzycki, B. G., Apicella, C. L., Atkinson, Q. D., et al. (2019). 'Moralizing gods, impartiality and religious parochialism across 15 societies'. *Proceedings of the Royal Society* 286B: 20190202.
— Le Beau, Bryan (2016). *The Story of the Salem Witch Trials.* London: Routledge.
— McCullough, Michael, Hoyt, William, Larson, David, Koenig, Harold &Thoresen, Carl (2000). 'Religious involvement and mortality: a meta-analytic review'. *Health Psychology* 19: 211–22.
— Madsen, Elaine, Tunney, R., Fieldman, G., Plotkin, H., Dunbar, Robin, et al. (2007). 'Kinship and altruism: a cross-cultural experimental study'. *British Journal of Psychology* 98: 339–59.
— Norenzayan, Ara & Shariff, Azim F. (2008). 'The origin and evolution of religious prosociality'. *Science* 322: 58–62.
— Norenzayan, Ara, Shariff, Azim F., Gervais, Will M., Willard, Aiyana K., et al. (2016). 'The cultural evolution of prosocial religions'. *Behavioral and Brain Sciences* 39: 1–65.
— Panter-Brick, Catherine (1989). 'Motherhood and subsistence work: the Tamang of rural Nepal'. *Human Ecology* 17: 205–28.
— Peires, J. B. (1989). *The Dead Will Arise: Nongqawuse and the Great Xhosa Cattle-Killing Movement of 1856–7.* Bloomington, IN: Indiana University Press.
— Preston, J. L. & Ritter, R. S. (2013). 'Different effects of religion and God on prosociality with the ingroup and outgroup'. *Personality and Social Psychology Bulletin* 39: 1471–83.
— Purzycki, B. G., Apicella, C., Atkinson, Q. D., Cohen, E., et al. (2016). 'Moralistic gods, supernatural punishment and the expansion of human sociality'. *Nature* 530: 327–30.
— Purzycki, B. G., Henrich, J., Apicella, C., Atkinson, Q. D., et al. (2018). 'The evolution of religion and morality: a synthesis of ethnographic and experimental

evidence from eight societies'. *Religion, Brain & Behavior* 8: 101–32.
— Sosis, Rich & Alcorta, Candace (2003). 'Signaling, solidarity, and the sacred: the evolution of religious behavior'. *Evolutionary Anthropology* 12: 264–74.
— Sosis, Rich & Ruffle, Bradley (2003). 'Religious ritual and cooperation: testing for a relationship on Israeli religious and secular kibbutzim'. *Current Anthropology* 44: 713–22.
— Tan, Jonathan & Vogel, Claudia (2008). 'Religion and trust: an experimental study'. *Journal of Economic Psychology* 29: 832–48.
— Turner, Victor (1995). *The Ritual Process.* Chicago: Aldine de Gruyter. [빅토 터너 지음, 박근원 옮김, 『의례의 과정』, 한국심리치료연구소, 2005.]
— Voland, E. (1988). 'Differential infant and child mortality in evolutionary perspective: data from 17th to 19th century Ostfriesland (Germany)' in L. Betzig, M. Borgerhoff-Mulder & P. W. Turke (eds.) *Human Reproductive Behaviour*, pp. 253–62. Cambridge: Cambridge University Press.
— Voland, E., Dunbar, Robin, Engel, C. & Stephan, P. (1997). 'Population increase and sex-biased parental investment in humans: evidence from 18th- and 19th-century Germany'. *Current Anthropology* 38: 129–35.
— Watts, Joseph, Sheehan, O., Atkinson, Q. D., Bulbulia, J. & Gray, R. D. (2016). 'Ritual human sacrifice promoted and sustained the evolution of stratified societies'. *Nature* 532: 228–31.
— Webber, Emily & Dunbar, Robin (2020). 'The fractal structure of communities of practice: implications for business organization'. *PLoS One* 15: e0232204.
— Williams, David & Sternthal, Michelle (2007). 'Spirituality, religion and health: evidence and research directions'. *Medical Journal of Australia* 186: S47–50.
— Winkelman, Michael (2013). 'Shamanism in cross-cultural perspective'. *International Journal of Transpersonal Studies* 31: 47–62.

4장 공동체와 회중

— Bretherton, Roger & Dunbar, Robin (2020). 'Dunbar's number goes to church:

the social brain hypothesis as a third strand in the study of church growth'. *Archive for the Psychology of Religion* 42: 63–76.
— Curry, Oliver, Roberts, Sam & Dunbar, Robin (2013). 'Altruism in social networks: evidence for a "kinship premium"'. *British Journal of Psychology* 104: 283–95.
— Dunbar, Robin (1995). 'On the evolution of language and kinship' in J. Steele & S. Shennan (eds.) *The Archaeology of Human Ancestry: Power, Sex and Tradition*, pp. 380–96. London: Routledge.
— Dunbar, Robin (1998). 'The social brain hypothesis'. *Evolutionary Anthropology* 6: 178–90.
— Dunbar, Robin (2014a). *Human Evolution*. London: Penguin and New York: Oxford University Press. 〔로빈 던바 지음, 김학영 옮김, 『멸종하거나, 진화하거나: 로빈 던바가 들려주는 인간 진화 오디세이』, 반니, 2015.〕
— Dunbar, Robin (2018). 'The anatomy of friendship'. *Trends in Cognitive Sciences* 22: 32–51.
— Dunbar, Robin (2019). 'Feasting and its role in human community formation' in Kimberley Hockings & Robin Dunbar (eds.) *Alcohol and Humans: A Long and Social Affair*, pp. 163–77. Oxford: Oxford University Press.
— Dunbar, Robin (2020). 'Structure and function in human and primate social networks: implications for diffusion, network stability and health'. *Proceedings of the Royal Society* 476A: 20200446.
* Dunbar, Robin (2021). *Friends: Understanding the Power of Our Most Important Relationships.* London: Little Brown. 〔로빈 던바 지음, 안진이 옮김, 『프렌즈: 과학이 우정에 대해 알려줄 수 있는 가장 중요한 것』, 어크로스, 2022.〕
— Dunbar, Robin & Shultz, Susanne (2017). 'Why are there so many explanations for primate brain evolution?' *Philosophical Transactions of the Royal Society* 244B: 201602244.
— Dunbar, Robin & Sosis, Rich (2018). 'Optimising human community sizes'. *Evolution and Human Behavior* 39: 106–11.
— Hamilton, Marcus, Milne, B. T., Walker, R. S., Burger, O. & Brown, J. H. (2007). 'The complex structure of hunter- gatherer social networks'. *Proceedings of the*

Royal Society 274B: 2195–2202.

— Hayden, B. (1987). 'Alliances and ritual ecstasy: human responses to resource stress'. *Journal for the Scientific Study of Religion* 26: 81–91.

— Hill, Russell, Bentley, Alex & Dunbar, Robin (2008). 'Network scaling reveals consistent fractal pattern in hierarchical mammalian societies'. *Biology Letters* 4: 748–51.

— Kanai, R., Bahrami, B., Roylance, R. & Rees, G. (2012). 'Online social network size is reflected in human brain structure'. *Proceedings of the Royal Society* 279B: 1327–34.

— Kwak, S., Joo, W. T., Youm, Y. & Chey, J. (2018). 'Social brain volume is associated with in-degree social network size among older adults'. *Proceedings of the Royal Society* 285B: 20172708.

— Lehmann, Julia, Lee, Phyllis, & Dunbar, Robin (2014). 'Unravelling the evolutionary function of communities' in Robin Dunbar, Clive Gamble & John Gowlett (eds.), *Lucy to Language: The Benchmark Papers*, pp. 245–76. Oxford: Oxford University Press.

— Lewis, Penny, Birch, Amy, Hall, Alexander, & Dunbar, Robin (2017). 'Higher order intentionality tasks are cognitively more demanding'. *Social, Cognitive and Affective Neuroscience* 12: 1063–71.

— Lohfink, Gerhard (1999). *Does God Need the Church? Toward a Theology of the People of God.* Wilmington, DE: Michael Glazier.

— Luhrmann, T. M. (2020). 'Thinking about thinking: the mind's porosity and the presence of the gods'. *Journal of the Royal Anthropological Institute* 26: 148–62.

— McClure, Jennifer (2015). 'The cost of being lost in the crowd: how congregational size and social networks shape attenders' involvement in community organizations'. *Review of Religious Research* 57: 269–86.

— Mann, Alice (1998). *The In-Between Church: Navigating Size Transitions in Congregations*. Durham, NC: Alban Institute.

— Murray, John (1995). 'Human capital in religious communes: literacy and selection of nineteenth century Shakers'. *Explorations in Economic History* 32: 217–35.

— Powell, Joanne, Lewis, Penny, Roberts, Neil, García-Fiñana, Marcia, & Dunbar, Robin (2012). 'Orbital prefrontal cortex volume predicts social network size: an imaging study of individual differences in humans'. *Proceedings of the Royal Society* 279B: 2157–62.
— Roberts, Sam & Dunbar, Robin (2015). 'Managing relationship decay: network, gender, and contextual effects'. *Human Nature* 26: 426–50.
— Rothauge, Arlin J. (1982). *Sizing Up a Congregation for New Member Ministry.* Congregational Development Services.
— Snyder, Howard (2017). 'The church and Dunbar's number'. https://www.seedbed.com/ the-church-and-dunbarsnumber/
— Stonebraker, Robert (1993). 'Optimal church size: the bigger the better?' *Journal for the Scientific Study of Religion* 32: 231–41.
— Stroope, Samuel & Baker, Joseph (2014). 'Structural and cultural sources of community in American congregations'. *Social Science Research* 45: 1–17.
— Sutcliffe, Alistair, Dunbar, Robin, Binder, Jens & Arrow, Holly (2012). 'Relationships and the social brain: integrating psychological and evolutionary perspectives'. *British Journal of Psychology* 103: 149–68.
— Wasdell, David (1974). 'Let my people grow' (Work Paper 1). London: Urban Church Project.
— Webber, Emily & Dunbar, Robin (2020). 'The fractal structure of communities of practice: implications for business organization'. *PLoS One* 15: e0232204.
— Wicker, Allan W. (1969). 'Size of church membership and members' support of church behavior settings'. *Journal of Personality and Social Psychology* 13: 278–88.
— Wicker, Allan W., & Mehler, Anne (1971). 'Assimilation of new members in a large and a small church'. *Journal of Applied Psychology* 55: 151–6.
— Zhou, Wei-Xing, Sornette, D., Hill, R. A. & Dunbar, Robin (2005). 'Discrete hierarchical organization of social group sizes'. *Proceedings of the Royal Society* 272B: 439–44.

5장 사회적 뇌, 종교적 마음

— Azari, Nina & Slors, Marc (2007). 'From brain imaging religious experience to explaining religion: a critique'. *Archive for the Psychology of Religion* 29: 67–85.

— Baron-Cohen, Simon (2003). *The Essential Difference: Men, Women and the Extreme Male Brain.* London: Penguin. 〔사이먼 배런코언 지음, 김혜리, 이승복 옮김, 『그 남자의 뇌, 그 여자의 뇌: 뇌과학과 심리 실험으로 알아보는 남녀의 근본적 차이』, 바다, 2007.〕

— Bartels, Andreas & Zeki, Samir (2000). 'The neural basis of romantic love'. *NeuroReport* 11: 3829–34.

— Carney, James, Wlodarski, Rafael & Dunbar, Robin (2014). 'Inference or enaction? The influence of genre on the narrative processing of other minds'. *PLoS One* 9: e114172.

— Carrington, S. J. & Bailey, A. J. (2009). 'Are there theory of mind regions in the brain? A review of the neuroimaging literature'. *Human Brain Mapping* 30: 2313–35.

— Dávid-Barrett, Tamás, Rotkirch, Anna, Carney, James, Behncke Izquierdo, Isabel, et al. (2015). 'Women favour dyadic relationships, but men prefer clubs'. *PLoS One* 10: e0118329.

* Dennett, Daniel (1978). 'Beliefs about beliefs'. *Behavioral and Brain Sciences* 1: 568–70.

— Dezecache, Guillaume & Dunbar, Robin (2012). 'Sharing the joke: the size of natural laughter groups'. *Evolution and Human Behavior* 33: 775–9.

— Dunbar, Robin (2012). *The Science of Love and Betrayal.* London: Faber and Faber.

— Dunbar, Robin (2017). 'Breaking bread: the functions of social eating'. *Adaptive Human Behavior and Physiology* 3: 198–211.

— Dunbar, Robin (2018). 'The anatomy of friendship'. *Trends in Cognitive Sciences* 22: 32–51.

— Dunbar, Robin (2020). 'Structure and function in human and primate social networks: implications for diffusion, network stability and health'. *Proceedings of the Royal Society* 476A: 20200446.

* Dunbar, Robin (2021). *Friends: Understanding the Power of our Most Important Relationships.* London: Little Brown. 〔로빈 던바 지음, 안진이 옮김, 『프렌즈: 과학이 우정에 대해 알려줄 수 있는 가장 중요한 것』, 어크로스, 2022.〕

— Dunbar, Robin, Baron, Rebecca, Frangou, Anna, Pearce, Eiluned, et al. (2012). 'Social laughter is correlated with an elevated pain threshold'. *Proceedings of the Royal Society* 279B, 1161–7.

— Dunbar, Robin, Teasdale, Ben, Thompson, Jackie, Budelmann, Felix, et al. (2016). 'Emotional arousal when watching drama increases pain threshold and social bonding'. *Royal Society Open Science* 3: 160288.

— Ferguson, Michael A., Nielsen, Jared A., King, Jace, Dai, Li, et al. (2018). 'Reward, salience, and attentional networks are activated by religious experience in devout Mormons'. *Social Neuroscience* 13: 104–16.

— Gursul, D., Goksan, S., Hartley, C., Mellado, G. S., et al. (2018). 'Stroking modulates noxious-evoked brain activity in human infants'. *Current Biology* 28: R1380–81.

— Hall, J. A. (2019). 'How many hours does it take to make a friend?' *Journal of Social and Personal Relationships* 36: 1278–96.

— Hove, M. J. & Risen, J. L. (2009). 'It's all in the timing: interpersonal synchrony increases affiliation'. *Social Cognition* 27: 949–60.

— Keverne, E. B., Martensz, N. & Tuite, B. (1989). 'Beta- endorphin concentrations in cerebrospinal fluid of monkeys are influenced by grooming relationships'. *Psychoneuroendocrinology* 14: 155–61.

— Krems, Jaimie, Neuberg, Steven, & Dunbar, Robin (2016). 'Something to talk about: are conversation sizes constrained by mental modeling abilities?' *Evolution and Human Behavior* 37: 423–8.

— Launay, Jacques & Dunbar, Robin (2015). 'Does implied community size predict likeability of a similar stranger?' *Evolution and Human Behavior* 36: 32–7.

— Launay, Jacques & Dunbar, Robin (2016). 'Playing with strangers: which shared traits attract us most to new people?' *PLoS One* 10: e0129688.

— Lehmann, J., Korstjens, A. & Dunbar, Robin (2007). 'Group size, grooming and social cohesion in primates'. *Animal Behaviour* 74: 1617–29.

— Lewis, P. A., Rezaie, R., Browne, R., Roberts, N. & Dunbar, Robin (2011). 'Ventromedial prefrontal volume predicts understanding of others and social network size'. *NeuroImage* 57: 1624–9.

— Lewis, Penny, Birch, Amy, Hall, Alexander, & Dunbar, Robin (2017). 'Higher order intentionality tasks are cognitively more demanding'. *Social Cognitive and Affective Neuroscience* 12: 1063–71.

— Machin, Anna & Dunbar, Robin (2011). 'The brain opioid theory of social attachment: a review of the evidence'. *Behaviour* 148: 985–1025.

* McNamara, Patrick (2009). *The Neuroscience of Religious Experience.* Cambridge: Cambridge University Press.

— McPherson, M., Smith-Lovin, L. & Cook, J. M. (2001). 'Birds of a feather: homophily in social networks'. *Annual Review of Sociology* 27: 415–44.

— Mandler, R. N., Biddison, W. E., Mandler, R. A. Y. A. & Serrate, S. A. (1986). 'ß-endorphin augments the cytolytic activity and interferon production of natural killer cells'. Journal of Immunology 136: 934–9.

— Manninen, S., Tuominen, L., Dunbar, Robin, Karjalainen, T., et al. (2017). 'Social laughter triggers endogenous opioid release in humans'. *Journal of Neuroscience* 37: 6125–31.

— Masters, Alexander (2006). *Stuart: A Life Backwards.* New York: Delacorte Press.

— Mathews, P. M., Froelich, C. J., Sibbitt, W. L. & Bankhurst, A. D. (1983). 'Enhancement of natural cytotoxicity by beta- endorphin'. *Journal of Immunology* 130: 1658–62.

— Newberg, Andrew, d'Aquili, Eugene & Rause, Vince (2001). *Why God Won't Go Away.* New York: Ballantine Books. 〔앤드루 뉴버그 외 지음, 이충호 옮김, 『신은 왜 우리 곁을 떠나지 않는가』, 한울림, 2001.〕

— Norenzayan, Ara, Gervais, Will M. & Trzesniewski, Kali (2012). 'Mentalizing deficits constrain belief in a personal God'. *PloS One* 7: e36880.

— Nummenmaa, Lauri, Tuominen, L., Dunbar, Robin, Hirvonen, J., et al. (2016). 'Reinforcing social bonds by touching modulates endogenous μ-opioid system activity in humans'. *NeuroImage* 138: 242–7.

— Oesch, Nathan & Dunbar, Robin (2017). 'The emergence of recursion in human language: mentalising predicts recursive syntax task performance'. *Journal of Neurolinguistics* 43: 95–106.
— Olausson, H., Wessberg, J., Morrison, I., McGlone, F. & Vallbo, A. (2010). 'The neurophysiology of unmyelinated tactile afferents'. *Neuroscience and Biobehavioral Reviews* 34: 185–91.
— van Overwalle, F. (2009). 'Social cognition and the brain: a metaanalysis'. *Human Brain Mapping* 30: 829–58.
— Passingham, Richard E., & Wise, Steven P. (2012). *The Neurobiology of the Prefrontal Cortex: Anatomy, Evolution, and the Origin of Insight*. Oxford: Oxford University Press.
— Pearce, Eiluned, Launay, Jacques & Dunbar, Robin (2015). 'The ice-breaker effect: singing mediates fast social bonding'. *Royal Society Open Science* 2: 150221.
— Pearce, Ellie, Machin, Anna & Dunbar, Robin (2021). 'Sex differences in ntimacy levels in best friendships and romantic partnerships'. *Adaptative uman Behavior and Physiology* 7: 1–16.
— Powell, Joanne, Lewis, Penny, Dunbar, Robin, García-Fiñana, Marcia, & Roberts, Neil. (2010). 'Orbital prefrontal cortex volume correlates with social cognitive competence'. *Neuropsychologia* 48: 3554–62.
— Powell, Joanne, Lewis, Penny, Roberts, Neil, García-Fiñana, Marcia & Dunbar, Robin (2012). 'Orbital prefrontal cortex volume predicts social network size: an imaging study of individual differences in humans'. *Proceedings of the Royal Society* 279B: 2157–62.
— Roberts, Sam & Dunbar, Robin (2015). 'Managing relationship decay: network, gender, and contextual effects'. *Human Nature* 26: 426–50.
— Stiller, James & Dunbar, Robin (2007). 'Perspective-taking and memory capacity predict social network size'. *Social Networks* 29: 93–104.
— Sutcliffe, Alistair, Dunbar, Robin, Binder, Jens & Arrow, Holly (2012). 'Relationships and the social brain: integrating psychological and evolutionary perspectives'. *British Journal of Psychology* 103: 149–68.

— Suvilehto, Juulia, Glerean, Enrico, Dunbar, Robin, Hari, Riitta & Nummenmaa, Lauri (2015). 'Topography of social touching depends on emotional bonds between humans'. *Proceedings of the National Academy of Sciences, USA*, 112: 13811–16.

— Suvilehto, Juulia, Nummenmaa, Lauri, Harada, Tokiko, Dunbar, Robin, et al. (2019). 'Cross-cultural similarity in relationship- specific social touching'. *Proceedings of the Royal Society* 286B: 20190467.

— Tarr, Bronwyn, Launay, Jacques & Dunbar, Robin (2014). 'Silent disco: dancing in synchrony leads to elevated pain thresholds and social closeness'. *Evolution and Human Behavior* 37: 343–9.

— Tarr, Bronwyn, Launay, Jacques & Dunbar, Robin (2017). 'Naltrexone blocks endorphins released when dancing in synchrony'. *Adaptive Human Behavior and Physiology* 3: 241–54.

— Watts, J., Passmore, S., Rzymski, C. & Dunbar, Robin (2020). 'Text analysis shows conceptual overlap as well as domain- specific differences in Christian and secular worldviews'. *Cognition* 201: 104290.

— Weinstein, Daniel, Launay, Jacques, Pearce, Eiluned, Dunbar, Robin & Stewart, Lauren (2014). 'Singing and social bonding: changes in connectivity and pain threshold as a function of group size'. *Evolution and Human Behavior* 37: 152–8.

— Wlodarski, Rafael & Pearce, Ellie (2016). 'The God allusion: individual variation in agency detection, mentalizing and schizotypy and their association with religious beliefs and behavior'. *Human Nature* 27: 160–72.

6장 의례와 동기성

— Bachorowski, J.-A. & Owren, M. J. (2001). 'Not all laughs are alike: voiced but not unvoiced laughter readily elicits positive affect'. *Psychological Science* 12, 252–7.

— Bannan, Nicholas, Bamford, Joshua & Dunbar, Robin (2021). 'The evolution of gender dimorphism in the human voice: the role of octave equivalence'. *Current Anthropology* (in press).

— Bastian, Brock, Jetten, Jolanda & Fasoli, Fabio (2011). 'Cleansing the soul by hurting the flesh: the guilt-reducing effect of pain'. *Psychological Science* 22: 334–5.
* Bellah, Robert (2011). *Religion in Human Evolution.* Cambridge, MA: Harvard University Press.
— Burton, Chad & King, Laura (2004). 'The health benefits of writing about intensely positive experiences'. *Journal of Research in Personality* 38: 150–63.
— Charles, Sarah, Farias, Miguel, van Mulukom, Valerie, Saraswati, Ambikananda, et al. (2020a). 'Blocking mu-opioid receptors inhibits social bonding in rituals'. *Biology Letters* 16: 20200485.
— Charles, Sarah, van Mulukom, Valerie, Brown, Jennifer, Watts, Fraser, et al. (2020b). 'United on Sunday: the effects of secular rituals on social bonding and affect'. *PLoS One* 16(1): e0242546.
— Charles, Sarah, van Mulukom, Valerie, Saraswati, Ambikananda, Watts, Fraser, Dunbar, Robin & Farias, Miguel (2021). 'Bending and bonding: a 5-week study exploring social bonding during spiritual and secular yoga'. [forthcoming]
— Cohen, Emma, Ejsmond-Frey, Robin, Knight, Nicola, & Dunbar, Robin (2010). 'Rowers' high: behavioural synchrony is correlated with elevated pain thresholds'. *Biology Letters* 6: 106–8.
— Dávid-Barrett, Tamás, Rotkirch, Anna, Carney, James, Behncke Izquierdo, Isabel, et al. (2015). 'Women favour dyadic relationships, but men prefer clubs'. *PLoS One* 10: e0118329.
— Dunbar, Robin (2021). *Friends: Understanding the Power of our Most Important Relationships.* London: Little Brown. 〔로빈 던바 지음, 안진이 옮김, 『프렌즈: 과학이 우정에 대해 알려줄 수 있는 가장 중요한 것』, 어크로스, 2022.〕
— Dunbar, Robin, Kaskatis, K., MacDonald, I. & Barra, V. (2012). 'Performance of music elevates pain threshold and positive affect'. *Evolutionary Psychology* 10: 688–702.
— Fischer, Ronald, Callander, Rohan, Reddish, Paul & Bulbulia, Joseph (2013). 'How do rituals affect cooperation? An experimental field study comparing nine ritual types'. *Human Nature* 24: 115–25.

— Fischer, Ronald & Xygalatas, D. (2014). 'Extreme rituals as social technologies'. *Journal of Cognition and Culture* 14: 345–55.

— Hobson, N. M., Schroeder, J., Risen, J. L., Xygalatas, D. & Inzlicht, M. (2018). 'The psychology of rituals: an integrative review and process-based framework'. *Personality and Social Psychology Review* 22: 260–84.

— Hove, M. J. & Risen, J. L. (2009). 'It's all in the timing: interpersonal synchrony increases affiliation'. *Social Cognition* 27: 949–60.

— Jackson, Joshua, Jong, J., Bilkey, D., Whitehouse, H., et al. (2018). 'Synchrony and physiological arousal increase cohesion and cooperation in large naturalistic groups'. *Scientific Reports* 8: 1–8.

— Jilek, Wolfgang (1982). 'Altered states of consciousness in North American Indian ceremonials'. *Ethos* 10: 326–43.

— Karl, J. A. & Fischer, R. (2018). 'Rituals, repetitiveness and cognitive load'. *Human Nature* 29: 418–41.

— Lang, Martin, Bahna, V., Shaver, J. H., Reddish, P. & Xygalatas, D. (2017). 'Sync to link: Endorphin-mediated synchrony effects on cooperation'. *Biological Psychology* 127: 191–7.

— Lawrie, Louisa, Jackson, M. C., & Phillips, L. H. (2019). 'Effects of induced sad mood on facial emotion perception in young and older adults'. *Aging, Neuropsychology, and Cognition* 26: 319–35.

— Lewis, Z. & Sullivan, P. J. (2018). 'The effect of group size and synchrony on pain threshold changes'. *Small Group Research* 49: 723–38.

— Mogan, R., Fischer, R. & Bulbulia, J. A. (2017). 'To be in synchrony or not? A meta-analysis of synchrony's effects on behavior, perception, cognition and affect'. *Journal of Experimental Social Psychology* 72: 13–20.

— Neher, Andrew (1962). 'A physiological explanation of unusual behavior in ceremonies involving drums'. *Human Biology* 34: 151–60.

— Price, Michael, & Launay, Jacques (2018). 'Increased wellbeing from social interaction in a secular congregation'. *Secularism and Nonreligion* 7: 1–9.

— Reddish, Paul, Fischer, Ronald & Bulbulia, Joseph (2013). 'Let's dance together: synchrony, shared intentionality and cooperation'. *PloS One* 8: e71182.

— Sosis, Rich & Alcorta, Candace (2003). 'Signaling, solidarity, and the sacred: the evolution of religious behavior'. *Evolutionary Anthropology* 12: 264–74.

— Tarr, Bronwyn, Launay, Jacques, Cohen, Emma & Dunbar, Robin (2015). 'Synchrony and exertion during dance independently raise pain threshold and encourage social bonding'. *Biology Letters* 11: 20150767.

— Tarr, Bronwyn, Launay, Jacques & Dunbar, Robin (2016). 'Silent disco: dancing in synchrony leads to elevated pain thresholds and social closeness'. *Evolution and Human Behavior* 37: 343–9.

— Walter, V. J. & Grey Walter, W. (1949). 'The central effects of rhythmic sensory stimulation'. *EEG and Clinical Neurophysiology* 1:57–86.

— Wyczesany, Miroslaw, Ligęza, T., Tymorek, A. & Adamczyk, A. (2018). 'The influence of mood on visual perception of neutral material'. *Acta Neurobiologiae Experimentalis* 78(2): 163–72.

— von Zimmermann, Jorina & Richardson, Daniel C. (2016). 'Verbal synchrony and action dynamics in large groups'. *Frontiers in Psychology* 7: 2034.

7장 선사시대 종교

— Carney, James, Wlodarski, Rafael & Dunbar, Robin (2014). 'Inference or enaction? The influence of genre on the narrative processing of other minds'. *PLoS One* 9: e114172.

— Conde-Valverde, M., Martínez, I., Quam, R. M., Bonmatí, A., et al. (2019). 'The cochlea of the Sima de los Huesos hominins (Sierra de Atapuerca, Spain): new insights into cochlear evolution in the genus Homo'. *Journal of Human Evolution* 136: 102641.

— Devaine, Marie, San-Galli, A., Trapanese, C., Bardino, G., et al. (2017). 'Reading wild minds: a computational assay of Theory of Mind sophistication across seven primate species'. *PLoS Computational Biology* 13: e1005833.

— Dietrich, Oliver, Heun, M., Notroff, J., Schmidt, K. & Zarnkow, M. (2012). 'The role of cult and feasting in the emergence of Neolithic communities. New evidence from Göbekli Tepe, south-eastern Turkey'. *Antiquity* 86: 674–95.

— Dietrich, Oliver & Dietrich, Laura (2019). 'Rituals and feasting as incentives for cooperative action at early Neolithic Göbekli Tepe' in Kimberley Hockings & Robin Dunbar (eds.) *Alcohol and Humans: A Long and Social Affair*, pp. 93–114. Oxford: Oxford University Press.

— Dunbar, Robin (2009). 'Why only humans have language' in Rudolph Botha & Chris Knight (eds.) *The Prehistory of Language*, pp. 12–35. Oxford: Oxford University Press.

* Dunbar, Robin (2014a). *Human Evolution*. London: Penguin and New York: Oxford University Press. 〔로빈 던바 지음, 김학영 옮김, 『멸종하거나, 진화하거나: 로빈 던바가 들려주는 인간 진화 오디세이』, 반니, 2015.〕

— Dunbar, Robin (2014b). 'Mind the gap: or why humans aren't just great apes' in Robin Dunbar, Clive Gamble & J. A. J. Gowlett (eds.) *Lucy to Language: The Benchmark Papers*, pp. 3–18. Oxford: Oxford University Press.

— Dunbar, Robin (2021). 'Homicide rates and the transition to village life'. [forthcoming].

— Guerra-Doce, E. (2015). 'Psychoactive substances in prehistoric times: examining the archaeological evidence'. *Time and Mind* 8: 91–112.

— Hockings, Kimberley & Dunbar, Robin (eds.) (2019). *Alcohol and Humans: A Long and Social Affair.* Oxford: Oxford University Press.

— Huffman, Michael, Gotoh, S., Turner, L. A., Hamai, M. & Yoshida, K. (1997). 'Seasonal trends in intestinal nematode infection and medicinal plant use among chimpanzees in the Mahale Mountains, Tanzania'. *Primates* 38: 111–25.

— Knauft, Bruce (1987). 'Reconsidering violence in simple human societies: homicide among the Gebusi of New Guinea'. *Current Anthropology* 28: 457–500.

* Lewis-Williams, David (2002). *A Cosmos in Stone: Interpreting Religion and Society Through Rock Art.* Rowman Altamira.

— McGovern, Patrick (2019). 'Uncorking the past: alcoholic fermentation as humankind's first biotechnology' in Kimberley Hockings & Robin Dunbar (eds.) *Alcohol and Humans: A Long and Social Affair*, pp. 81–92. Oxford: Oxford University Press.

* Mithen, Steven (2005). *The Singing Neanderthals: The Origins of Music, Language, Mind and Body.* Cambridge, MA: Harvard University Press. 〔스티븐 미슨 지음, 김명주 옮김, 『노래하는 네안데르탈인: 음악과 언어로 보는 인류의 진화』, 뿌리와이파리, 2008.〕
— Moggi-Cecchi, J. & Collard, M. (2002). 'A fossil stapes from Sterkfontein, South Africa, and the hearing capabilities of early hominids'. *Journal of Human Evolution* 42: 259–65.
— Oesch, Nathan & Dunbar, Robin (2017). 'The emergence of recursion in human language: mentalising predicts recursive syntax task performance'. *Journal of Neurolinguistics* 43: 95–106.
— Pearce, E. & Bridge, H. (2013). 'Is orbital volume associated with eyeball and visual cortex volume in humans?' *Annals of Human Biology* 40: 531–40.
— Pearce, E., Stringer, C. & Dunbar, R. (2013). 'New insights into differences in brain organisation between Neanderthals and anatomically modern humans'. *Proceedings of the Royal Society* 280B: 1471–81.
— Pearce, E., Shuttleworth, A., Grove, M. J. & Layton, R. H. (2014). 'The costs of being a high-latitude hominin' in Robin Dunbar, Clive Gamble & J. A. J. Gowlett (eds.) *Lucy to Language: The Benchmark Papers*, pp. 356–79. Oxford: Oxford University Press.
— Peoples, Hervey & Marlowe, Frank (2012). 'Subsistence and the evolution of religion'. *Human Nature* 23: 253–69.
— Peoples, Hervey, Duda, Pavel & Marlowe, Frank (2016). 'Hunter- gatherers and the origins of religion'. *Human Nature* 27: 261–82.
* Pettitt, Paul (2013). *The Palaeolithic Origins of Human Burial.* London: Routledge.
— Pomeroy, E., Bennett, P., Hunt, C. O., Reynolds, T., et al. (2020). 'New Neanderthal remains associated with the "flower burial" at Shanidar Cave'. *Antiquity* 94: 11–26.
— Randolph-Quinney, P. S. (2015). 'A new star rising: biology and mortuary behaviour of *Homo naledi*'. *South African Journal of Science* 111: 1–4.
— Rusch, Neil (2020). 'Controlled fermentation, honey, bees and alcohol: archaeological and ethnohistorical evidence from southern Africa'. *South African*

Humanities 33: 1–31.

— Turner, S. E., Fedigan, L. M., Matthews, H. D. & Nakamichi, M. (2014). 'Social consequences of disability in a nonhuman primate'. *Journal of Human Evolution* 68: 47–57.

8장 신석기 위기

— Adler, M. A., & Wilshusen, R. H. (1990). 'Large-scale integrative facilities in tribal societies: cross-cultural and southwestern US examples'. *World Archaeology* 22: 133–46.

— Alt, K. W., Rodríguez, C. T., Nicklisch, N., Roth, D., et al. (2020). 'A massacre of early Neolithic farmers in the high Pyrenees at Els Trocs, Spain'. *Scientific Reports* 10: 1–10.

— Atkinson, Quentin, Gray, Russell, & Drummond, Alexei (2009). 'Bayesian coalescent inference of major human mitochondrial DNA haplogroup expansions in Africa'. *Proceedings of the Royal Society* 276B: 367–73.

— Bandy, Matthew (2004). 'Fissioning, scalar stress, and social evolution in early village societies'. *American Anthropologist* 106: 322–33.

— Baumard, Nicholas, Hyafil, A., Morris, I. & Boyer, P. (2015). 'Increase affluence explains the emergence of ascetic wisdoms and moralizing religions'. *Current Biology* 25: 10–15.

— Bonds, M. H., Dobson, A. P. and Keenan, D. C. (2012). 'Disease ecology, biodiversity, and the latitudinal gradient in income'. *PLoS Biology* 10(12): e1001456.

— Bowles, Sam (2009). 'Did warfare among ancestral hunter-gatherers affect the evolution of human social behaviors?' *Science* 324: 1293–8.

— Bowles, Sam (2011). 'Cultivation of cereals by the first farmers was not more productive than foraging'. *Proceedings of the National Academy of Sciences,* USA, 108: 4760–65.

— Bradley, Kenneth (1943). *The Diary of a District Officer.* London: Harrap.

— Chagnon, Napoleon & Bugos, Paul (1979). 'Kin selection and conflict: an analysis of a Yanomamö ax fight' in Napoleon Chagnon & William Irons (eds.) *Evolutionary Biology and Human Social Behavior*, pp. 213–38. London: Duxbury.

— Daly, Martin & Wilson, Margo (1983). *Sex, Evolution, and Behavior*, 1st edition. Boston: Willard Grant Press.

— Dietrich, Oliver & Dietrich, Laura (2019). 'Rituals and feasting as incentives for cooperative action at early Neolithic Göbekli Tepe' in Kimberley Hockings & Robin Dunbar (eds.) *Alcoholand Humans: A Long and Social Affair*, pp. 93–114. Oxford: Oxford University Press.

— Dietrich, Oliver, Heun, M., Notroff, J., Schmidt, K. & Zarnkow, M. (2012). 'The role of cult and feasting in the emergence of Neolithic communities. New evidence from Göbekli Tepe, south-eastern Turkey'. *Antiquity* 86: 674–95.

— Dunbar, Robin (2019). 'Fertility as a constraint on group size in African great apes'. *Biological Journal of the Linnean Society* 129: 1–13.

— Dunbar, Robin (2020). 'Structure and function in human and primate social networks: implications for diffusion, network stability and health'. *Proceedings of the Royal Society* 476A: 20200446.

— Dunbar, Robin (2021). 'Homicide rates and the transition to village life'. [forthcoming]

— Dunbar, Robin & MacCarron, P. (2019). 'Group size as a trade-off between fertility and predation risk: implications for social evolution'. *Journal of Zoology* 308: 9–15.

— Dunbar, Robin & Shultz, S. (2021). 'The infertility trap: the costs of group-living and mammalian social evolution'. *Frontiers in Ecology and Evolution.*

— Dunbar, Robin, MacCarron, P. & Robertson, C. (2018). 'Tradeoff between fertility and predation risk drives a geometric sequence in the pattern of group sizes in baboons'. *Biology Letters* 14: 20170700.

— Dunbar, Robin, MacCarron, P. & Shultz, S. (2018). 'Primate social group sizes exhibit a regular scaling pattern with natural attractors'. *Biology Letters* 14: 20170490.

— Fausto, Carlos (2012). *Warfare and Shamanism in Amazonia.* Cambridge:

Cambridge University Press.

— Fincher, Corrie & Thornhill, Randy (2008). 'Assortative sociality, limited dispersal, infectious disease and the genesis of the global pattern of religion diversity'. *Proceedings of the Royal Society* 27B: 2587–94.

— Fincher, Corrie & Thornhill, Randy (2012). 'Parasite-stress promotes in-group assortative sociality: the cases of strong family ties and heightened religiosity'. *Behavioral and Brain Sciences* 35: 61–79.

— Fincher, Corrie, Thornhill, Randy, Murray, D. R. & Schaller, M. (2008). 'Pathogen prevalence predicts human cross-cultural variability in individualism/collectivism'. *Proceedings of the Royal Society* 275B: 1279–85.

— Håkanson, L. & Boulion, V. V. (2001). 'A practical approach to predict the duration of the growing season for European lakes'. *Ecological Modelling* 140: 235–45.

* Johnson, Allen & Earle, Timothy (2001). *The Evolution of Human Societies: From Foraging Group to Agrarian State.* 2nd edition. Palo Alto, CA: Stanford University Press.

— Johnson, Dominic (2005). 'God's punishment and public goods: a test of the supernatural punishment hypothesis in 186 world cultures'. *Human Nature* 16: 410–46.

— Katz, Richard (1982). 'Accepting "Boiling Energy": the experience of !Kia healing among the !Kung'. *Ethos* 10: 344–68.

— Knauft, Bruce (1987). 'Reconsidering violence in simple human societies: homicide among the Gebusi of New Guinea'. *Current Anthropology* 28: 457–500.

— Lehmann, J., Lee, P. & Dunbar, Robin (2014). 'Unravelling the evolutionary function of communities' in Robin Dunbar, Clive Gamble & J. A. J. Gowlett (eds.) *Lucy to Language: The Benchmark Papers*, pp. 245–76. Oxford: Oxford University Press.

— Liebmann, Matthew, Ferguson, T. & Preucel, Robert (2005). 'Pueblo settlement, architecture, and social change in the Pueblo Revolt era, AD 1680 to 1696'. *Journal of Field Archaeology* 30: 45–60.

— MacEachern, Scott (2011). 'Enslavement and everyday life: living with slave raiding in the north-eastern Mandara Mountains of Cameroon' in Paul Lane & Kevin C. MacDonald (eds.), *Slavery in Africa: Archaeology and Memory*, pp. 109–24. London: Taylor and Francis.

— Meador, Betty De Shong (2000). *Inanna, Lady of Largest Heart: Poems of the Sumerian High Priestess Enheduanna.* Austin, TX: University of Texas Press.

— Meyer, C., Lohr, C., Gronenborn, D. & Alt, K. W. (2015). 'The massacre mass grave of Schöneck-Kilianstädten reveals new insights into collective violence in Early Neolithic Central Europe'. *Proceedings of the National Academy of Sciences*, USA, 112: 11217–22.

— van Neer, W., Alhaique, F., Wouters, W., Dierickx, K., et al. (2020). 'Aquatic fauna from the Takarkori rock shelter reveals the Holocene central Saharan climate and palaeohydrography'. *PLoS One* 15(2): e0228588.

— Nelson, Margaret & Schachner, Gregson (2002). 'Understanding abandonments in the North American southwest'. *Journal of Archaeological Research* 10: 167–206.

— Nettle, Daniel (1998). 'Explaining global patterns of language diversity'. *Journal of Anthropological Archaeology* 17: 354–74.

— Neuberg, Steven, Warner, C. M., Mistler, S. A., Berlin, A., et al. (2014). 'Religion and intergroup conflict: findings from the global group relations project'. *Psychological Science* 25: 198–206.

— Oliver, Douglas L. (1955). *Solomon Island Society: Kinship and Leadership among the Siuai of Bougainville.* Cambridge, MA: Harvard University Press.

— Roser, Max (2013). 'Ethnographic and archaeological evidence on violent deaths'. https://ourworldindata.org/ ethnographic-and-archaeological-evidence-on-violent-deaths#share-of-violent- deaths-in-prehistoric-archeological-state-and-non-state-societies

— Thomas, Elizabeth Marshall (2007). *The Old Way: A Story of the First People.* London: Picador.

— Thomas, Mark, Stumpf, M. P. & Härke, H. (2006). 'Evidence for an apartheid-like social structure in early Anglo-Saxon England'. *Proceedings of the Royal*

Society 273B: 2651–7.

— Wade, James (2019). 'Ego-centred networks, community size and cohesion: Dunbar's Number and a Mandara Mountains conundrum' in David Shankland (ed.), *Dunbar's Number*, pp. 105–24. Royal Anthropological Institute Occasional Papers No. 45. Canon Pyon: Kingston Publishing.

— Wahl, J., & Trautmann, I. (2012). 'The Neolithic massacre at Talheim: a pivotal find in conflict archaeology' in Rick J. Schulting & Linda Fibiger (eds.) *Sticks, Stones, and Broken Bones: Neolithic Violence in a European Perspective*, pp. 77–100. Oxford: Oxford University Press.

— Walker, R. S. & Bailey, D. H. (2013). 'Body counts in lowland South American violence'. *Evolution and Human Behavior* 34: 29–34.

— Watts, Joseph, Greenhill, S. J., Atkinson, Q. D., Currie, T. E., et al. (2015). 'Broad supernatural punishment but not moralizing high gods precede the evolution of political complexity in Austronesia'. *Proceedings of the Royal Society* 282B: 20142556.

— Watts, Joseph, Sheehan, O., Atkinson, Q. D., Bulbulia, J. & Gray, R. D. (2016). 'Ritual human sacrifice promoted and sustained the evolution of stratified societies'. *Nature* 532: 228–31.

— Whitehouse, Harvey, Francois, P., Savage, P. E., Currie, T. E., et al. (2019). 'Big Gods did not drive the rise of big societies throughout world history'. https://doi.org/10.31219/osf.io/ mbnvg.

— Wiessner, Polly (2005). 'Norm enforcement among the Ju/'hoansi Bushmen'. *Human Nature* 16: 115–45.

— Willey, P. (2016). *Prehistoric Warfare on the Great Plains: Skeletal Analysis of the Crow Creek Massacre Victims.* London: Routledge.

— Wrangham, Richard, Wilson, M. L. & Muller, M. N. (2006). 'Comparative rates of violence in chimpanzees and humans'. *Primates* 47(1): 14–26.

— Zerjal, T., Xue, Y., Bertorelle, G., Wells, R. S., et al. (2003). 'The genetic legacy of the Mongols'. *American Journal of Human Genetics* 72: 717–21.

9장 컬트, 섹트, 카리스마

— Aron, Arthur, Aron, Elaine N. & Smollan, Danny (1992). 'Inclusion of Other in the Self Scale and the structure of interpersonal closeness'. *Journal of Personality and Social Psychology* 63: 596–612.

— Bryant, J. M. (2009). 'Persecution and schismogenesis: how a penitential crisis over mass apostacy facilitated the triumph of Catholic Christianity in the Roman Empire' in James.

— R. Lewis & Sarah M. Lewis (eds.) *Sacred Schisms: How Religions Divide*, pp. 147–68. Cambridge: Cambridge University Press.

— Chidester, David (1991). *Salvation and Suicide: Jim Jones, the Peoples Temple, and Jonestown.* Bloomington, IN: Indiana University Press. 〔데이비드 치데스터 지음, 이창익 옮김, 『구원과 자살: 짐 존스·인민사원·존스타운』, 청년사, 2015.〕

* Cohn, Norman (1970). *The Pursuit of the Millennium: Revolutionary Millenarians and Mystical Anarchists of the Middle Ages.* Oxford: Oxford University Press.

— Dávid-Barrett, Tamás & Dunbar, Robin (2014). 'Social elites emerge naturally in an agent-based framework when interaction patterns are constrained'. *Behavioral Ecology* 25: 58–68.

— Dávid-Barrett, Tamás, Rotkirch, A., Carney, J., Behncke Izquierdo, I., et al. (2015). 'Women favour dyadic relationships, but men prefer clubs'. *PLoS One* 10: e0118329.

— Davis, W. (2000). 'Heaven's Gate: A study of religious obedience'. *Nova Religio* 3: 241–67.

— Dawson, Lorne L. (ed.) (2006). *Cults and New Religious Movements.* Oxford: Blackwell Publishing.

— Dien, Simon (2019). 'Schizophrenia, evolution and self- transcendence' in David Shankland (ed.) *Dunbar's Number*, pp. 137–54. Royal Anthropological Institute Occasional Papers No. 45. Canon Pyon: Kingston Publishing.

— Dunbar, Robin (1991). 'Sociobiological theory and the Cheyenne case'. *Current Anthropology* 32: 169–73.

— Dunbar, Robin (2012). *The Science of Love and Betrayal.* London: Faber and

Faber.
— Dunbar, Robin (2018). 'The anatomy of friendship'. *Trends in Cognitive Sciences* 22: 32–51.
— Dunbar, Robin (2020). 'Structure and function in human and primate social networks: implications for diffusion, network stability and health'. *Proceedings of the Royal Society* 476A: 20200446.
— Dunbar, Robin (2021). *Friends: Understanding the Power of our Most Important Relationships.* London: Little Brown. 〔로빈 던바 지음, 안진이 옮김, 『프렌즈: 과학이 우정에 대해 알려줄 수 있는 가장 중요한 것』, 어크로스, 2022.〕
— Katz, Richard (1982). 'Accepting "Boiling Energy": the experience of !Kia-healing among the !Kung'. *Ethos* 10: 344–68.
— Kisala, Robert (2009). 'Schisms in Japanese new religious movements' in James R. Lewis & Sarah M. Lewis (eds.) *Sacred Schisms: How Religions Divide*, pp. 83–105. Cambridge: Cambridge University Press.
— Lockhart, Alastair (2019). *Personal Religion and Spiritual Healing: The Panacea Society in the Twentieth Century.* Albany, NY: State University of New York Press.
— Lockhart, Alastair (2020). 'New religious movements and quasi- religion: cognitive science of religion at the margins'. *Archive for the Psychology of Religion* 42: 101–22.
— Lucia, Amanda (2018). 'Guru sex: charisma, proxemic desire, and the haptic logics of the guru-disciple relationship'. *Journal of the American Academy of Religion* 86: 953–88.
— McNamara, Patrick (2009). *The Neuroscience of Religious Experience.* Cambridge: Cambridge University Press.
— Miller, Timothy (ed.). (1991). *When Prophets Die: The Postcharismatic Fate of New Religious Movements.* Albany, NY: State University of New York Press.
— Newport, Kenneth G. C. (2006). *The Branch Davidians of Waco: The History and Beliefs of an Apocalyptic Sect.* Oxford: Oxford University Press.
— Palchykov, V., Kaski, K., Kertész, J., Barabási, A.-L. & Dunbar, Robin (2012). 'Sex differences in intimate relationships'. *Scientific Reports* 2: 320.
— Panacea Charitable Trust and Museum (2021). 'From Mabel Barltrop to

Octavia'. https://web.archive.org/web/20170130010424/http:// panaceatrust.org/ history-of-the-panacea-society/octavia/

— Partridge, Christopher (2009). 'Schism in Babylon: colonialism, Afro-Christianity and Rastafari' in James R. Lewis & Sarah M. Lewis (eds.) *Sacred Schisms: How Religions Divide*, pp. 306–31. Cambridge: Cambridge University Press.

— Peters, Emmanuelle, Day, S., McKenna, J. & Orbach, G. (1999). 'Delusional ideation in religious and psychotic populations'. *British Journal of Clinical Psychology* 38: 83–96.

— Pew Research Center (2013). 'The gender gap in religion around the world'. https://www.pewforum.org/2016/03/22/ the-gender-gap-in-religion-around-the-world/

— Prince, R. (1982). 'Shamans and endorphins: hypotheses for a synthesis'. *Ethos* 10: 409–23.

— Saroglou, Vassilis (2002). 'Religion and the five factors of personality: a meta-analytic review'. *Personality and Individual Differences* 32: 15–25.

— Shaw, Jane (2011). *Octavia, Daughter of God: The Story of a Female Messiah and her Followers.* London: Jonathan Cape.

— Singh, Manvir (2018). 'The cultural evolution of shamanism'. *Behavioral and Brain Sciences* 41: E66.

— Srinivas, Tulasi (2010). *Winged Faith: Rethinking Globalization and Religious Pluralism Through the Sathya Sai Movement.* New York: Columbia University Press.

— Sternberg, Robert J. (1986). 'A triangular theory of love'. *Psychological Review* 93: 119–35.

— Sumption, Jonathan (2011). *The Albigensian Crusade.* London: Faber and Faber.

— Suvilehto, Juulia, Glerean, E., Dunbar, Robin, Hari, R. & Nummenmaa, L. (2015). 'Topography of social touching depends on emotional bonds between humans'. *Proceedings of the National Academy of Sciences*, USA, 112: 13811–16.

— Suvilehto, Juulia, Nummenmaa, L., Harada, T., Dunbar, Robin, et al. (2019). 'Cross-cultural similarity in relationship-specific social touching'. *Proceedings of*

the Royal Society 286B: 20190467.
— Turner, Guinevere (2019). 'My childhood in a cult'. *New Yorker*, 6 May 2019. https://www.newyorker.com/magazine/2019/05/06/ my-childhood-in-a-cult

10장 분열과 분파

— Cavalli-Sforza, Luca & Feldman, Marcus (1981). *Cultural Transmission and Evolution: A Quantitative Approach.* Princeton, NJ: Princeton University Press.
— Dunbar, Robin (2020). *Evolution: What Everyone Needs To Know.* New York: Oxford University Press.
— Kisala, Robert (2009). 'Schisms in Japanese new religious movements' in James R. Lewis & Sarah M. Lewis (eds.) *Sacred Schisms: How Religions Divide*, pp. 83–105. Cambridge: Cambridge University Press.
— Lewis, James R. & Lewis, Sarah M. (eds.) (2009). *Sacred Schisms: How Religions Divide.* Cambridge: Cambridge University Press.
— Pearce, E. & Bridge, H. (2013). 'Is orbital volume associated with eyeball and visual cortex volume in humans?' *Annals of Human Biology* 40: 531–40.
— Pearce, E. & Dunbar, Robin (2012). 'Latitudinal variation in light levels drives human visual system size'. *Biology Letters* 8: 90–93.
— Pearce, E., Stringer, C. & Dunbar, Robin (2013). 'New insights into differences in brain organisation between Neanderthals and anatomically modern humans'. *Proceedings of the Royal Society* 280B: 1471–81.
— Smith, Andrew (1992). 'Origins and spread of pastoralism in Africa'. *Annual Review of Anthropology* 21: 125–41.

찾아보기

ㄱ

ㄴ

ㄷ

ㄹ

ㅁ

ㅇ

ㅊ

ㅋ

ㅌ

기타

Philos 038

신을 찾는 뇌

1판 1쇄 인쇄 2025년 5월 23일
1판 1쇄 발행 2025년 6월 19일

지은이 로빈 던바
옮긴이 구형찬
펴낸이 김영곤
펴낸곳 (주)북이십일 아르테

책임편집 김지영 주승일
기획편집 장미희 최윤지
디자인 어나더페이퍼
마케팅 남정한 나은경 한경화 권채영 최유성 전연우
영업 한충희 장철용 강경남 황성진 김도연
해외기획 최연순 소은선 홍희정
제작 이영민 권경민

출판등록 2000년 5월 6일 제406-2003-061호
주소 (10881) 경기도 파주시 회동길 201(문발동)
대표전화 031-955-2100 팩스 031-955-2151 이메일 book21@book21.co.kr

(주)북이십일 경계를 허무는 콘텐츠 리더

북이십일 채널에서 도서 정보와 다양한 영상자료, 이벤트를 만나세요!

인스타그램
instagram.com/21_arte
instagram.com/jiinpill21

유튜브
youtube.com/@아르테
youtube.com/@book 21pub

페이스북
facebook.com/21arte
facebook.com/jiinpill21

포스트
post.naver.com/staubin
post.naver.com/21c_editors

홈페이지
arte.book21.com
book21.com

ISBN 979-11-7357-284-5 (03400)

우리 시대 가장 창의적이고 통찰력 있으며 다재다능한 진화론 사상가인 로빈 던바가 과학적 시선을 종교로 향하면서 종교적 믿음, 경험, 실천에 대한 우리의 이해를 완전히 재구성하는 획기적인 책을 내놓았다. 이 책에서 던바는 이전의 종교학자들이 간과했던 근본적인 질문을 제기할 뿐만 아니라, 유익하면서도 흥미진진한 예증을 통해 새로운 해답을 제시한다.

— 리처드 소시스 Richard Sosis, **코네티컷대학교 인본주의인류학 교수**

이 책은 종교에 대한 접근 가능한 최신 진화론적 분석이며, 이러한 연구에 열려 있는 종교학자들에게 흥미롭고 유용한 정보를 풍부하게 제공한다.

— 딜런 벨턴 Dylan S. Belton, **노트르담대학교 조직신학 교수**

이 책은 생각을 자극하고 깨달음을 주는 책이다. 종교의 기원과 진화에 대한 던바의 독특한 관점은 유익하면서도 흥미진진하다. 이 책의 매력적인 측면 중 하나는 던바가 대담한 결론을 주저하지 않는다는 점인데, 특히 정교한 논증과 실험적 증거가 결론을 뒷받침할 때 신선하게 다가온다. 이 책의 또 다른 강점은 던바가 개인주의적 관점에 치우치지 않고 공동체적 측면을 균형 있게 다루며, 종교에서 사고의 역할에 대해 강조하기보다는 실천과 경험에 중점을 두어 균형을 맞춘다는 점이다. 이 책의 가장 큰 장점은 비전문가들이 접근하기 어렵지 않은 문체로 집필하면서도 견고한 과학적 태도를 유지한다는 점이다. 냉소주의와 이분법적 담론이 만연한 오늘날의 지적 환경에서, 던바는 종교의 보편성과 인간 진화에서의 역할에 대한 강력한 메시지를 전달한다.

— 마리우스 도로반투 Marius Dorobantu, **암스테르담자유대학교 종교및신학 교수**

현대적 형태의 종교가 현생인류의 등장과 함께 발전했다는 던바의 주장이 맞다면, 종교는 "인간을 차별화하는 본질적 요소"라고 할 수 있다. 그가 들려주는 이야기는 우리 모두에게 중요하다.

— 팀 다울링 Tim Dowling, **《가디언》 칼럼니스트**

던바는 10장에 걸쳐 자신의 주장과 이론을 우아하게 제시하며, 신경심리학과 신경생물학을 비롯한 다양한 학문 분야의 과학적 증거들을 체계적으로 제시한다.

— 구리오 브라 Gurjot Brar **& 헨리 오코넬**Henry O'Connell, **영국심리학회**British Psychological Society

자극적이고 매우 야심 찬 설득력 있는 지적 탐구의 여정. 던바는 강력한 중심 주장, 대안 이론에 대한 훌륭한 조사, 생생하고 통찰력 넘치는 다양한 사례를 제공한다.

— 매슈 라이즈 Matthew Reisz, **저널리스트**

던바의 지적 관심 영역은 놀라울 정도로 광범위하며, 그는 최적의 회중 규모와 인간 인지의 본질에 대해 명확하고 설득력 있게 논증한다. 이 책을 통해 종교의 진화 과정을 배울 수 있다. 그의 주장은 (좋은 의미에서) 반박하기 어려운 탄탄한 논리를 갖추었다.

— 닉 스펜서 Nick Spencer, **서평가, 《파이낸셜타임스**Financial Times**》**

지적 스윕intellectual sweep이 인상적인 책!

— 클라이브 쿡슨 Clive Cookson, **과학 편집자, 《파이낸셜타임스**Financial Times**》**

이 책은 종교와 그 기원에 대한 과학 연구 분야에서 중요한 이정표이며, 패러다임을 바꾸는 게임체인저가 될 것이다.

— 마크 버넌 Mark Vernon, **심리치료사, 작가, 《처치타임스**Church Times**》**

일부 논쟁적인 주장을 담고 있지만 대부분 충분한 증거로 뒷받침되는 이 책은 종교의 과학적 연구에서 핵심이 되는 여러 쟁점을 명쾌하게 다루고 있다. 학계 전문가와 일반 독자 모두에게 매력적으로 다가가는 매우 흡입력 있는 저작이다.

— 앤드루 앳킨슨 Andrew Atkinson, **《인지문화저널**Journal of Cognition and Culture**》**

이 책에서 로빈 던바는 시대를 초월한 종교의 편재성에 대해 학술적이고도 철저한 분석을 통해 탁월한 통찰을 제공한다.

—《아마존 Amazon**》**

던바에게 종교성은 단순히 인간 경험과 진화의 자연스러운 일부로서, 사회적 유대감을 형성하는 데 중요한 역할을 한다. …… 세상이 계속 진화함에 따라 종교의 형태와 내용도 장기적으로 변화할 것이 분명하다. 요컨대 좋든 나쁘든 종교는 인류와 함께 지속될 것이다.

—《아시안세기연구소 Asian Century Institute**》**